企業心理學

Enterprise Psychology

林欽榮／著

許序

今日社會經濟日益繁榮，福利政策日益完善，實乃拜工商企業發展之賜。惟工商企業的發展，除了有賴科學技術的不斷創新之外，尚需提升管理績效。當然，管理是件千頭萬緒的工作，可說人類的一切活動都需要透過管理程序始克有成。然而，事物的管理只要依照一定規則和程序行事，就能導入正軌；惟有對「人」的管理是最難以捉摸的。因爲舉凡涉及「人」的問題本身就已相當複雜；人有動機、有需求、有慾望，這些常隨著個人的成長和所處環境的不同而有所變化，且每個人的動機、需求和慾望都不相同，以致人性成爲最難理解的管理因素。

今本校工業工程與管理科林欽榮教授，以其從事多年教學與研究的經驗，編寫《企業心理學》乙書，探討有關企業界的人性問題，有別於一般常見的工業心理學或商業心理學，可說具有開創性的構想。該書對於「人性化管理」、「壓力管理」、「挫折管理」、「衝突管理」、「變革管理」、「創新管理」等主題的心理層面之探討，尤有其獨到的見解，且有別於其他相關教材，值得吾人參酌，特爲推介。

本人自八十八年八月奉部令由台灣科技大學借調擔任東方工商專校校長，深深感受到行政工作的繁雜，而其中最難以處理的就是「人」的問題。幸而，人性行爲係本人的研究領域，而尙能得心應手，不致掌握不到問題核心。此正印證心理學學理與實務結合的重要性。今林教授索序於余，雖在百忙當中，仍樂於爲序，一方面乃寓於互勉之意；另一方面則希望能將心理學的學理與實際運用，廣泛地推介於企業界。這正是吾人必須共同努力的目標。

東方工商專校校長

自　序

在現代社會中，企業活動扮演著極為重要的角色。它不僅是經濟活動的重心，且是人類日常生活的中心。人類社會若缺乏企業活動，則幾無生活可言。就企業的範疇而言，生產、行銷、財務、人事和其他活動，無一不是涵蓋於人類生活的層面裡。亦即人類的生活乃涉及一切生產、行銷及其他活動。

然而，無論企業活動的範圍為何，它的一切活動都是「人」所主導，且也是為「人」而服務的。是故，企業活動必須重視「人」的問題。換言之，企業活動必須以滿足人類的需求為前提，以實施人性化管理為依歸。為求達到此目標，吾人必須探討企業界人類的行為問題，尤其要瞭解企業生產活動中員工的心理狀態。

一般而言，員工之所以從事工作，都有其動機和需求；但站在企業組織的立場而言，企業目標乃在提高工作效率和生產品質，以便能追求更大更高的利潤。為了融合員工個人需求與企業組織目標的一致，乃有企業心理研究的必要。本書撰寫的目的之一，即在企盼促成個人需求與組織目標的融合。

此外，本書的另一目標乃在希望企業界於從事追求利潤之餘，能更為重視人性因素與心理需求。惟有滿足人性的心理需求，才更能提昇生產水準與服務品質。因此，本書所一再強調的是，「人」是一切企業活動的主宰與重心。一切企業活動的成敗，惟「人」是賴。本書撰寫的目的，就是想將此種概念加以延伸。

職是之故，本書基本上係以人性心理爲出發點，期求管理者能採取人性化的管理。在編排上，本書一方面以員工個人進入組織爲切入點，然後依微視而鉅視的觀點，由個人而團體而組織，以探討一些順應人性心理的管理主題；另一方面則由生產而行銷，以涵蓋整個企業的領域。本書除以文字論述之外，每章儘量列出圖表，以協助讀者能一目瞭然，且易於記憶。

本書編寫期間，承蒙台灣科技大學教授、東方工商專校校長許勝雄博士的鼓勵，並爲之作序，甚爲感激。又承揚智出版公司總經理葉忠賢先生之應允出版，總編輯孟樊先生、副總宋宏智先生及其他人士的協助，在此一併致謝。當然，本書若有任何闕漏，其責全在作者。尙祈各界先進不吝指教，是幸。

林欽榮　謹識

目　錄

第1章
導論

1
工業、商業與企業
2
企業心理學的意義
3
企業心理學的研究方法
4
企業心理學的研究目的
5
企業心理學的研究範圍

企業生產活動，在今日社會中扮演極爲重要的角色。就事實而言，自有人類生存以來，即有企業生產活動的存在；只是當時的企業活動極爲簡單，只能維持人類的基本生存而已。及至今日，企業活動已成爲社會經濟中最重要的一環，亦即企業活動就是整個經濟命脈之所繫。然而，主導企業活動的主體就是「人」；換言之，企業是由「人」所主導，同時也是爲「人」而服務的。因此，從事企業生產活動，絕無法忽視「人」的存在。惟有「人」才能成事，也惟有「人」才能完成企業生產活動的目標。本書的宗旨，即在探討企業活動中的人爲因素。本章首先將討論工業、商業與企業的相關性，然後據以研討企業心理學的意義、研究方法、研究目的與範疇，以作爲以後各章的指引。

第一節　工業、商業與企業

在研究「企業心理學」之前，吾人有必要先釐清「工業」、「商業」、「企業」等三個名詞的概念。就事實而論，此三項活動的相關性甚大，甚而是同屬於一連串的經濟活動，其相關性如**圖1-1**所示。其中「工業」乃由原料、勞務、土地、資金、資訊等投入，經過轉化成產品；而進入「商業」領域，並將產品輸出市場，以提供消費；至於「企業」則包括「工業」和「商業」兩個領域。

就前述觀點而言，則所謂「工業」是指將自然物或原料加工，以改變其形狀或性質的一種經營，此乃爲在經濟活動中由農業或礦業等而轉變爲商業的中介歷程。易言之，工業是指將農業、牧業、漁業、林業、礦業等的自然產物，經過機器的操作或

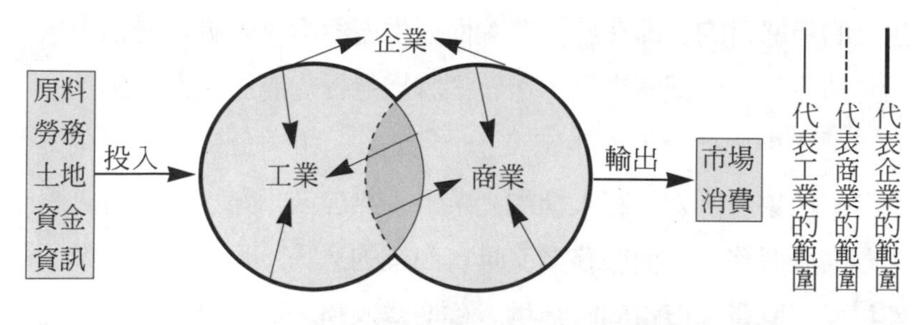

圖 1-1　工業、商業和企業的相關性

人力的運用，而將之轉化爲另一種新產品的過程。就經濟活動而言，工業即是一種加工或轉換產品的生產活動與過程，此種生產活動或過程當然也包括勞務的生產，亦即一般所謂的服務。

其次，所謂商業，係指一種商品或勞務的交易過程而言。亦即商業乃爲一種提供產品或勞務，以增進人類福祉，並博取利潤或代價的行業。更具體地說，商業係以營利爲目的，經過合法手段經營的一切交易行爲。是故，商業的要件乃爲：

1. 須以營利爲目的，即商人投入資金、土地、設備與企業經營智能，其目的在賺取利潤。
2. 須出於合理手段，即商業行爲係出自於自由意志，經過雙方的同意，且是自願的。
3. 須發生交易行爲，是指商品或勞務的所有權，必須移轉、變更或提交對方，或互換。

因此，若說工業爲產品或勞務的生產與分配過程，則商業必是產品或勞務的交易與服務過程。

至於，所謂企業即是一種生產事業，它是工業與商業的結合，故又合稱爲工商企業。換言之，企業是指財貨與勞務的生產、行銷、分配、交易和消費的一切人類活動。任何財貨或勞務生產的最終目的，即在於消費；而在生產與消費的聯貫過程中，尙包括行銷、分配與交易，這整個聯貫過程均屬於企業活動。

近年來，社會上對「工業」、「商業」和「企業」常有劃分不清的現象。例如，有人稱觀光業爲「無煙囪工業」；又有人將之劃歸於服務業，而服務業又具有商業的意味。又如許多工業固然提供了財貨，但也同時提供一些商業服務，而兼具了企業的性質。是故，有時工業、商業也可視爲狹義的企業，而企業也可視爲廣義的工業或商業。

然而，無論是工業、商業或企業，它們之間的最大共同點，乃是同屬於經濟活動的領域；它們都同樣使用相同的資源，如原料、土地、勞力、資本、資訊、管理等。其次，不管是工業、商業或企業，其活動或過程都脫不出財貨和勞務；亦即工、商、企業等的產出對象不只限於財貨，且擴及於勞務。有關工業、商業和企業之間的同異，如**表 1-1** 所示。

總之，工業、商業和企業乃屬於同性質的經濟活動；但工業乃偏重於生產，商業尤重在行銷，而企業則綜合生產、行銷、分配、交易、消費和服務等的一切活動。且上述三種領域都同樣涉及財貨與勞務的生產等活動，而又共同運用相同的原料、土地、勞力、資本、資訊與管理等資源。

表 1-1　工業、商業和企業的同異處

<table>
<tr><th>業別</th><th>相同處</th><th>相異處</th></tr>
<tr><td>工業</td><td rowspan="3">・同屬經濟活動領域
・共同利用相同資源，如原料、勞力、土地、資金、資訊和管理等
・其產物不僅限於財貨，且兼及於勞務</td><td>主要重點在生產活動</td></tr>
<tr><td>商業</td><td>主要重點在行銷活動</td></tr>
<tr><td>企業</td><td>活動範圍包括生產、行銷、分配、交易、消費和服務</td></tr>
</table>

第二節　企業心理學的意義

誠如前述，企業乃是涉及財貨與勞務的生產、行銷、分配、交易、消費與服務的一切人類活動；這些活動都與人類的經濟生活息息相關，且是需要加以管理的。此種企業活動不僅限於企業組織，甚至可擴及於政府機關或社會團體。就組織管理立場而言，企業組織生產財貨，富國裕民；政府機關或社會團體則提供勞務，增進人民福祉。從生產和消費的觀點來看，提供勞務和生產貨品實無二致。此已如前節所述，不再贅言。

至於，心理學乃是研究人類個體行為的科學。個體行為所涵蓋的要素極廣，舉凡個體所顯現的動機、知覺、學習經驗、態度與綜合性的人格，都是構成個體行為的要素；個體行為即是由這些要素綜合而與所處內外在環境交互作用所構成的。由於上述要素交互作用的結果，個體才能表現出一些行為。此可用下列公式表示之：

$$B = f(P \cdot E)$$

其中B代表行為，P代表個體，E代表環境，而f即為函數。其可解讀為：個體行為是個體本身與環境交互作用的結果。

然而，個體行為有時是可觀察得到的，有時是無法觀察得到的：前者稱之為外顯行為（explicit behavior），後者則稱之為內隱行為（implicit behavior）。所謂外顯行為，是指個體表現在外，而能為自身或他人所共同察覺或看得到的行為。至於內隱行為，則為個體表現在內心的行為，這是別人所無法察覺或看得到的；但對個體來說，有些是自身所可察覺的，有些則是連自身都無法察覺的；前者稱之為意識（consciousness），後者稱之為潛意識（unconsciousness）。意識固可左右行為；潛意識仍然會影響行為，只是它受到暫時的壓抑而已。此外，尚有一種下意識或稱為亞意識（subconsciousness），是個體可部分察覺的，如偶爾的失態、失言、失笑即是。無論是外顯行為或內隱行為，意識或潛意識或下意識等，都是屬於個體行為的一部分。

最後，所謂企業心理學，是指將心理學的原理原則，運用於解決工商企業界的問題之科學。具體言之，企業心理學是在研究有關涉及財貨與勞務的生產、行銷、分配、交易、消費與服務等的人類行為問題。它所涉及的主要範疇，不外乎是人性化管理、個別差異、人事甄補、學習與訓練、生涯規劃與管理、人際關係、群體動態、組織管理、激勵管理、領導行為、意見溝通、壓力管理、挫折管理、衝突管理、變革管理、創新管理、工程心理、消費行為、廣告心理等主題。其宗旨乃在提高工作績效、滿足員工慾望，以求有效地開發人力資源，並增進人類社會的福祉。

第三節　企業心理學的研究方法

就科學研究的立場而言，研究方法乃是相當重要的；它不僅涉及研究範圍和對象的選取，更是一種研究是否有成效的工具和手段。因此，吾人在作研究時，不能不重視方法論（methodology）的運用。惟企業心理學基本上乃牽涉到人類行為的探討，而人類行為本身可說是相當複雜，難有一定的準則可循，以致增加企業心理學研究上的困難。不過，企業心理學是經由許多心理學家搜集有關企業上的問題資料，而彙集出的一些管理原理原則；且其可幫助解決企業上的若干問題，故而它有其存在的價值。企業心理學既為可運用於解決企業上人類行為問題的科學，則在研究上至少可運用於下列方法。

一、觀察法

觀察法可說是研究人類行為運用最為廣泛的方法，其又可稱之為自然觀察法，此乃因觀察法係順乎自然所作的研究方法之故。一般而言，人類行為大多數發乎自然，而在自然的情況下，較能作客觀而有系統的觀察。因此，觀察法不失為搜集資料的最佳方法之一。惟觀察法又可分為現場觀察法與參與觀察法，前者的研究者只是一位旁觀者；而後者則研究者成為親自參與所研究的對象，以掩飾其身分，如此所得資料較為可靠而有效。

不過，無論是何種觀察法，研究者本身必須接受相當的觀察訓練，其所得資料始不致失之偏頗；且研究者本身必須能培養理性客觀的態度，而在作研究時也儘量採用科學的測量儀器。由於觀察法很少運用科學儀器，故常受人為主觀因素的影響，因此觀察法的運用必須審慎為之。

二、問卷調查法

問卷調查法乃是由研究者就某項主題設計一些問題，要被調查者加以回答，然後由研究者加以統計，以求得結果的方法。該法可採用郵寄的方式進行，是屬於書面的調查法，為一般心理學家所最常使用的方法之一。該法的優點是既可節省人力物力，且其調查範圍也可擴大，運用甚為方便。此運用在企業心理學上，如消費者對商品的意見、態度及須改進之處，都可用問卷調查的方式進行。然而，該法的缺點是問卷回收率低，且塡答者的態度不夠認眞，往往失去眞實性。就科學方法論而言，此法並不是一種很嚴密的科學方法，只是較爲便利而已。

三、晤談法

晤談法乃是由研究者採用與受訪者就某項主題進行會談，而取得所需要的資料之方法。此種方法可說是口頭式的調查法，其可就某項主題依一定的方式進行，也可採用隨機的方式進行，該法亦有多種形式，此將在本書第四章第五節中詳加討論。由於晤談法是在面對面的情況下進行，故較問卷調查法爲優，但其所花時間和成本較高，且研究對象只限於少數人，在安排的時間和場地上較費周章，故實施不易。

四、測驗法

測驗法（test method）是心理學家搜集研究資料的主要方法之一，也是近代心理科學研究最進步的方法。它係利用測驗原理，設計一些刺激情境，以引發受測者的行爲反應，並加以數量化而使用的方法。一般心理測驗已大量應用到企業員工的選用，以及測量企業的行爲上，已爲企業心理學奠定了科學衡鑑的標準。這種心理測驗已成爲標準化的測驗工具，如智力測驗、成就測驗、人格測驗等均屬之。此外，企業心理學家常利用心理測驗原理，發展成各種量表，用來測驗員工的態度、士氣、動機、情緒等。因此，測驗法亦爲研究企業心理不可或缺的研究方法之一。

五、統計法

統計法是處理資料最有系統而客觀的正確方法。統計法通常應用在大量資料的搜集上，經過統計分析後，可發現平時不易察知的事實。企業心理學所研究的對象甚衆，所包括的因素甚多，此時可利用統計相關法，來分析其中若干因素的相關性；或者使用因素分析法，來發掘其中的共同因素。此外，統計上的若干量數，如平均數、中數、衆數等，以及常態分配概念，都可提供企業心理研究上的若干便利。

六、實驗法

實驗法是在進行科學研究時，設計一種控制情境，以研究事物與事物間因果關係的方法。通常，在實驗時，研究者必須操弄一個或多個變項，這些變項是屬於獨變項（independent variables）。所謂獨變項，就是影響行爲結果的因素，此種因素乃是實驗者可以作有系統的控制者。另外，有一種變項稱爲依變項（dependent variables），就是隨著獨變項而變動，且可加以觀察或測量的變項。如研究加薪對工作績效的影響，則加薪的多寡是獨變項，而工作績效的高低爲依變項。

實驗法的第三種變項是控制變項（control variables）。該種變項必須設法加以排除，或保持恆定。例如，研究燈光對生產效率的影響時，其他條件如溫度、音響、工作動機等皆屬於控制變項。由於控制變項亦可能影響獨變項與依變項之間的關係，故宜加以排除或保持恆定，亦即須予以控制。

企業心理學的研究，有很多都是採用實驗法來進行的。惟人類行爲往往受到多重因素的影響，有時很難像物理科學那麼容易控制。尤其是影響企業因素者甚衆，包括員工本身的、社會的與工作情境的各種因素；且上述各種情境因素是錯綜複雜的，吾人在採用實驗法進行研究時，必須考慮周詳，始能得到正確的結果。

縱觀上述各種方法，除了實驗法、觀察法爲借助自然與物理科學方法之外，其餘問卷調查法、心理測驗法與統計法的進步，實已奠定了近代企業心理學的科學基礎；且使過去認爲無法客觀測量的行爲，可以有效地測量出來，並使之數量化，而作出精確的記錄與比較。至於，晤談法則可運用來補助上述各種方法的不足。

第四節　企業心理學的研究目的

企業心理學是一門應用心理學，它係將心理學的原理原則運用於解決企業上的問題，尤其是企業組織中的人類行爲問題。企業心理學家所從事的工作已成爲一項專業，受僱於許多大企業，擔任輔導顧問的角色；或接受工商企業的委託，提供專業知識與技術來從事服務工作。綜合言之，企業心理學的研究至少具有下列目標：

一、瞭解員工心理

企業心理學研究的首要目標，就是在協助企業家或管理階層能深入瞭解員工的心理，以提高各種效率，並求在管理上能更爲得心順手。就企業心理學的內容與範圍而言，從生產活動而管理過程到消費活動所涉及的主題，無一不是牽涉到人性心理的問題。舉凡這些主題的探討，無非在告訴管理階層有關人類的心理，尤其是從事現場工作的員工之心理狀態，以便管理者爲因應員工心理需求，而採取較適當而合理的管理措施。因此，企業心理學乃在提供對人性的瞭解，以協助管理階層採取更合宜的管理手段。具體而言，企業自人員甄選開始，就必須設法改善工作條件，促使員工能得到更多的滿足感與成就感，以增進生產效率。凡此都有賴於對員工心理的瞭解，而對員工心理的瞭解則非靠企業心理學的研究不爲功。

二、提升人性管理

就企業心理學本身的立場而言，其研究目的乃在求企業管理能更合乎人性化的原則。就企業發展的過程而論，起初企業的最大目標就是在提高生產數量與增進生產品質，用以開創最大的利潤；然而，時至今日，企業界已體認到：生產數量與品質的提昇，有賴合乎人性化的需求，因而管理措施乃轉向人性化的管理。今日企業管理普遍存在的一種概念，乃是只有尊重人格尊嚴與人性價值，才是增進生產、提高品質的正途。因此，企業心理學的興起正是因應此種概念而生；而企業心理學也正戮力於此種趨勢的發展。

三、充分運用人力

企業心理學研究的另一目標，即在促進企業界能充分發掘與運用人力資源。通常人力資源不管係來自外界或企業內部，企業界一旦加以任用或調升，就必須作合理的規劃、訓練，給予適當待遇，激發其工作動機，並協助其作生涯規劃，一方面發展員工工作能力，另方面改進員工工作技能，期其能爲企業作更大的貢獻。企業心理學的研究，即在協助企業羅致、發展、運用，並維護其人力資源，以確定人力經營方針，適當地運用管理原理與技術，確切地規劃人力來源；從而善用各種甄補人才的方法，才能充分有效地發掘人力資源，並能妥善地加以運用。是故，充分發掘與運用人力資源，正是企業心理學研究的首要目標之一。

四、協助資源運用

企業心理學研究，除了協助企業界充分運用人力之外，尚可幫助各項資源的妥善運用。企業資源不管是物質資源或人力資源，有了企業心理學的知識和基礎，較能得到完善的運用。例如，企業心理學可協助員工得到滿足感和成就感，則員工基於高成就的追求，較不會浪費企業內的物質資源，以節省企業成本，如此自可減少對這些資源運用的浪費，甚而能更積極地運用這些資源，以追求企業的更大利潤。因此，凡是成功的企業無不重視所有資源的規劃、維護、發掘與運用，而這又非靠企業心理學的研究不可。

五、增進生產效能

企業心理學研究目標之一，乃在改善生產技術與服務水準，以增進其效率。在一般企業中，生產技術與程序都有一定的標準，企業心理學乃在設法提昇員工的技術水準，使其更爲精進，以提高其產能，從而能要求其改善品質，增進產量。就政府機關而言，企業心理學亦有增進其管理技能的作用，進而可提昇其服務水準。惟此等效能的提高，有待對員工作不斷的激勵，並建立起周全的制度；而企業心理學既爲從事人性化管理與需求的研究，則能建立起切合實際的合理化管理制度，使得工作和人員能有充分的配合，如此自較易完成工作任務，並達成組織目標。

六、開發管理技術

企業心理學不僅在增進生產效率，更在發展管理本身的技術。管理技巧如領導、溝通、激勵、善用群體等，無不是今日企業心理學所研究的重點。其目標乃在提高管理人員對人群關係和社會關係的敏銳性與敏感度，管理者可從中得到許多啓示，用心於瞭解人性行爲，以督促其從事於工作目標的達成。管理技術的有效運用，正可設計出更佳的管理方法與管理措施，用以整合工作、組織和人力，以求爲整體企業目標而努力。

七、促進行銷活動

企業心理學的研究目的之一，乃在促進目前的行銷活動，打開促銷的通路，開發新的行銷機會。企業心理學的知識，可提供廠商作爲行銷原則，並據以擬訂行銷策略。如商業廣告如何引發消費者的注意與興趣，如何瞭解消費者的個人偏好，參考團體、社會階層與文化因素如何影響消費者行爲，如何安排行銷環境以刺激消費者的衝動性購買，如何發現新的消費團體，如何開發新產品與新市場，以滿足消費者尚未滿足的需求與慾望等，都可自企業心理學所歸納出的原理原則中，加以運用。

八、創造企業利潤

企業經營的最主要目的，就是在追求利潤，而企業心理學的研究則扮演著協助的角色。然而，企業想開創利潤，就得依靠良好的管理措施，而管理措施非得依賴企業心理學的研究不可。換言之，企業心理學研究乃在探討改善管理技術的方法，使員工願意爲企業作最大的努力，以幫助企業主賺取更大的利潤。此種利潤的創造有賴勞資雙方的合作，才容易實現；而企業心理學的研究，也有助於探討勞資合作關係，以及讓企業主瞭解員工的需求，以分派適任的工作，訂定合理的薪資，採用人性化管理，並提供安全的工作環境與福利措施。當勞資雙方合作的意願提高時，就是企業賺取最大利潤的時機。

九、發展管理學術

企業心理學的研究目的之一，乃在發掘企業內的各項問題，從而尋求解決問題的方法；從而發展本身的學術水準，用來協助解決管理上的實際問題。管理問題惟有賴學術研究，才能尋求順利解決問題之道，並隨著環境的變遷而採取因應的措施。例如過去管理法則著重懲罰控制，但今日環境已發生變遷，管理法則乃順應民主思想與自由主義而發展出人性的激勵法則，用以修正企業管理與經營觀念，並提昇管理水準。因此，企業心理學的研究不僅在充實管理的內涵，更在提昇管理學術水準。

十、增進社會福祉

企業心理學的研究，不僅在適應人性需求和協助企業開創利潤，同時也在提醒企業主或管理階層負起社會責任，遵守倫理標準。惟有如此，才能使企業與整個社會環境齊頭並進，共存共榮，而不致發生衝突。就企業內部而言，企業主或管理階層若能採用合乎人性化的管理措施，不僅可提高工作效率，且可追求更大利潤。對企業外部而論，企業若能建立起倫理道德標準，並負起社會責任，則可使企業受到讚譽，得到良好的企業形象，如此自可促進社會的繁榮，增進整個社會的福祉。

總之，企業心理學的研究目標是多元的，它不僅在協助企業解決經營上的困難問題，且在探討如何滿足員工的需求，更在謀求社會的最大福祉。企業心理學的最大貢獻，在瞭解員工心理，提昇人性化的管理，以求充分運用人力資源，並協助各項資源的運用，增進生產效能，且開發管理技術，幫助促進行銷活動，創造企業更大利潤，發展本身學術水準，進而增進社會的繁榮與福祉。然而，企業心理學的研究與應用，很難得到盡善盡美的地步；此乃因它牽涉到許多因素，尤其是人類行爲的因素，使其更難以預測、解釋和控制。

第五節　企業心理學的研究範圍

企業心理學乃是順應工商企業的需要而產生的，其目的乃在尋求解決管理上的實際問題，尤其是人類行爲的問題。由於工商企業常隨著時代的演變而發展，故企業管理思想也跟著不斷地變遷；而企業心理學乃係結合企業管理思想與心理學的原則應運而生，由此而建構其自身的內容和範圍，並有了本身的研究領域。惟企業管理原本就相當浩瀚，再加上人類行爲的複雜性，以致企業心理學的研究範圍很難加以界定。本書僅就思慮所得分別逐次討論如下：

一、人性化管理

企業心理學所要研究的主題之一，乃是人性化管理的問題。所謂人性化管理，就是一切企業活動都必須以「人」爲本，重視人性需求，尊重人性尊嚴，承認人性價值，從而採取順應人性的管理措施而言。本主題乃列為本書的第二章，該章討論人性化管理的意義及其興起與發展，從而論述人性化管理的理論基礎，管理者所應採取的原則與管理措施。

二、個別差異

就企業心理學的立場而言，人性化管理因屬於其中的主題之一，惟更合乎人性化的管理即是順應個別差異，因此個別差異亦屬於企業心理學所應探討的主題。第三章所討論的個別差異，不僅限於個體之間的差異，而且及於群體之間的差異。該章所探討的範圍，包括個別差異的涵義，形成個別差異的原因，人口統計上的個別差異，心理特性上的個別差異，以及管理階層應如何採取差異性的管理措施等。

三、人事甄補

人事甄補也是企業心理學所應探討的課題之一，其乃是將心理學的原理應用在人員甄選上。人事甄補的成功與否，關係到整個企業組織的人力資源管理策略、規劃及其運用。第四章「人事甄補」，乃在探討人事甄補的意義及其途徑，並分析內升制與外補制的優劣利弊，且說明人事甄補的程序與各種方法；最後研討最常應用的晤談法之種類及晤談過程的安排。

四、學習與訓練

在企業管理領域中，員工的學習行為也是相當重要的。而學習行為須透過訓練的過程，才能養成企業組織所要求的水準，且能認同企業組織的氣候與文化，進而提昇組織的生產效能。第五章「學習與訓練」，首先即在討論學習的意義與學習的理論基礎，接著研討影響學習的因素及如何運用學習原則，從中瞭解學習與工作績效的關係。此外，吾人尚須探討增強時制的運用，以達成員工正確的學習行為。最後，在實施員工訓練的過程中，須確定訓練需求，選擇合宜的訓練方法，以及評估訓練的成果。

五、生涯規劃與管理

生涯規劃與管理，是近代企業管理必須重視的課題之一。生涯規劃與管理，不僅影響到員工個人的前程發展，而且也是組織發展的一部分。因此，一般個人或組織都不能忽視生涯規劃與管理。第六章「生涯規劃與管理」，首先討論生涯的意義與有效性；其次，依生涯規劃的順序分別研討相關名詞，再據以分析生涯發展的各個階段及其特性，最後則說明個人或組織應如何作生涯規劃與管理。

六、人際關係

所謂人際關係，是指人與人之間的關係。它是人際相處之道，又稱為人己關係。人己關係的好壞，不僅影響到個人的成長與發展，而且左右組織氣氛的和諧與否，進而影響到企業組織的整體效率。因此，人際關係亦是企業心理學所應研討的課題之一。第七章「人際關係」，首先討論人際關係的本質，接著探討人際關係形成的心理基礎與過程，然後提出良好人際關係的準則，最後據以研討促進良好人際關係的途徑。

七、群體動態

群體動態關係，也是企業心理學所應當研究的主題之一。蓋群體動態關係，將影響企業組織的正常運作與否，任何企業組織都不能忽視它的存在。所謂群體動態，是指組織內部的群體成員常透過不斷的交互行爲，而建構一套不同於正式結構的無形組合體；此種組合體不僅左右成員的行爲，而且也會影響企業組織的運作。第八章「群體動態」，首先討論群體的意義，其次分析群體的類型及其溝通網路和成員士氣與組織績效之間的關係；然後探討群體對企業組織的正面功能與負面困擾，據以尋求適當的管理措施。

八、組織管理

組織管理乃在探討組織本身的架構，它是企業心理學必須研究的主題之一。蓋無論是員工行爲或管理活動，基本上都脫不出組織架構的範疇；且構成組織的各項因素，同樣會影響員工行爲與工作活動。第九章「組織管理」，首先討論組織的意義，其次說明組織的結構及其部門劃分；然後解說管理理論如何影響管理策略。此外，組織內部直線與幕僚關係，也是組織結構的一部分，其可能影響組織的整體作業。最後，非正式結構也是吾人不能忽略的部分。

九、激勵管理

在企業管理的領域中，動機的激發是相當重要的課題。在工作行爲當中，不僅管理者須具有激發員工工作動機的理念，而且員工本身也應具備自我激發工作動機的意願。惟有如此，才能發揮員工的眞正潛能，期其達成企業組織的工作目標。第十章「激勵管理」，首先說明何謂激勵，並說明其與動機的分別。其次，研討激勵的內容理論，說明何者在激發員工去工作。然後，分析激勵的過程理論，解說動機是如何啓動的，管理者應如何去激發。最後，則在分析激勵的整合模型與管理策略。

十、領導行爲

領導行爲是管理的手段與方法之一，亦是企業管理所應探討的重要課題。蓋領導的良窳，不僅會影響整個組織績效的好壞，而且會深深地左右員工的行爲，更決定了整個組織的工作氣氛。第十一章「領導行爲」，首先說明何謂領導，其次探討領導的權力基礎，再次研討領導的特質論、行爲論與情境論，最後據以分析有效領導的運用。

十一、意見溝通

意見溝通是民主領導的方法之一，也是民主管理的手段，更是企業管理所應重視的一大課題。蓋在企業組織中，人與人之間的交往或在工作中意見的交流，都有賴意見的溝通，始克有成。企業組織若無意見溝通的存在，則所有的目標都無法達成。第十二章「意見溝通」，首先闡明意見溝通的涵義，其次探討意見溝通的過程及最常見的溝通方式，然後研析在意見溝通的過程中所可能遭遇到的障礙，據以尋求有效溝通的途徑。

十二、壓力管理

在企業經營上，無論是管理階層或一般員工都不免遭遇到一些壓力。適度的壓力，可調劑員工的工作生活，督促自己力爭上游，並增進組織的效能。惟過度的壓力，可能引發許多後遺症。因此，壓力管理的問題，乃受到許多管理學者與實務人員的注意，此亦爲企業管理所應注意的課題之一。第十二章「壓力管理」，首先闡釋何謂壓力，其次探討壓力的來源，再次分析壓力所可能形成對個人與組織的不良影響，最後爲個人和組織尋求紓解壓力的方法。

十三、挫折管理

組織員工或管理階層，不管在日常生活或工作中，隨時都可能遭遇到挫折。員工或管理階層一旦有了挫折，有時會奮發向上，力爭上游，以求克服困難；然而，在大多數情況下，挫折是無法克服的。此時對個人來說，可能會引發心理上或生理上的疾病；對組織來說，挫折可能是阻滯目標達成的主要因素。因此，挫折管理乃是近代企業管理所必須面對的問題之一。第十四章「挫折管理」，首先將探討何謂挫折，其次討論挫折的來源，其中心理衝突也可能造成挫折；接著分析個體在遭遇挫折時的各種反應，然後據以分析肆應挫折的管理之道。

十四、衝突管理

個人與個人、群體與群體、個人與群體等，在組織中工作難免會產生衝突。此種衝突多少會傷害人際間的和諧，阻礙組織正常作業的運行，故企業管理上多會尋求避免衝突、預防衝突；而在一旦有了衝突，常尋求解決衝突之道。事實上，偶爾或小規模的衝突，有時也會增進彼此之間的瞭解，甚或激發向上的決心。第十五章「衝突管理」，乃在分析衝突的意義，形成衝突的原因，以及衝突的衍生過程；然後評價衝突的正面價值與負面功能，而後據以採取適當的因應措施。

十五、變革管理

變革管理乃是當今企業組織所應重視的一大課題。蓋企業組織處於多變的社會環境之中，若無變革的措施，當不易與其他企業組織競爭，甚而遭受到淘汰。因此，企業組織必須隨時依據環境的變遷，而不斷地調整其內部結構，防止本身的腐化，以求能跟隨著時代的變遷。第十六章「變革管理」，首先探討組織變革的涵義，其次討論組織需變革的原因，然後分析組織變革的過程。然而，在組織變革過程中，不免會遭遇到抗拒或阻力，此時管理者就必須採取因應之道。

十六、創新管理

創新是近代企業管理所必須具備的概念。所謂創新，就是產生新奇有用的構想，或開創新事物之意。今日企業組織不但要有變革管理的準備，而且需創新管理的意念。企業組織若想持續成長與發展，就必須不斷地創新，否則將陷於停滯不前的窘境。第十七章「創新管理」，首先將說明何謂創新，然後闡述創新的過程；接著，探討一般具創造能力者的特性；然後分別分析創造行為的助力和阻力因素，以尋求管理階層應如何培養員工的創造力。

十七、工程心理

企業管理除了要重視人性本身的因素之外，尚須注意工作情境、機具設計、操作原理和工作設計等事項，以求其能適應人體機能，考慮到人類身心的特性，俾使人類在工作時能發揮其潛能。易言之，企業管理宜尋求機具設備與人力的相互配合，謀求物理環境能便於人類能力的運用。第十八章「工程心理」，即在探討工程心理的意義與內涵、機具設備與人力的配合，並分析工作本質、工作情境對人性的影響；同時，研討如何安排安全的工作環境，避免意外事件的發生；其中疲勞因素的消除，不但可維護員工安全，且有助於提高工作效率。

十八、消費行為

企業活動的終極目標，乃是產品和勞務的消費與服務，此即為消費行為。消費行為的產生，始於消費動機；而消費動機乃來自於人類的需求與慾望。由於人類具備某些需求和慾望，才有了消費行為。因此，第十九章「消費行為」，首先說明消費行為的意義，然後探討消費行為的心理基礎、人際層面、社會文化層面。其次，吾人尚須瞭解消費者的消費決策過程，且為了促進消費行為，也必須研究消費者的消費方法。同時，為了促進消費的行動，吾人必須探討如何行銷，並注意銷售技巧的運用。

十九、廣告心理

在促進消費的過程中，廣告占有相當重要的地位。廣告不僅是消費研究中很重要的一環，而且是企業管理活動中建立產品形象或公司形象的一大支柱。因此，一般企業慣常花費鉅大的廣告費用於產品的宣傳上。惟有效的廣告須能引起消費者的注意，並產生深刻的良好印象，才能引發消費者的興趣，刺激其購買動機，卒而採取購買行動。是故，廣告研究已受到企業界的重視，更是企業心理學家所研究的主題之一。第二十章「廣告心理」，首先乃在說明廣告的意義與功能，其次分析廣告的心理基礎；再次探討廣告應如何策劃、製作，宜透過何種媒介，且須注意廣告的有效性，以求能眞正地達成廣告的效果。

總之，企業心理學所涵蓋的範圍甚廣，舉凡由生產活動開始，一直到消費服務為止，都是吾人所必須探討的範疇。不過，企業心理學乃侷限於此等範圍的人性心理層面，亦即只探討由生產到消費的人類行爲因素。然而，由於個人看法的差異，本書僅限於對上述範疇加以研討，並提供參酌，且就教於方家學者。

第2章
人性化管理

1
人性化管理的涵義
2
人性化管理的興起
3
人性化管理的理論基礎
4
人性化管理的原則
5
人性化管理的措施

人性化管理乃是企業心理學所應當探討的第一項課題。就整個企業的領域言，生產、行銷、財務、人事、研究發展都是爲人服務的，基本上都是以人員爲取向的（person-oriented），亦即是以人爲中心的（people-centered）。企業的一切活動既是以人爲中心的，則一切活動必須重視人員的問題，故有所謂「人事管理」或「人力資源管理」。不管是人事管理或人力資源管理，都應注重人性化的問題，這就是人性化管理。因此，就整個企業心理的領域而論，人性化管理實是吾人所應研討的第一項主題。本章首先將探討人性化管理的涵義，以及它在企業領域內的興起與發展，然後研析其理論基礎及管理原則，最後說明企業應有的措施。

第一節　人性化管理的涵義

一般談論到企業，都不免涉及生產活動，且以生產活動爲要務。不僅如此，企業活動尙涉及行銷、財務、人事、研究發展等範疇；不過，這一切活動事實上仍是以「人」爲本位。蓋所有的企業活動都是爲人而服務的，其基本目標乃爲滿足人類的需求。就生產活動而言，生產的過程是由人來操作，而產品也是爲「人」而生產。就行銷活動而論，產品的消費也是爲了滿足人類的慾望而來。其他，如財務、人事、研究發展，也都在支援生產與行銷活動，其最終的目的都是爲了「人」。

基於上述概念，則所有的企業活動都是以「人」爲本的，企業管理絕無法脫離「人」的本質，故必須重視人性化管理。所謂人性化管理，就是管理活動必須以「人本」爲思想，以「人道」

爲主義，重視人性的需求，尊重人性的尊嚴，並承認人性的價值，從而採取順應人性的一切措施而言，其如**圖 2-1** 所示。茲細述如下：

一、人本思想

所謂人本思想，就是「人」爲一切事務的主宰；固然，「人」有時會做些事，執行一些計畫與任務；但這些都是爲「人」而提供服務者。因此，不管就主或從的觀點而言，人都是主宰，此即爲以人爲本的思想。例如：企業的一切生產活動，即是爲「人」而產生的，故企業亦應以人爲本。

二、人道主義

所謂人道主義，乃是指人之所以生存之道。人類必須順應天理自然，始有生存之可能；人類若違反自然之道，必無法生存，此即爲人道主義。例如：企業管理活動必須順應人性，採取合乎人性的措施，此即爲順應自然之道，故企業活動必須是人道主義的。

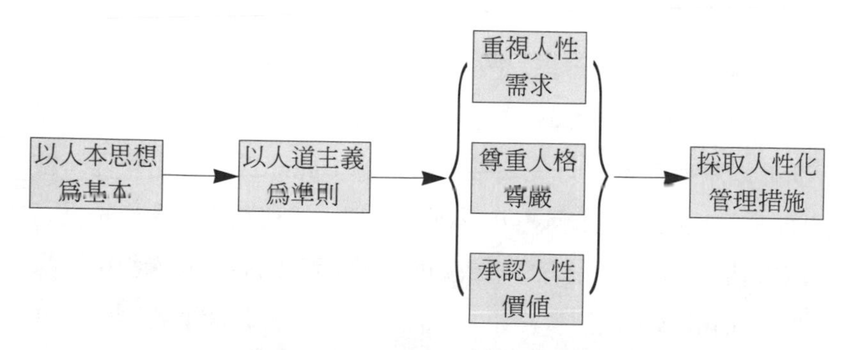

圖 2-1　人性化管理的完整概念

三、人性需求

所謂人性需求，是指人類在生存過程中所有的一切需要而言；此可由人類的基本生理慾望，上推至自我成就的表現。企業本身生存與發展的一切措施，即依循滿足人類種種需求而設置；缺乏滿足人類需求的誘因之企業，是無法存在的。

四、人格尊嚴

所謂人格尊嚴，是指人類都具有自尊心和被人尊重的慾望；亦即每個人都有獨立自主和自動自發從事事務的精神。此種精神是促使個人奮發向上的動力；缺乏了此種動力，個人必消極頹喪，甚或產生攻擊破壞的反社會性行爲。企業活動若想順利運作，必須注重人類此種自尊心和被人尊重的慾望。

五、人性價值

所謂人性價值，是指人類的生命本身是至高無上的，人類的一切活動都含有最高的價值。由於此種無限的價值，人類乃能發揮無窮的潛力。在企業活動中，此種至高無上的價值正是促動企業發展的原動力。

總之，人性化管理就是以「人」爲本的管理。在企業活動中管理者的一切行爲，基本上都必須考慮到「人」的因素，一切以「人」爲基本前提，以「人性」爲依歸，此即爲人性化管理。當然，企業活動的基本目標乃爲創造利潤，但利潤的創造也是爲了實現滿足「人」的一切慾望或動機；從而在創造利潤過程中所採取的一切措施，也應多爲「人」而設想，如此將能使管理的人性化發揮到極致的境界。

第二節　人性化管理的興起

任何事物都有其存在與發展的根源，人性化管理思想也有它一段漫長的歷程。事實上，在中國幾千年前的儒家思想中，早已存在著人本思想，而有「民為貴，社稷次之，君為輕」的說法；惟此乃在政治上聖人對君王的期許，其始終因專制帝制的存在而受到壓抑，以致此種人本思想從未眞正實現過。至於，今日所謂的「人性化管理」概念，則源自於西方的產業界。此種概念當然是與民主思想等相激相盪的結果。不過，本節僅就產業界的萌芽與發展作說明，如**圖2-2**所示。

論及管理思想或理論，一般都是以十九世紀初泰勒（F. W. Taylor）的科學管理（scientific management）運動時期開始。事實上，管理思想的萌芽可追溯到兩河流域時代和古埃及文明時期，惟管理眞正形成一套理論或原則，則遲至科學管理時代始成形。不過，科學管理時代最主要的重點乃是運用科學方法或手段，從事管理運作；雖然該時期也已注意到了人性的立場，但其目標仍著重在經濟利潤的追求上，以致忽略了人性價值與尊嚴。因此，眞正人性化管理的萌芽應起自於一九二〇年代末期到一九

萌芽	主要概念	實質內涵	管理措施	困擾
人群關係運動思想 →	・適應人力 ・尊重人性尊嚴與價值 →	・滿足個人需求 ・注重群體行為 →	・加強授權 ・鼓勵參與 ・賦予自主權 ・其他 →	・對績效產生負面影響 ・過度耽溺人性需求

圖2-2　人性化管理的興起及內容

三〇年代初期的浩桑研究（Hawthorne Studies）。

浩桑研究是由梅約（Elton Mayo）教授所主持的芝加哥西電公司（West Electric Company）的實驗工作。該研究發現影響工作效率的，並不是全在於經濟或物質因素，而最重要的乃爲人力因素；亦即個人需求與社會群體關係亦是影響生產的重要因素之一。由於此種發現，企業界乃興起以講求改變機器去適應人力的要求，極力主張尊重人性的價值與尊嚴。此即爲人群關係運動的蓬勃發展與主要論點。

其後，人群關係運動持續發展出兩大論點，一爲順應個人需求的滿足，一爲注重群體交互行爲。就個人需求而言，人類除了追求基本的生理需求和安全需求之外，尙有社會性需求、自尊與自我實現的需求。人在工作中，不僅希望獲致工作外的滿足（off-the-job satisfaction），更希望獲得工作中的滿足（on-the-job satisfaction）。就群體行爲而言，人類爲了滿足各項需求，常自動自發地組成了小群體（small group）。此等群體會逐漸發展出自己的行爲準則，有時會協助成員達成目標，有時卻會限制成員行爲。同時，它在組織中有時會增進產量，有時也會限制產量。

站在人性管理觀點而言，順應個人需求與注重群體行爲，乃是人性化管理的基本論點。由於此種對人性觀點的顯然改變，在企業管理上產生極大的影響，例如主張加強授權，實施員工參與，給予員工更大的自主權，主張工作擴展（job largement）與工作豐富化（job enrichment），給予低層員工較完整的責任，避免單調而重複的工作，以便獲取高成就的滿足感。這些都是比較順應人性化的措施。

惟過度注重人性化發展的結果，也爲管理界帶來一些困擾。蓋過度重視員工心理上的滿足，反而忽略了整體組織績效與生產效率。又如人性是否都是具有自主性或願意自動自發的，也引起許多學者的質疑。今日行爲科學的研究，正針對上述正反兩面的觀點，作更進一步的研究，惟並未得到一致的結論。下節即將對人性作正反兩方面的探討，從而尋求一些適當的管理措施。

第三節　人性化管理的理論基礎

有關人性化管理措施，主要乃係源自於管理階層對人性的看法，此種看法正影響其管理哲學觀，進而左右他認爲最適當的管理策略和管理措施。由於對人性看法的不同，管理者所採取的管理策略與措施也會有所差異。本節主要討論麥格瑞哥與雪恩的理論。

一、麥格瑞哥的論點

管理學家麥格瑞哥（Douglas H. McGregor）所著《企業的人性面》一書中，就管理立場說明人性，提出X理論與Y理論，形成一幅連續性光譜，茲分述於後，如表2-1。

表2-1　麥格瑞哥X理論與Y理論的人性看法

類型	基本論點	管理措施
X理論	・人性厭惡工作 ・人沒什麼雄心壯志 ・人喜逃避責任 ・人性是被動的	強制、督導、懲戒
Y理論	・人性喜好工作 ・人會尋求自我滿足 ・人喜接受責任 ・人性是自動自發的	激勵、發揮想像力和創造力

（一）X理論——督導管理的傳統看法

1.一般人生性厭惡工作，總是設法加以逃避。

2.一般人沒有什麼志向，樂於爲人所指揮、規避責任、缺乏雄心、苟求安全。

3.由於人有厭惡工作的本性，管理上必須以強制、督導、懲戒的手段，促使他們努力於組織目標的達成。

（二）Y理論——個人與組織目標的融合

1.一般人並非天生就厭惡工作，蓋工作中精力的消耗就好像休閒嬉戲一樣。

2.人們通常都會自動自律地完成工作使命，外力的管理和懲罰的威脅，並不是惟一達成組織目標的有效方法。

3.人們認爲對達成組織使命的主要報酬，就是自我和自我實現的滿足。

4.一般人在情況許可下，不僅能接受職責，而且還會設法去尋求。

5.全體大衆都具有運用高超而豐富的想像力、創造力與智能，去解決組織內部問題的能力。

6.在現代工業生活的環境裡，一般人所具備的潛在能力，並未完全發揮出來。

依照X理論的說法，認爲人性是懶散的、不喜歡工作的，並儘可能地逃避工作責任。人們不會主動地與管理者合作，以追求最大利益，故管理者應採用懲罰的手段，此與我國荀子的性惡思想相近似。事實上，自古以來一般組織的管理者也都傾向這種看法。在管理上強調的，是生產力、同工同酬的觀念、冗員怠工的弊害，以及業績的酬勞等問題，以致認爲金錢是有效的激勵手段。惟人們會不斷地要求更高的報酬，只有運用懲罰的威脅手段，才能提高工作績效，此爲X理論的要旨。

就Y理論的觀點言，人性是好動而喜歡工作的，且認爲工作後的成就就是自我和自我實現的滿足。管理者只有瞭解員工需求，施加一定的獎賞和鼓勵，並建立良好的主僱關係，使員工有自我表現的機會，尊重其人格價值與人性尊嚴，才易取得員工主動的合作，此又與我國孟子的性善思想相吻合。依照需求層次論的原則來看，Y理論所具備的動機，可使員工達到最高層次需求的滿足。此種論點相當理想化，甚易爲員工所接受。但事實上，自我指導和自我控制並不是每個人都具備的；而且人類需求的滿足，並非完全自工作中獲得，許多需求往往都是自工作外而獲致滿足的。

綜合X理論和Y理論的觀點，到底何者爲優？何者爲劣呢？這個問題的答案應依情況而定。換言之，在管理過程中X理論與Y理論都有其必要性。因此，曾有學者提出所謂「Z理論」，對麥氏理論加以補充，認爲人性兼具勤惰本質，喜逸樂也好勞動；有些人比較偏向追求高層次的需求，主動努力於自我成就的表現；有些人則恰恰相反。人類需要的追求，實本於自身條件的差異，蓋人類的天性是機動的，而不是靜止的。管理者宜採應變措施，對某些人須加以強制管理，對另一些人則採激勵手段；對某些情況須繩之以法，而對其他情況則施之獎賞。管理者應能賞罰分明，過分的苛刻固足以招致不滿，而一味地討好亦將造成組織的腐化。惟在實際情況下，大多數的管理者都喜歡偏用X理論，而忽略了Y理論。

二、雪恩的論點

雪恩（Edgar H. Schein）在所著《組織心理學》一書中，認為管理人員對人性的假設，有四種人性的哲學觀點，即理性經濟人（rational-economic man）、社會人（social man）、自我實現人（self-actualizing man）、複雜人（complex man），如**表2-2**。

（一）理性經濟人

理性經濟人的假設乃來自於快樂主義（hedonism），認為人的行為都在追求本身的最大利益，人們工作的動機即為獲取經濟報酬。因此，激勵員工努力工作的主要工具，乃是經濟上的誘因。在傳統的組織裡，這種人的存在是相當普遍的，且以金錢誘因來激勵工作是十分有效的。

根據此一假設而引發出來的管理方式，是組織應以經濟報酬來達成工作績效，取得員工的服從，並以權力和控制體系來保護組織與引導員工。是故，管理的特質乃為訂定各種工作規範，加強各種規章的管制。組織目標能達成何種程度，有賴於管理者如何控制員工。此種假設類似於X理論的論點。

表2-2　雪恩的四種人性觀點

類型	基本論點	管理措施
理性經濟人	‧追求最大利益 ‧求取經濟報酬	‧提高薪資待遇 ‧加強權力管制
社會人	‧追求社會性需求 ‧以同事關係為重	‧瞭解團體歸屬 ‧關心員工的感受
自我實現人	‧追求有意義的工作 ‧發揮自我潛能	‧安排具挑戰性工作 ‧給與自主性機會
複雜人	‧追求各種不同需求 ‧因事制宜的情境	‧採用差異性管理 ‧運用不同激勵手段

（二）社會人

社會人的假設與理性經濟人完全相反，認爲員工的滿足感主要來自於社會性的需求，人們最大的工作動機是社會需求，並藉著與同事關係去獲致認同感。此乃因工業改革與工作合理化的結果，使得工作本身喪失了意義，以致人們必須從工作的社會關係中尋求滿足。同時，員工的工作效率，受同事的影響遠較管理者的控制爲大，並隨著上司能滿足他們的社會需求程度而變化。

根據此段假設，管理者除了應注意工作目標的完成外，並應重視員工的需求。在控制和激勵員工之前，應先瞭解員工的團體歸屬感，與對同伴的連帶感。管理者的權力不是用以管人，而是去瞭解與關心員工的感受和需求。假如管理者無法滿足員工的社會需求，他們就會疏遠組織，而獻身於非正式團體，並與管理階層相對抗。

（三）自我實現人

自我實現人的假定，主要爲認定人們會利用自己的技能，去從事一些成熟的、有創造性的、有意義的工作，以發揮自我潛能的慾望。人們都希望在工作上更成熟、更發展，具有某種程度的獨立自主性，而認爲外在壓力可能造成不良適應。組織如給予員工機會，他會自動自律地把個人目標與組織目標整合起來。

基於上述看法，管理者應使員工感到工作具有意義，富於挑戰性，並以工作來滿足員工的自尊與價値。管理者的主要任務，是鼓勵員工接受工作的挑戰，獨立自主地完成工作。蓋組織的動機是出自於內心的激發，而不是靠組織的誘導；員工對組織的獻身是出自於自願，並自動地將組織目標與個人目標加以統合。此種看法與Y理論極接近。

（四）複雜人

複雜人的假設認為人的本身是十分複雜的，每個人都有許多需求與不同能力，人不但是複雜的，而且變動性很大。各人動機層次的構造不同，且其層次並非固定的，常因時、因地、因事而改變。個人是否感到心滿意足，或肯獻身於組織，是由個人動機與組織交互作用的結果；且個人在不同組織或組織的不同部門，其動機可能不同。此外，個人常依自己的動機、能力與工作性質，對不同的管理方式作不同的反應。在此種情況下，沒有一套管理方式適合於所有時代的所有人。

依此，管理者必須洞察員工的個別差異，去發現與探究問題，並面對差異解決問題；同時針對員工的不同需要，採取應變的行動，管理者不能把所有的人視為同一類，以某種固定模式去管理他們。即使是金錢激勵，對不同的人也會有不同的意義，有人視金錢為基本生活保障，有人視金錢為權力的象徵，有人視金錢為成就的標誌，有人則視金錢為舒適生活的工具。是故，對不同的個人應採不同的激勵手段。

綜合前述，對人性假設常依歷史的發展而異。二十世紀初，產生了理性經濟人的觀點；一九三〇年至一九五〇年出現了社會人的觀點；隨後由於行為科學的勃興，乃有自我實現人的出現。此三種假設反映當時的時代背景，代表各時代的員工心理，也達成當時組織目標的最適當假設。此種人性假設的發展順序，大致符合需求層次論的論點，即由最低階層需求的滿足，發展到尋求最高層次「自我實現」的滿足。惟最近由於系統觀念的影響，個人的心理需求，已不只是單純的理性經濟人，也不是完全的社會人，更不是純粹的自我實現人，而是適應因時、因地等各種情況的複雜人。總之，在不同的環境下，必須採用不同的管理哲學，方能獲致最大的效果。

第四節　人性化管理的原則

根據前節所述，雖然人性有時是怠惰的，以致必須採取強制懲戒手段；甚或主張管理需因時、因地、因人、因事而採用不同的管理措施。然而，強制性的管理措施不但無法激發員工工作動機至最高的標準，有時甚至會引起反效果。因此，現代管理學術界和實務界類多主張採取較正面的積極激勵措施，此則涉及到人性化的管理原則問題。本節即針對此種觀點提出一些管理原則，資供參考。

一、思想溝通的原則

企業組織要推行人性化管理措施，首先必須遵守思想溝通的原則。企業組織是由許許多多的個人所組成的，但每個人都有他的心性與想法，此時惟有透過思想溝通的過程，才能使大家思想一致，採取共同的行動。組織內部的個人可保有自主性，但對於公共事務則必須有一致性的共同做法，如此才能竟其事功，完成組織所交付的任務。惟爲達成此項目標，只有在思想一致與共同瞭解的情況下，才能成功。因此，人性化管理須以思想溝通爲前提。

二、相互影響的原則

人性化管理的基礎之一，乃是相互影響的原則。所謂相互影響，係指組織內部的成員對其他成員都具有相當影響力而言，此種影響力並不限於主管對部屬的權力，有時部屬的意見亦足以影響主管的想法。雖然組織中的個人都具有自己的主見，但惟有承認並容允相互影響的存在，始是符合人性的做法。蓋集衆智以爲智，合群力以爲力，如此集思廣益，博採周諮，才能衆志成城，完成共同的目標。因此，相互影響原則的運用，是符合人性化管理的原則之一，殆無疑義。

三、民主領導的原則

民主領導幾乎是所有學者所認同的領導方式。蓋專斷式的領導是無生氣的、被動的、消極的，難有成功的機會。極權的嚴格控制常導致政策的失敗，即是專斷式領導的前車之鑑。至於，放任式領導，固可顯現員工的充分自主性，卻顯得毫無規範與秩序，常造成許多浪費無力。惟有民主領導方式才是正確的。民主領導乃在一定規範下予以激勵和啓發，可促使人人發揮積極參與和自動自發的精神，以共赴事功。因此，民主式領導正是人性化管理的表徵之一。

四、智能運用的原則

每個人都有他的聰明才智，而使用人性化管理的原則之一，就是發揮其聰明才智。當一位管理者不僅運用自己的智慧、知識、人格和技術，且也能善用部屬的智慧、知識、人格和技術時，就是發揮了人性智能。否則，若壓制他人的聰明才智，不僅是不合乎道德，且違反了人性的原則。因此，管理者適度承認與尊重他人的才藝，始能符合人性化管理的原則。

五、互信互賴的原則

人與人的交往在基本上就是要培養相互信任與彼此依賴的態度。互信互賴實是人際交往的基礎，也是人性化管理所必須維護的原則之一。在企業管理上，若個人與個人，組織與成員之間都能培養互信互賴的原則，比較有可能建立共識，進而達成組織管理的目標。根據前述，人性都有自我的需求，若缺乏互信互賴的基礎，則個人將只追求私利，如此將爲組織帶來困擾。是故，只有培養與建立互信互賴的原則，才能共謀互利，完成組織所賦予的任務。

六、以身作則的原則

管理者爲推行人性化管理，必須能以身作則，身先士卒，以贏得他人的敬重與景仰；且員工才得以學習到相互尊重，進而瞭解彼此的需求，承認人性的價值。蓋任何組織規範的訂定、組織氣氛的塑造、組織文化的養成，大多是由組織領導者或管理者的領導作風所形成的；若組織管理者採取人性化的管理，則員工必將亦步亦趨，追隨其腳步，則組織必是充滿著人性化的組織。

總之，人性化管理的實施必須採用積極的激勵手段，避免消極的壓制方法，才能激發人性的正面效果，員工的工作潛能得以眞正發揮。管理者要想推行人性化管理，必須遵循一些管理原則，如此才能啓發員工的智慧，發掘員工的才能，共同爲組織目標而努力。

第五節　人性化管理的措施

企業管理人員若要徹底推行人性化管理，不僅應遵循一些管理原則，並且要採取一些人性化的管理措施。這些措施有些是精神層面的，有些是物質層面的。精神層面的管理措施，可影響員工的心理與意識，形成組織的良好氣氛與文化。物質層面的管理措施，則可使員工感受到實質的利益，對員工的工作精神具有鼓勵作用。茲分述如下：

一、順應員工需求

人性化管理本質上就是一種順應員工需求的管理，惟有能滿足員工需求的管理，才是人性化管理；否則，就不是人性化管理了。至於，管理者究應如何去順應員工需求呢？一般而言，員工的需求可謂種類繁多而駁雜，且各個人的需求各有不同，管理者很難滿足員工的各種需求；惟最基本的必須有合情、合理、合法的薪資待遇，這是最起碼的條件。其次，必須建立安全的工作環境，俾使員工能安心地工作。再者，管理者須給予員工有參與社交活動的機會，以建立員工的歸屬感與認同感。其他，如能尊重員工的人格，培養其自尊心，以至於提供員工發揮自我成就的環境。這些都是馬斯洛（A. H. Maslow）需求層次論的基本主張，也是很合乎人性化的基本論點。

然而，誠如前述，由於員工需求的繁多駁雜，各項需求可謂不一而足；此時管理者可先選擇員工最緊要的需求加以滿足，然後逐次逐項地滿足員工的其他需求。同時，管理者也可針對不同人員的特殊需求加以調查，進而採用不同的激勵措施。在組織中，凡是涉及大多數人的福利措施，以及與組織目標並行不悖的員工需求，管理者都可列爲優先處理的對象，然後才針對各項不同的特殊需求尋求解決之道。總之，順應員工各項需求，是人性化管理措施的第一項步驟。

二、尊重個別差異

眞正的人性乃是透過個別差異而顯現出來的，因此，尊重員工的個別差異正是人性化管理的重心之一。組織內的各個員工因遺傳、環境、生理與學習的各項條件都不相同，以致表現出來的心性、態度、人格、價值觀等也都各有差異，除了本身的各項慾望與需求不同之外，他們對組織的期望與要求也有很大程度的差異。是故，管理者適度地尊重員工的個別差異，接納他們不同的期望，容忍他們不同的異議和主張，不僅是一種人性化管理措施的體現，更可將組織帶向和諧合作的境地，化阻力爲助力，導破壞爲建設。

在管理過程中，管理者必須採取因材施教的措施；在用人方面亦應因才施用，才能達到人盡其才的理想，這是最合乎人性化的管理。此外，站在組織的立場而言，因才施用可爲組織選拔到最稱職的人選，可充分有效地利用人力資源，更可使具潛能者發揮其創造潛力。組織管理者若能就個人能力和性向之所趨而選才，不僅使員工能擇定他所認爲最適當的工作，從而發展他的興趣才能；而且組織更能因此而提昇效率，如此使得組織和個人都能共蒙其利，這也是人性化管理的表現之一。

三、實施建議制度

人性化的管理措施之一，即是實施建議制度。建議制度乃是組織內部員工可針對組織內的所有措施，若有任何需興革的事項都可提出意見之謂。建議制度的實施，不僅發現員工的不滿情緒，更可發展員工的創造力。管理者若眞心誠意地接受建議制度，員工將更願意提供其智慧，並貢獻其心力於組織。如此不僅組織的政策、工作程序與方法能有改進的機會，且組織成員可從中得到若干滿足感；甚或組織能提供更多的獎勵措施或獎金，用以鼓勵成員提供正面的改善意見，更能激發員工的動機與提高團體士氣。

至於建議制度實施的方法甚多，諸如設置意見箱、發行公司公報及刊物、舉辦座談會、舉行會報、非正式交談等等，都可鼓勵員工提供寶貴的意見，取得相關訊息，此不僅對工作具有正面意義，且足以鼓舞士氣，是相當合乎人性化的做法。然而，建議制度的實施，最重要的乃是基於管理者的誠意與態度；若只有一些徒具形式的制度，並無法激起員工眞正的合作意識，更遑論激發人性的眞正發揮。是故，眞誠地推動建議制度，才是眞正人性化的管理措施。

四、建立申訴制度

申訴制度的建立與實施，正足以顯示人性化管理的特徵。組織內部成員若對組織有所不滿，而能有傾訴的機會，對組織來說是好的。蓋組織內的所有措施都很難滿足成員的願望，而組織設置了一些申訴管道，不僅可排遣員工的不滿情緒，也可給予組織重新檢討各項政策與措施的機會。同時，組織可針對員工所提意見，一一提出說明和解釋，進而爭取員工的諒解與支持，這是非常符合人性化的做法。

此外，申訴制度可爲高層管理者疏通下情無法上達的弊病，此舉可避免底層員工意見層層轉達的失誤，或避免因員工直接主管的壓制所帶來的後遺症。當然，申訴制度的實施不僅可依正式程序向上級提出，也可依非正式程序來表達，如此才能達到眞正的效果。至於，有關申訴的處理最好能由本人處理，或設置申訴委員會秉公處理，才能取信於員工；且舉凡處理有關申訴案件都應儘早解決，如此才能讓員工感受到眞正的誠意。

五、採行民主領導

人性化管理措施之一，就是推行民主化領導。民主化的領導並不是放任員工胡作非爲，任意行事；而必須在一定的規範與制約下，員工才有自由行事的權利。就人性觀點而言，人性化的行爲有時是要作適當約束的；否則，必造成雜亂無章，毫無規範可言。民主式領導可說是一種培養良好人群關係的重要方法，其主要貢獻乃在鼓勵團體決策，提高決策的正確性。同時，也可激發員工士氣，使成員採取支持的態度，並滿足個人的心理需求與願望，這是相當合乎人性的。

爲促進民主領導的成功，在實施過程中，管理者宜多提供員工更多有關的工作訊息。對於舉凡與組織有關的事務，除付諸團體討論協議解決之外，並宜時時考慮到成員的個人需求與願望。在語言和行動上，管理者不要處處以領導者自居，而能與部屬處於平等地位，如此員工才願意眞心付出，且與管理者眞誠地合作。因此，民主式領導正是人性化管理的基石，管理者不能不體認它的重要性，從而加以採行。

六、鼓勵員工參與

符合人性化管理的措施之一，就是鼓勵員工參與。員工參與是人性化管理的基石，也是工業人道主義的中心論點。它乃是一種主管對部屬的民主態度，由此可充分地運用智慧資源，有系統、有步驟地完成集思廣益的效果。在組織中，凡事經過充分的參與討論，並作深入的審慎分析思考，則在執行時可避開許多缺點，減少不必要的麻煩和困擾，且又能深得全體員工的支持。蓋員工一旦投入他們的心血，必能全力以赴，共赴事功，乃能產生成就感和滿足感。因此，鼓勵員工參與組織事務，正足以發揮其潛能，這是相當符合人性化的原則。

惟員工參與的實施，必須有民主的先決條件，只有培養民主環境，員工才能在參與過程中，貢獻其智慧，進而產生參與的充分意見，並採取適宜的行動。此外，員工共同參與決策，才能瞭解彼此的困難所在，從而促進彼此的相互瞭解，以尋求彼此的協調與合作，建立良好的關係。參與管理是一種促使員工在追求個人自主和組織目標之間尋求協調的步序，它一方面要能切合員工需求，另一方面也要顧慮到組織的工作紀律，因此參與管理總是有益的。

總之，實施人性化管理乃是企業管理者的責任。一位有責任的管理者，不僅應負起生產工作的責任，而且對員工也有誘導的責任。事實上，有愉快的工作員，也才有愉快的效率；而此種效率的達成，則有賴人性化管理的實施，才能竟其事功。

第3章

個別差異

1

個別差異的涵義

2

個別差異的原因

3

人口統計上的個別差異

4

心理特性上的個別差異

5

個別差異的管理

今日是個多元化的社會，企業組織也面臨著多元化的挑戰。在勞力市場上，工作力的多樣化乃是整個世界的自然趨勢。此乃拜交通便捷與資訊暢通之助。就人力資源管理的立場而言，組織的勞動力不僅是多樣的，而且也是個別差異的。因此，企業管理必須正視人力多樣化，並順應個別差異採用不同管理措施，此正是符合人性化的管理。本章將討論企業組織人力多樣化與個別差異的存在，藉以提醒管理者正視該問題的存在。

第一節　個別差異的涵義

今日組織員工的背景與來源，隨著全世界與整個社會環境的變遷而日形複雜。今日世界就是一個地球村，員工的背景甚為多元，且個體或群體都表現其本身的特質，管理者必須藉由其與企業的相互影響，以創造出共同的價值，以免使組織陷於紛歧或混亂之中，甚而避免其可能引發的衝突或抗拒。因此，企業管理者必須正視勞力的多樣化。

所謂勞力多樣化（workforce diversity），係指組織內部員工都會在人口統計上表現出不同的人格特質而言。具體地說，勞力多樣就是組織內各個成員在工作上所表現出的人口統計上心理特性的主要差異。這些差異包括性別、年齡、種族、肢體健全與否，以及婚姻、子女數目和經驗等等。基本上，它是屬於人口統計學上的名詞，可概括社會學上的因素與心理學上的因素。

至於，個別差異專屬於心理學上的名詞，是指人們因先天的遺傳和後天的教養，不僅在外形上如面貌、身材、高矮、肥瘦等各種體質特徵有所差異，而且在內在特質上如智慧、能力、性向、興趣、人格、價値觀、態度等也各有不同；甚而在心理上、情緒上、需求上也都不相同，以致形成行爲上的差異而言。此正是所謂「人心不同，各如其面」。固然，人在基本慾望上是一致的，且常顯現出一系列的行爲共同性；但在慾望的表現方式上和其他方面卻是大異其趣的。

若就整個差異性特質而言，勞力多樣化包括社會層面與心理層面的行爲差異；而個別差異專指個體之間的行爲差異。前者所涉獵的層面較廣，它可能是群體性的差異，也可能是個體的差異；而後者則只是個體的差異。然而，此兩者的差異性都是企業組織文化的一部分，吾人不能忽略它們的存在。第二節將先綜合討論形成這些差異的原因，然後再分述人口統計特性上的差異與心理特性上的差異。

第二節　個別差異的原因

在企業管理上要注意個別差異的存在，才能發揮最有效的管理作用，且能符合人性化的管理。然而，個別差異是如何產生的？每個人天生的資質不同，所處的環境也各不相同，以致養成各個人不同的習性與行爲，這就是個別差異存在的眞正原因。個體自呱呱墜地以來，依其自身的本能而與環境中的人、事、物發生相互的依存關係，發展出自己的人格與行爲；並依其生理成長的條件，不斷地吸取各種經驗。由於各個個體的這些條件與情境都不相同，故而有了個別差異。因此，造成個別差異的原因，大致上可歸於遺傳、環境、生理與學習等因素的交互影響。茲分述如下：

一、遺傳因素

每個人的遺傳因素不同，自是構成個別差異的基礎。在遺傳學上，個體在母體孕育的過程中就顯然不同，嬰兒在母體內常接受不同的刺激，即已構成人格或行為上個別差異的主要原因。一般遺傳學者討論與遺傳最具密切關係的，乃是智力。個體智力的發展，固然會受日後環境因素或特殊訓練的影響，但基本的智力乃是由遺傳所決定。亦即遺傳限定了個體智力發展的一定閾限，至於發展的程度則依教育與學習的成效而定。不過，無論智力為何者所決定，每個人天生的資質都是不相同的，自然形成彼此間的個別差異。因此，遺傳是影響個別差異的主要因素之一，殆無疑義。

根據遺傳論者的說法，遺傳不僅決定個體智力發展的閾限，而且也決定個體各方面成長的領域，可說人類身心的發展與成熟都侷限於遺傳所限定的範圍之內。依據這個範圍，個體再運用學習的歷程，在環境中形成自己獨特的人格或行為。因此，不論個人行為是如何成長的，其最終仍脫不出遺傳所給予的限制。是故，遺傳實為形成個體行為的基礎，任何人所有特質的發展均脫不出遺傳的軌跡。每個人的遺傳因素既不相同，則其行為自然有所差異。

二、環境因素

誠如前述，個體自出生以來即處於環境之中，並在其中成長與發展，因此環境因素自無法不影響個體的人格或行為。環境對個體行為發展的影響，最主要來自於三方面，即家庭、學校、社會文化，這些是個體成長必經的歷程。在家庭方面，主要為個體嬰、幼兒期；學校方面主要爲少、青年期；社會文化方面主要是成、老年期。當然，上述環境是一貫性，且是重疊性，而又是相互影響的。根據研究顯示，在家庭方面，育兒方式、親子關係、家庭氣氛、出生排行、出生別與同胞關係等，都會影響個體行爲的發展；諸如和諧的家庭氣氛，能形成子女良好的社會適應能力即是。在學校方面，一般接受較多或較高教育的人，其人格發展較爲健全，犯罪比率有下降的趨勢；其主要乃爲來自於教師人格的感化。至於社會文化不但影響人們的衣、食、住、行等生活方式，更重要的是形成人們不同的觀念、思想與行動。社會文化包括的範圍甚大，舉凡政治型態、經濟制度、學校教育、宗教信仰與風俗習慣等均屬之。因此，社會文化對人格與行爲的發展，都有深遠的影響。個人處在不同的環境中，自會形成不同的人格，進而影響其行爲型態。

環境因素對人格發生明顯影響的例子很多，諸如在中、西的不同文化型態中，美國人樂觀進取，中國人勤儉保守。處於民主型態下生活的人們，通常都具有崇尚自由色彩、要求獨立自主的開放性人格。生活在獨裁式家庭或社會環境中的人，比較傾向於服從，具有表情冷淡的封閉性人格。當然，在相同文化型態下的人，其基本特質可能是相同的；但來自於不同環境因素的刺激，在許多方面仍然是有差異的。此即證明個人行爲特質，係受環境中各項因素交互影響的結果。因此，環境因素實係構成個別差異的基礎之一。

三、生理因素

所謂生理因素，係指生理特徵與體能狀況等，對個人行爲的影響。在生理功能方面，以內分泌腺的功能對行爲的影響最爲顯著。內分泌失常，對個人的外貌、體格、性情、智力都會發生影響。如甲狀腺素分泌不足，會阻礙身體的發育；甲狀腺分泌過分旺盛，則造成精神上極度的緊張。其次，消化功能不良的行為特質，有三種狀況：⑴消化過快的人，表示對客觀世界的不滿，以致引起報復性的安慰；⑵消化過慢的人，表示對世界持觀望的態度；⑶消化不良者，表示對周遭事物長期憂慮的結果。凡此皆為生理狀態對個體行為的影響。

當然，生理的成熟性與心理的成熟性是相因相成、交互影響的，且共同左右行為的發展。然而，無論生理的成熟性或心理的成熟性，都是逐漸發展的。顯然地，孩童時代的身心發展是不完整的，必至成年始能完成。換言之，個人生理的成長與成熟，是導致行為發展的主要基礎之一。因此，行為的形成除了受個人各個成長階段的影響外，亦與整個生理成長過程相生相成，及至成年始形成統整而堅固的個人特質。每個人生理成長與發展過程既不相同，則其行為自必存在著差異。

四、學習因素

個別差異的形成除受前述各項因素的影響外，尚受到學習因素的影響，畢竟行為的發展是具有統整性、學習性與成長性的。易言之，行為的發展是不斷地學習而來的。由於不斷地學習，個體乃能不斷地成長與發展，蓋學習是一種經驗成長的歷程。行為的成長有賴學習，如個人的能力、動機、興趣、價值觀、社會態度等，都是個人在實際生活歷程中經驗累積的結果。從適應環境的觀點而言，行為是個體對環境作有效地積極適應而不斷地學習形成的；而此種適應環境的歷程，即為學習。質言之，學習是基於本能與生存的需要而引發，使個人在求生過程中形成一定的人格和行為。

由是觀之，個人學習的歷程不同，自必形成個別差異。所謂「聞道有先後，術業有專攻」，即為不同學習歷程的寫照。在日常生活中，個人常憑藉著社會化的學習而形成習慣，以求能適應生活，使成為個人的一套獨特人格。一個學習態度積極的人，其原有的生活經驗，可促使自己作更有效的學習。至於學習態度消極的人，則感到適應困難；如外在環境壓力加大，將更形成環境與自我的衝突，則易造成人格的分裂或行為的失常。因此，不同的學習歷程，會形成不同的人格差異，以致形成行為的個別差異。是故，個別差異的形成，部分是受到學習因素的影響。

縱觀前述，則遺傳、環境、生理、學習等因素，乃是形成個別差異的共同基礎。只是有時某些因素的影響較大，有時某些因素的影響較小而已。吾人探討個別差異的產生基礎，不能只重視或忽略某項因素，而必須注意整體的綜合，才能得到正確的結果。管理者在對員工作個別管理時，須深入探討員工的個別背景，期求能有更周詳的瞭解，而採取最適當的管理措施。

第三節　人口統計上的個別差異

本章第二節所言個別差異產生的原因，基本上乃是屬於同一社會或文化內心理層面的探討；然而，有些個別差異乃是來自於不同社會或文化所形成的，如美國人和中國人的差異，日本人和印度人的差異等均屬之。此種不同社會或文化所形成的差異，乃是屬於所謂的人力多樣之涵義。人力多樣化固亦屬於一種個別差異，但為區辨起見，本節乃列為人口統計學上的個別差異；至於心理層面所顯現的個別差異，將於下節繼續探討之。

所謂人口統計學上的個別差異，是指個別差異的原因乃係依人口統計學而加以探討的。此種個別差異包括性別、年齡、種族、肢體健全、婚姻、經驗、子女數目等。再由這些差異的存在，吾人可用來分析群體性的差異，此種差異一旦出現，常造成刻板印象和歧視的機會，以致讓人忽略了個別差異，無法針對個人進行瞭解，更遑論正確評估其工作潛能的基本因素。因此，企業管理者有必要瞭解群體性的差異，這些差異可分述如下：

一、性別差異

所謂性別差異，是指男性和女性由於身心上的不同，而被認爲具有不同的行爲特質，甚而會影響其工作績效和表現而言。惟根據一般研究顯示，兩性差異很少影響工作績效。因此，在解決問題能力、背誦能力、分析能力、成就、競爭意願、動機、自尊、學習能力、暗示感受性、社交能力或對視聽刺激的反應上，兩性之間並沒有明顯的差異。然而，女性常比男性更具服從性，語言能力較佳，但對成功的期望較低。此外，女人的請假率較高；但若由男性在扮演更積極扶養孩子的角色時，此種結果卻會改變。根據上述的分析可知，兩性差異來自於生物性本身的因素甚少，而出自於社會或文化教養的因素較多。不過，男性體力優於女性卻是事實。

二、年齡差異

在年齡的差異方面，一般最常見的刻板印象，乃是認爲年齡和學習、彈性個性有關。很多人都會把年長者和惰性聯想在一起，而認爲年長者較少彈性，缺乏學習精神。事實上，這是不正確的。個人的學習精神和保有彈性的個性，常因人而異。許多年長者都自認爲是相當具有彈性的，且認爲年齡和工作績效是無關的。年長者的生產力並不比年輕人差，且由於經驗的累積而使其有過之而無不及。當然，年長者由於體力的退化，不免有請假的現象，但其缺席率卻比年輕者爲低。此外，年長者的離職率一般較年輕者來得低。根據許多研究顯示，對工作滿意度上，個體隨著年齡的增加而更爲提高；但有時也會先增後降，兩者之間並無絕對的相關性。

三、種族差異

種族因素有時也常被運用到人口統計上，以作爲測量群體性差異的基礎。事實上，任何族群常對其他族群存有刻板印象，而認爲自我的族群優於其他族群；甚而認爲與自己族群相近的族群，又優於其他更疏遠的族群。過去美國社會總是認爲白人優於黑人、亞洲人、原住民等；但經過不斷地民主化之後，發現其他族群的人不見得劣於白人。此乃是一種種族的偏見。然而造成此種族群差異的原因，最主要乃是評定文化的標準並不一致，且人類各族群所受文明或文化的啓發程度也不相同之故。

四、肢體差異

身體狀況有時也會被列爲人口統計特性的因素之一，此乃因工作有體力和智力之分；惟隨著時代的變遷，企業組織內部技術與設備的更新，以致體力性的工作日漸減少，而智力性的工作則日益增加。尤其是今日電腦的發展更以智力爲主，是以今日企業和政府類皆鼓勵僱用殘障人士。根據研究顯示，殘障員工的工作能力並不亞於非殘障人士；甚且因意志力的堅定，使得殘障人士的工作效率更形提高。因此，近代企業組織甚多僱用殘障人士，或全用殘障人士。

五、其他差異

其他人口統計特性的差異，尙包括婚姻狀況、孩子數目與經驗等。一般而言，已婚者的缺勤率和流動率都比未婚者爲低，而工作滿意度卻較未婚者爲高；此乃因已婚者有了家庭生活而較爲安定之故。此外，擁有子女數和缺勤率與工作滿意度之間具有正相關性，但和流動性之間則較無明顯的相關性。至於，經驗和工作表現之間的關係較爲複雜。一般而言，工作經驗愈爲豐富，不管在解決問題上或工作表現上都處於較優勢的地位；但工作經驗較多，常有怠忽的情況發生。因此，工作經驗和實際工作表現上的相關性較爲微弱。不過，較具工作經驗者，其成就慾望較高，故而其缺勤率和流動性較低。最後，流動率高的員工，其未來流動的可能性也愈高。

總之，人口統計特性的個別差異是值得參考的管理要素，但它常會形成刻板印象。因此，管理者對性別、年齡、種族、殘障和其他人口統計特性的瞭解，絕對是重要的。蓋如何才能眞正發掘優秀的員工，以便他們能展現自己眞正能力的公平機會。在今日逐漸多樣化的工作環境中，可避免一些刻板印象所產生的問題。

第四節　心理特性上的個別差異

對人口統計特性上差異的瞭解，可使吾人認清群體間的差異；但各個社會環境或群體內的特性，也常因諸多因素的影響而產生心理特性上的個別差異。固然，人們在基本慾望上是相同的，且常顯現出一系列的行爲共同性；但在許多方面卻是大爲不同的。這些個別差異，至少包括智力、能力、性向、興趣、價值、態度、人格和生理等差異上，茲分述如下：

一、智力差異

所謂智力，乃爲個體適應環境的能力，包括學習能力、知覺能力、聯想能力、記憶能力、想像能力、判斷能力與推理能力等，亦即個體在從事有目標的行動中，是否能有條理地思考，並對環境作有效適應的能力。智力高的人適應能力強，智力低的人適應能力差；智力高的人學習成績好，智力低的人學習成績低；智力強的人推理透徹，智力低的人推理膚淺。它是一種綜合而複雜的腦力。換言之，智力即爲人們適應環境與解決各項問題的能力。辜福德（J. P. Guilford）即將智力結構分爲一百二十種智力元素（如**圖3-1**），由此可知智力的複雜性。

就工作的立場言，智力隨著工作的不同而有不同的需要。一般而言，智力高的適於擔任較高程度的工作，而智力低的人僅適於擔任較低的工作。如果將他們的工作反置，必然無法發揮他們的長處，使工作任務無法圓滿達成。因此，員工甄選必須注意到智力的高低。通常智力的高低可用智力測驗來判定，智力商數

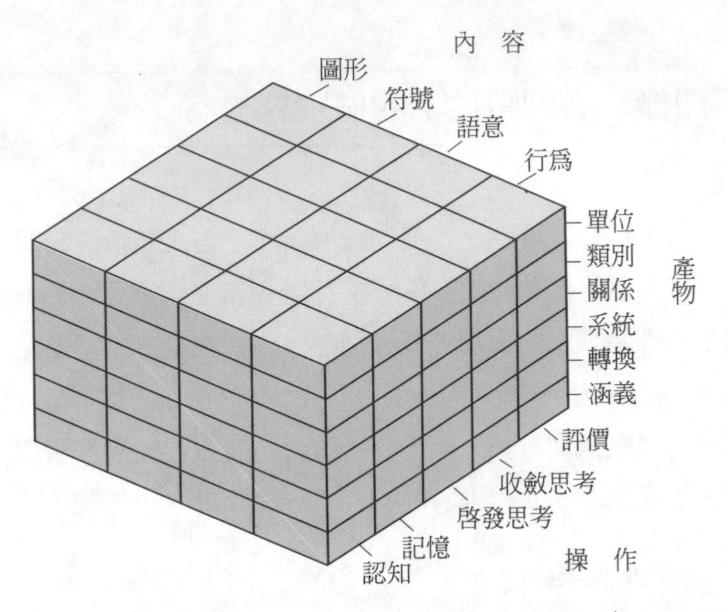

取材自：J. P. Guilford, *The Nature of Human Intelligence*（New York: McGraw-Hill Book Co., 1967）, p.63.

圖 3-1　智力結構模型

（intelligence quotient, IQ）即用以表示智力高低的指標。一個在社會上有成就的人，其智力商數一定比一個平凡的人要高。

二、能力差異

所謂能力，至少含著雙重意義，一係指個人到現在爲止，實際所能爲，或實際所能學習的而言。一則指具有可造就性，亦即潛力的意義；它不是指個人經學習後，對某些作業實際熟諳的程度；而是指將來經過學習或訓練，所可能達到的程度而言。此處的能力是指一個人現有的、能完成一項工作所需的各種能力，其中包括相關的知識和技術。能力不僅是個人很重要、很明顯的特質之一，也是個別差異的主要特徵之一。每個人的能力不同，適任工作的要求自然有所差異。通常能力高者適任高階層或複雜性的工作，而能力差者只能勝任簡單而例行性的工作。且個人具有某方面的能力，必在該方面力求表現；若缺乏能力，則必加以迴避，以免遭受挫折。

三、性向差異

所謂性向，也可稱之爲潛能。它係指人們在先天上具有學習某種工作的潛力；亦即爲前述經過學習或訓練，就能達成某種程度的能力。例如某人書法很好，某人歌喉不錯，某人算術高明，就是指他們在工作上的不同性向而言。因此，吾人作工作分配時，就必須注意符合他們的性向。如果讓一個善於言辭的人，從前機械操作，其成就恐怕很有限。相同地，讓一個機械性向很強的人，從事外務工作，其成就亦必有限。管理者可經由性向測驗來測定個人的不同性向，從而分派不同性質的工作。

四、興趣差異

在工作中，個人的興趣常各有不同，且興趣程度濃淡不一，所謂「人各有志，各異其趣」即是。所謂興趣，是指個人對事物的喜好程度而言。個人的興趣不同，對事物的選擇也不同。有些人興趣狹窄，有些人興趣廣泛，這可能形成個人的不同特質。個人對有興趣的事物，常趨之若鶩；對沒興趣的事物，則退避三舍。此種興趣可能源自於自我、家庭、同僚、朋友或風尚等。個人常將自己投入喜歡的活動中，跟性情相似、興趣相投的人在一起工作，而形成個人的職業興趣。

五、價值差異

所謂價值，係指個體對適應行爲過程或結果的廣泛偏好。此乃反映出個人對「是非」和「應該如何」的觀感，此種觀感會影響個人的態度和行爲。例如，一個具平權主義價值觀的個人，在有差別待遇的組織中工作，則他會認爲公司是一個不公平的工作場所，結果他可能採取消極的工作態度或離職而去。一般而言，一般員工和工作相關的最重要價值觀，主要有對能力和成就的肯定、尊敬與尊嚴、個人的選擇與自由程度、參與工作決策、個人的工作榮譽、工作生活品質、財務安全、自我發展，以及健康與福利等。然而，這些價值對個別的成員是不相同的，如有些人重視自我的肯定，有些人則注重財務安全；有些人可能較重視尊嚴，另一些人則可能較強調健康與福利。凡此皆顯示出員工對價值的差異。

六、態度差異

態度是受到價值觀所影響的，但態度是偏向於特定的對象，具有特殊性；而價值觀則具有普遍性，比較廣泛。例如：員工參與是一種價值觀，但員工對參與的正面與負面感覺則是一種態度。易言之，態度乃是個體對周遭環境中的人、事、物，所產生的正面或負面反應的傾向。此種傾向係受到個人認知、情感的影響，從而產生出某種行爲。是故，態度是由認知因素、情感因素和行爲因素所構成的。顯然地，個體從出生以來，常在環境中受到各種因素的影響，是以形成了不同的認知、情感，並表現出不同的態度和行爲。因此，態度差異乃存在於不同的個體之間，其表現在工作的各方面尤爲明顯。通常管理者透過觀察或各種量表，可測知員工的不同態度，進而可採取適宜的管理措施。

七、氣質差異

所謂氣質係指個人適應環境時，所表現出的情緒性與社會性的行為而言。氣質與「性情」「脾氣」「性格」甚為接近，是個人全面性行為的型態，多半為與人交往時，在行為上表露出來。如有人熱情，有人冷酷；有人外向，有人內向；有人經常顯露歡愉，有人終日抑鬱沉悶；有人事事容忍，有人遇事攻擊。這些常見的行為特質，即為人格上氣質的特性。由於這些不同特質，可以看出不同的個人行為傾向。因此，不同工作需有不同氣質的人，在工作分配時必須注意此一因素。

八、人格差異

所謂人格乃為個人行為的綜合體，係指個人在對人己、對事物各方面適應時，於其行為上所顯現的獨特個性；此種獨特個性，係由個人在遺傳、環境、成熟、學習等因素交互作用下，而表現於身心各方面的特質所組成，而該等特質又具有相當的統整性與持久性。一般而言，人之所以為人，都表現不同的人格。通常人格是個人行為的代表，個人行為的特性都是透過人格而表現出來的。換言之，所謂人格是指個人所特有的行為方式。每個人都在不同的遺傳與環境交互作用中產生對人、對己、對事、對物的不同適應，故每個人的人格都是不相同的。此種不同的人格特性，可透過人格測驗測量出來，且合理地指派其工作。

九、生理差異

所謂生理係指個人的體格狀況、外表容貌與生理特徵等是。

它至少包括身材高矮、體力強弱、容貌美醜、生理缺陷與否等項，這些特質不但影響別人對自己的評價，也是構成自我概念或自我意識的主要因素，而形成個別差異。如有人力舉千鈞，有人手無縛雞之力；有的身材健美，有的生理障礙；凡此都影響到個人情緒，形成不同行爲形態。此種態度差異，各自適任不同的工作。

總而言之，員工的個別差異是存在的。每個人的各項特質不同，其行爲自有差異。此外，個人的動機、知覺、情緒、學習、思維、經驗、知識、職位、信念、身分、思想……等都各不相同，自是形成個別差異的因素，實無法一一加以枚舉。不過，構成個別差異的各項要素是交互作用、相互影響的，且很難具體加以劃分。只是吾人可由其中探知個別差異的存在事實，體認其複雜性。管理者可從中加以探討，進而採取更符合人性化的管理措施。

第五節　個別差異的管理

個別差異既是存在的，則組織管理者必須注意這些差異，以維持它與其他組織的競爭力。蓋個別差異會影響人們對工作的反應。若組織能順應員工的個別差異，不僅是符合人性化的做法，且可提昇員工對組織的認同，從而產生對組織的好感，增進工作效率。個別差異可能造成員工各項工作上的差異，其可包括工作表現、工作態度、在職期限、缺曠職率、完成工作所需時間的時限，以及員工受歡迎的程度等。當然，此種差異並不是偶然造成的，而是許多因素混合的結果。當某一群人執行某特定工作時，每個工作者的工作績效並不相同。即使同一個人在不同的工作時間上，其工作績效也不一樣。

由此可知，個人之間在工作上所表現的績效差異，實受到個別差異多重因素的影響。管理者欲增進員工工作效率，必須對影響員工行爲表現的一切因素，具備整體概念性的瞭解；然後才能自員工甄選中，求得整體性的協調。管理者的主要責任，一方面固需從組織立場，爲組織工作擇定稱職人選；另一方面亦必須有效利用人力資源，指導個人選定適合的工作，才能達到「人求事、事求人」的雙重目標。欲求達成該項目標，管理者必須自不同角度去瞭解個別差異的重要性。

一、就經濟觀點言

每個組織都竭盡心力有效地運用其資源，包括人力資源，以求能達到經濟上的效益。從員工甄選的角度來看，每個人都各有所長，亦有所短，只有把員工適當地安置在恰當的職位上，才能使個人發揮最高潛力，作最有效地工作。個人工作是否有效，除可從生產力看出外，尙可從經常性的耗損、成本的提高、機械的修護以及員工出勤率、流動率看出來。員工的生產力高、耗損少、成本低、修護費低、出勤率高、流動率低，都表示工作效率高，合乎經濟原則；反之，則工作效率低、不經濟。工作效率高，則表示員工有滿足感，人事配合；反之，則表示工作與人員配置不當，未依個別差異來分配工作。當然，工作效率的影響因素，不只限於一端；然而，是否依個別差異來甄選員工則是一大因素。

依此，倘若人事管理未依個別差異用人，則其員工無法獲得滿足感，流動率必高。當流動率高時，以前招募員工的晤談、測驗、身體檢查、訓練、教導等成本，都將付諸流水，顯然是不符經濟效益的。此外，隨著職位的不同，此種費用的高低也不一樣。如果每個組織有系統地探討流動率的成本，將各項費用加起來，將會發現該項費用是十分高昂的。因此，站在經濟觀點而言，組織依個別差異甄選員工，無形中將減少許多成本。同時，員工就業情形安定，亦可免除另行甄選時的各項費用。

二、就法律及合約觀點言

組織在法律及合約上，均希望一個工作者能成為一位滿足的員工，使其滿足於工作。要做到此地步，必須注意個別差異的存在。在美國有很多州均訂有失業報酬法案，規定當一家公司員工離職率高時，必須繳納較多的失業福利基金；反之，公司員工離職率低，所繳的失業福利基金相對降低。此外，工會中訂有一種法案，規定初任員工在某段期間內，公司不得任意辭退員工。因為工會認為，該段時間為工作適應期，或許過了這段期間，員工會成為一位滿足的工作者。雖然我國沒有這些規定，但一家流動率很高的公司，不僅增加人事費用的負擔，而且外界的評語必定很差，將導致人才的裹足不前。因此，在甄選員工時，就得先考慮員工的個別差異，以減少損失。

三、就個人觀點而言

管理者在管理員工或分配工作時，若能考量個別差異，員工比較能從工作中獲得滿足感，發揮個人的潛能。蓋個人的工作滿足感和個人是否努力執行工作有直接的密切關係。雖然工作滿足感不是工作績效的充分條件，但卻是工作績效的必要條件。換言之，員工的工作滿足感高，雖不能保證其工作績效必定很好；但工作滿足感很低，則無法奢望其工作績效會很好。此種滿足感很多都來自於適合自己的能力、興趣等因素，只有適合自己才能的工作，才能使個人稱心如意；反之，則沮喪不已。當然，滿足感的提昇，尚待提高薪資水準，給予升遷的機會，改善工作環境，給予工作保障等措施的配合。不過，就個人觀點而言，依個別差異來甄選或管理員工，顯然是相當重要的。

組織管理者考量員工個人觀點時，必須有如下的認識：⑴員工在工作績效上的不同表現，乃取決於影響個別差異的內在和外在因素；⑵內在的工作酬賞對每個人的需要並不相同，有些人熱衷於豐富化的工作，有些人則否。因各個員工所喜歡或需要的領導方式並不相同；有些人在民主自由的領導方式下，會表現得很好；但有些人則喜歡受嚴密的監督。因有些人在工作時，喜歡與他人接觸；另外一些人在同樣情況下，會顯得緊張。因有些人對公司投注很大的心力，且對公司忠誠度很高；有些人則極少投注心力和忠心。凡此都顯現個別差異與工作態度和績效之間的關係，管理者必須細加體察。

四、就社會觀點言

吾人在管理員工或分配工作時，應該注意個別差異，是合乎社會目標的。管理者若能適切地運用每個人的才智，使大家得到合適的工作，不僅能充分利用人力資源，且可達到世界大同的理想。假使每個人都能人盡其才，工作潛能得到充分發揮，則社會必然安定，經濟必定繁榮。因此，站在整個社會的觀點來看，依個別差異來任用員工，是使「人適其職，職得其人」的最佳措施。

目前教育普及，每個人受高等教育的機會增加，其目的即在激發人類潛能，適切地運用人類智慧。同樣地，職業輔導即具有「人適其職」的功能。在工業上，考慮到個別差異，將工作者安置在適切的職位上，將有助於上述目標達成。因此，人事管理就社會目標而言，應依個別差異來甄選和管理員工。

總之，個別差異在工作分配上是相當重要的，它與工作績效之間具有極大的關係。管理者在作工作分配或管理員工時，必須考慮個別差異的存在，切不可以不必要的條件任意分派工作或驅使員工，否則將無法達成「事求人，人求事」的雙重目標。

第4章

人事甄補

就心理學的立場言，人事甄補是企業管理的一大課題，此乃是將心理學理論與方法運用在人員甄選上。因此，人事甄補在企業心理的領域中，是不可或缺的。蓋組織運作的良窳，與其員工的數量和素質有很大的關係，此則有賴甄補來源、過程和方法的適當運用。成功的企業管理，乃在希望工作的本質能與員工的人格特質相配合，以使組織和個人都能得到最大的利益。當然，人事甄補與整個組織的人力資源管理策略、規則和工作分析等，都有重大的關聯性；惟其乃牽涉到整個人力資源管理的領域，本書不擬加以討論。本章將僅就心理學的立場，探討人事甄補的意義、途徑，以及說明內升、外補的優劣點；並分析人事甄補的程序與方法，以及最常運用的晤談法之應用。

第一節　人事甄補的途徑

所謂人事甄補（personnel recruitment），是指企業組織為了尋找符合待補工作或職位所需條件的人員，運用各種途徑或方法，以吸引他們前來應徵，並從中挑選最適當的人員，以便加以任用的過程。人事甄補的實施，必須依據人力資源規劃和工作分析來進行，其關係如**圖 4-1** 所示。有效的人事甄補，必須能羅致或遴選合於工作或職位要求的員工，並滿足組織當前與未來持續發展的需求。對大多數企業組織來說，人事甄補多由人力資源管理部門掌管。然而，小型組織機構的人事甄補，都由直線工作人員或其主管來從事。當然，有些機構是由直線主管和人事幕僚共同負責；即由直線主管直接負責甄補，而由人事人員從事幕僚作業。

惟有效的人事甄補必須掌握人力的正確來源，一項正確的人

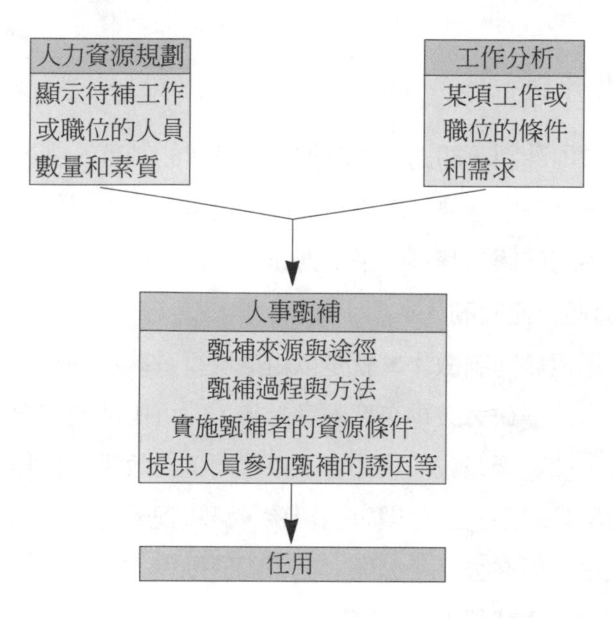

圖 4-1　工作分析、人力資源規劃與甄補的關係

表 4-1　內升與外補的途徑

內升制	外補制	
．透過組織系統	．廣告徵求	．現職員工介紹
．工作招貼或公告	．就業服務機構	．引用親屬
．主管推薦	．人力仲介公司	．自我推薦
	．員工租借公司	．人才借調
	．校園徵才	．向同業挖角
	．向工會羅致	．儲備登記
	．透過網路徵才	

力來源不僅代表所需甄補人力的素質，而且也可提高甄補過程的效率，並從中選取最適用的人才。一般企業組織甄補員工的來源，不外乎內在來源與外在來源兩種，前者可稱之為內升制，後者則稱之為外補制。茲列舉如**表 4-1**，並分述如下。

一、內升制

所謂內升制，即為企業組織內部選才的制度，主要是指工作或職位一旦有了空缺，即由組織內部遴選人才，以作為遞補、調任或升遷的依據，其不外乎下列途徑（各種途徑比較如**表 4-2**）。

（一）透過組織體制

透過組織體制徵才，就是以組織現行系統為基礎，告知組織內部的職位空缺，鼓勵有意願者參加，此可由部門或單位主管逕行宣佈，或透過正式程序知會，以達周延的效果。此種方式可使組織內部員工都有公平競爭的機會，可達到鼓舞士氣的作用。當然，此舉必須在公平、公開、公正的原則與方式下進行，如此才不致招來不平或怨懟。

（二）工作招貼與公告

企業組織召募人才的另一途徑，乃是工作招貼與公告。此種方式乃是將所提供的工作布告，招貼在整個企業組織的中心位置；並賦予員工有較長的時間，去思考從事該項工作或職位的可能性。此外，工作公告的其他方式，也可包括給予員工工作備忘錄，或將之列示於公司刊物上。正規的工作布告，必須能指出工作名稱、報酬和所需資格。此種甄補方式的程序，必須將所有申請書都送到人力資源管理部門，以作初次審查；其次，由個別單

表 4-2　各種內升方法的比較

各種內升方法	適用工作	甄補速度	工作績效	成本	公平性
透過組織體制	中、基階層	中等	高	中等	高
工作招貼與公告	中、基階層	慢	高／中等	高	高
主管推薦	技術性工作 中間階層	快	中等／高	低	低

位或部門的主管來晤談；然後，再依據所定的標準，如資格、績效、服務年資，和其他適切的標準來決定。此項方法的後續工作，必須由人力資源管理部門通知未或功的調任者，並說明其原因，以避免招來不平。

（三）主管推薦

組織內部甄補人才的另一方式，乃是透過主管推薦。由於主管在推薦人才參加甄試時，即已深知被推薦者的能力與各種條件，因而組織可省卻一道甄選手續，並較易得到所需的眞正人才。惟若主管存有私心，有時常會產生偏頗的現象；甚至因主管的偏私，而造成不公平的競爭，此對組織甄補工作反而是一大傷害。

二、外補制

所謂外補制，係指企業機構對所需人才向外徵募而言。通常企業組織向外徵募員工的途徑，不外乎下列數種（各種外補方法比較，如表4-3）。

（一）廣告徵求

人事甄補最爲普遍的方法之一，乃是廣告求才。廣告徵才最主要的對象是社會大衆，此種廣告一般都登載在報紙、商業刊物和專業刊物上。其他尙包括電視、電影、各種看板、商品、車輛等的廣告看板。廣告的重要內容包括企業組織的性質、工作內容、資格條件，以及待遇和可能的升遷發展機會。廣告徵才的優點，爲能收到廣泛求才的效果，且運用甚爲方便。但廣告徵才的有效性很有限，其效果幾乎比任何其他甄補方式爲差。其原因厥爲應徵人數多而雜，即使條件不合者也常抱著姑且一試的心理，而增加甄補時間、人力、財力、物力等的浪費，是一種不合乎經

表4-3　各種外補方法的比較

各種外補方法	適用工作	甄補速度	工作績效	成本	公平性
廣告徵求	全部	快速／中等	低	中等	高
就業服務機構	藍領工作、書記工作	中等	中等	低	高
員工租借公司	藍領工作	快速／中等	中等／低	低	高
校園徵募	白領工作	慢	中等／高	中／高	高
向工會羅致	中、低階層	快速	中等／高	低	中
透過網路徵才	工程人員、中高階層	快速	高	低	高
現職員工介紹	全部	快速	高	低	低
引用親屬	中、高階層	快速	中等／低	低	低
自我推薦	全部	快速	高	低	高
人才借調	高層主管、技術性工作	快速／中等	高	低	中／高
同業挖角	技術性、管理性工作	快速	高／中等	低	低
儲備登記	一般性工作	緩慢	中等	中等	中等

濟原則的甄補方式。因此，在採用廣告求才時，宜先設定甄補的嚴格標準，以求先淘汰顯然不合條件的人士。

（二）就業服務機構

所有公、民營就業服務機構，對甄補新員工都是有幫助的。企業組織透過就業服務機構徵求人才，可使應徵者先經過一次初步審核，故可減少企業組織的一部分甄審程序。目前政府爲輔導國民就業，充分運用人力資源，協調人力供需，於各地均設有國民就業輔導中心，專責辦理就業輔導工作。該等服務機構可爲企業提供基層員工和技術人員；至於較高級人力，則可透過青年輔導會協助。此外，若干私立就業服務機構也可提供服務，該等機構一方面尋找想就業的應徵者，另一方面則找尋需用員工的公司，從中媒介而賺取費用，此即爲人力仲介公司。

（三）員工租借公司

近代社會由於急劇的變遷，以致失業人口比例不斷地提高，

表 4-4　校園徵才的步驟

①先作甄補分析：評估在長期與短期內所需人才的新能力條件 ②準備工作規範與工作說明：列示每項職位的內容、條件、職責、技巧與能力 ③挑選學校：選定學校，並訂定招募行程 ④舉行校園面試：在某特定時間到學校進行面試 ⑤篩選候選人：邀請最佳人選參加現場面試 ⑥評估甄選過程：由人力資源管理部門評估甄選的過程，以確定職缺是否仍存在，新僱用者的素質，以及甄試的成本效益

員工租借公司或臨時協助機構乃應運而生。通常此等公司或機構都擁有一些人力資料，一旦某些企業組織缺乏某方面的人力時，常向該等公司或機構徵調所需人力，並以短期工作爲主，這是不必花費人力成本而最快速的甄補方式之一。此種途徑的實施，乃是由員工租借公司或臨時協助機構支付企業組織所需人力的薪資與福利，而透過與企業組織的合約收取協議的租金。當企業組織在業務擴展時，可大量向員工租借公司或臨時協助機構徵用人力；而在業務緊縮時，可退回部分或全部人力；又在需要時，可召回所需人力，故在人力運用上甚具彈性。但此種途徑的最大缺點之一，乃是員工對企業組織缺乏承諾與忠誠。

（四）校園甄補

由於現代企業的工作技術日趨複雜，企業徵募人才可向學校徵募，或透過建教合作的方式徵才，此須透過學校的就業輔導中心協助，其步驟如**表 4-4**。此外，企業可安排學生參觀實習、提供假期工作機會、設置各類獎學金、開設特別建教合作班次，或派遣人員到學校徵募等方式，提供企業的有關資料與工作詳情，以吸收所需要的人才。此種途徑具有吸引人的誘因，它可同時提供接受正式教育與獲得工作經驗的機會；並在正式完成教育後，若能留在公司工作，可立即得到昇遷。此外，此種方式不僅可長期而有計畫地為企業求才，並可為教育界所培植的人才求職。採用此種方式求才，固然較為費時費錢，但卻較易吸收眞才。

(五)向工會羅致

工會乃是屬於員工的組織，通常都有員工完整的資歷資料，故由工會代為羅致人才，常可甄補到所需的人才。且若干工會常設有徵僱服務部門，可為企業組織或需才單位服務。工會組織愈是健全，則此種情況將愈為普遍。

(六)透過網路徵才

由於近來電腦網路的發達，幾乎人手一部電腦，使得透過電腦網路徵才，更為快速而便捷。此種網路徵才的方式，同樣可羅列企業機構的性質、工作內容、資格條件，以及待遇和可能的升遷機會等等資料；甚而在網路當中即可立即進行對話，進行甄補工作。但該種途徑最好能輔以其他方式，如當面晤談、實務操作或提出各項資料等，以為徵信，並避免虛假。

(七)現職員工介紹

由現職員工介紹新進人員，亦不失為一種良好的方法。蓋現職員工若對本機構不滿意，就不會介紹其親友至本機構應徵；同時，他也不會不顧及自己在本機構內的地位，介紹才能或品格低下的人員前來應徵。故現職人員在介紹之前一定會慎重考慮，就等於經過了初步甄選。然而，採用此種方式，很容易在機構內形成非正式團體，影響組織的安定性；但有時也可能對組織產生關切感，此則有助於士氣的提高。

(八)引用親屬

引用親屬是家族式企業羅致人才不可避免的一種方式。就羅致優秀人才而言，這未必是一種良好的方法；但對於激起員工對組織的認同感和一體感，以及建立忠誠感而言，卻不失爲一種有益的途徑。此爲「內舉不避親」的道理。不過，引用親屬的最大弊病，乃會形成組織內的特權份子以及一些攀附份子，依憑裙帶關係而造成不公或對立的現象與情況。

（九）自我推薦

有許多企業也鼓勵自我推薦的方式，蓋自我推薦者通常是具有某些才能和自信的人員，他們大多持有肯定自我的能力，以致在公司或組織內部能有所表現。同時，此種方式可節省招募成本、廣告費用、仲介費用和時間。當然，公司本身的形象與信譽，常是影響自薦者信心的根源。其他報償政策、工作環境、勞資關係以及對社會的責任等，都可能是影響外界人士是否願意自我推薦的影響因素。不過，此種方式最好也能作審慎的甄選程序。

（十）人才借調

企業有時爲了配合短期的人力需求，可考慮向外界借調人才。此種方法對工作特殊的專技人員，尤爲適用。如企業需要某項技術或管理革新，可向其他機構洽借人才，以研擬相關的方案。此舉可使公司只要付出短期代價，就可得到優秀的精選人才，並可免除退休金、保險或福利方面等各項支出的費用。

（十一）同業挖角

許多企業機構在急需某種特殊人才時，有時會採取挖角的方式，以求取所需的人才。惟此種方式常造成企業之間的競爭與衝突，並養成員工動輒跳槽，只求利益的不當習慣，這是不合乎企業倫理與社會規範的，故是不值得鼓勵的徵才方式。

（十二）儲備登記

企業對於嚮往或尋覓工作的人員，可將其個人有關工作或管理經歷、專長、能力、性格等資料登錄，並予以函覆，俟有適當職缺時，即予考慮遴選。

總之，企業遴選人才的來源甚多，其可透過各種可能的途徑，達到甄選人才的目的。此外，員工甄選工作的有效實施，還應該對應徵者選擇職業之評定因素有所瞭解，這些因素大致包括：⑴公司聲譽；⑵升遷機會；⑶薪資數額；⑷有興趣的工作；⑸公司對員工工作與事業的關懷；⑹訓練發展的機會；⑺工作環境；⑻共同工作的人員；⑼工作保障；⑽公司所在地；⑾直屬主管；⑿企業前途以及⒀福利設施等。至於高級人才，則以工作本身、工作滿足感、個人成長滿足感以及晉升機會等爲其中目標。是故，組織在甄選員工時，應將應徵者所關心的這些因素坦誠相告，才能做到正確甄選員工的目標。

第二節　內、外甄補的利弊

誠如前節所言，企業組織的員工來源不外乎是內部來源或外部來源兩種，此兩種來源都各有其優劣利弊，茲列如**表 4-5**，並分述如下：

一、內升制的利弊

凡組織的工作或職位有空缺或出缺時，由內部人員調升或升任的方式，其優劣利弊如下：

（一）內升制的優點

1.採取內升制有助於外界人士對本機構產生信心，而自願到

表4-5　內升與外補的優劣

來源	優點	缺點
內升制	‧有助於外界人士對本企業的信心 ‧減少任用決策的錯誤 ‧可鼓舞員工士氣 ‧增進員工情感與工作效率 ‧使員工久任其職，不見異思遷 ‧對工作進程不致脫節 ‧可實現因事選才、因材施用的原則 ‧節省成本與投資報酬率 ‧本公司的員工較嫻熟本公司業務	‧不足吸收眞正卓越人才或高級人才 ‧可能甄補到非眞正需要的人 ‧無法帶來新知識或新技術 ‧墨守成規，難有開創性發展 ‧導致過度強烈的鬥爭 ‧人力結構易老化 ‧難達廣收愼選原則
外補制	‧可吸收眞正卓越的人才 ‧引進新知識和技術，增添新動力 ‧有助組織的革新與開創作風 ‧使人力結構保持常新 ‧不用花費過高成本，就可吸納技術性或管理性的人員 ‧有較多因事選才、因材施用的機會	‧較少有晉升機會 ‧較不瞭解本公司業務，開始時較易脫節 ‧較難立即評估員工潛能 ‧須在始業訓練上花費成本 ‧易引發公司內部士氣低落的問題 ‧外補人員易受排擠、歧視

本機構服務。

2.內升制本就對現職員工有更準確的瞭解，此可避免或減少決策錯誤的機會。

3.合理的內升制度，可鼓舞員工的工作情緒，增進彼此情感，提高工作效率。

4.晉升制度使員工只要有良好的績效表現就可晉升，自然樂意安心工作，故具有鼓舞士氣的作用。

5.內升使員工有上進的機會，發展前途，則可鼓勵久任其職，且視其職務爲終身職業，且不見異思遷。

6.內升制使組織業務能循序漸進，且原有員工都熟悉組織程序、設備、技術等，此將不致產生脫節現象。

7.內升可眞正瞭解員工品德、工作態度與精神，以實現因事選才、因材施用的原則。

8.組織若能沿用原有員工，可節省成本，改善組織的投資報酬率。

9.晉升員工的工作經驗豐富、技術嫻熟，比較利於處理新職。

（二）內升制的缺點

1.內升制不足以吸收眞正的卓越人才，或特別才具或較高資格的人員。

2.內升制可能使成功昇遷的人員，因不具才能而不能充分地執行職務，此即爲彼得原理（Peter principle）。

3.內升制不能增添新血輪，不易吸收新知識與新技術，並爲組織帶來保守氣氛，而顯得暮氣沉沉。

4.內升制常使員工依循舊規，故步自封，不願改變現狀，難作突破性開展與創新。

5.內升制易導致過度強烈的鬥爭，且對未能昇遷人員的績效和士氣有不良影響。

6.內升制常使原有員工，除了年齡與經驗增加之外，不易提高素質，人力結構更加老化。

7.內升制使選拔範圍侷限於一隅，難以廣收愼選原則，以拔擢眞正的理想人才。

基於上述觀點，企業機構推行內部昇遷制度時，宜注意兩項問題。首先，企業組織必須有強固的員工與管理發展方案，用以確保員工都能承擔負責大任。其次，企業組織也必須注意到把年資視爲昇遷的基礎之期望性，使之與工作績效和工作潛能作適當的配合。

二、外補制的利弊

凡組織一旦有了工作或職位的空缺時，常由組織外部人員中加以遴選的方式，其優劣如下：

(一) 外補制的優點

1.外補制足以吸收更多可用的卓越人才，爲組織效力。

2.增添新血輪，可引進新知識、新技術，爲組織帶來新的洞察力和遠見，而顯現蓬勃朝氣，並增添新動力。

3.外補新員工較不會墨守成規，且會用新觀點解決老問題，有利於組織內部的革新與開創作風。

4.外補制可保持組織的青壯人力，常保人力結構的常新。

5.外補制比較容易僱用到技術性、技能性或管理性的人員，而不必花費成本作內部訓練和發展。

6.外補制有較多的因事選才、因材施用的機會，足可收到適材適所之效。

(二) 外補制的缺點

1.員工較少有晉升機會，自無法提高工作情緒與效率。

2.外補員工不易深入瞭解業務狀況，處事易生困擾，業務在開始時較易發生脫節現象。

3.企業實施外補制，較難吸引、接觸和評估員工的潛在能力。

4.外補制員工需有較長時間的適應期，且作始業訓練較耗成本。

5.外補制易引起組織內部有資格人士士氣的低落。

6.外補員工易受到原任員工的歧視、排擠或抵制，因而引發不合作現象或其他困擾。

基於上述觀點，組織在任用或遷調人才時，若完全採用內升制或外補制，當有所偏頗。蓋內升制或外補制都各有其利弊得失，爲求組織用人的完整，最好能維持內升與外補的平衡。至於求取平衡的方法，最好能從職缺的高低、職務的性質、人力的供需等角度來考慮。例如高等職缺以內升爲主，而低等職缺以外補爲主；具技術性、研究性職務以外補爲主，而一般性、管理性職務以內升爲主；凡所需優秀人才易羅致時以外選爲主，不易羅致時以內升爲主。總之，人事甄補制度必須具有彈性，並因應各種不同情況而作最佳選擇。

第三節　人事甄補的程序

所謂人事甄補程序，乃係依據既定工作規範中所列舉的工作條件，從應徵者個人資料中加以評鑑，以物色適當人員加以僱用的過程。此時，主持人事徵補工作者，必須就工作條件與應徵者的個人資料充分地比較與分析，然後再作選用的決定。通常人事選用程序的標準，可分爲單一選用及多重選用。前者乃指一項工作要在衆多應徵者中，甄選一位最合適的人員去擔任。單一選用的情況雖比較單純，但是想要在很多應徵者中挑選最理想人員，作最有效度的決定，並非易事。至於多重選用，乃係在一次招考活動中，於衆多應徵者中分別測定其條件，然後分配錄取於多種不同性質的工作；此牽涉到「人」與「事」的複雜因素，必須作動態分析，分別從公司、個人與社會的立場加以考慮。

至於甄補程序中，究應包括哪些步驟，必須視公司規模、空缺工作性質以及人力資源管理哲學而定。一般企業常用的步驟如下（如**圖4-2**所示）。

一、初次面談

人事甄補計畫愈無選擇性，初次面談愈為重要。初次面談通常都很簡短，淘汰了顯然不合要求的人員。在初次面談時，儀表與說話能力可以很快被評估出來。面談時，多問以為何應徵此項工作？希望待遇如何？以及學經歷資料等。不過，有些公司不舉

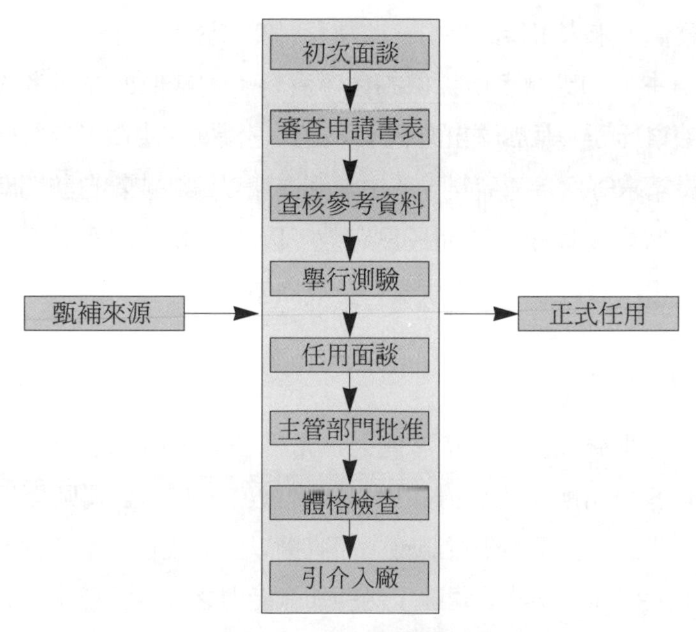

圖4-2 人事甄補程序

辦初次面談，改以直接填寫申請表作爲初審。

二、審查申請書表

申請書表是蒐集應徵者事實資料最常用的方法，如應徵者的姓名、地址、性別、年齡、婚姻、家庭狀況、教育、經驗、嗜好、身體特徵以及其他有關資料，如政治、社會關係等，都可在申請書表中獲得。當然，申請書表應以需要爲原則，有些書表可認定若干事實資料和工作成功間的關係；有些書表也可比較優秀員工與普通員工間素質上的差異，通常在審查申請書表時，必須設定某些甄審目標，資供採擇。

三、查核參考資料

查核參考資料的目的，是在瞭解應徵者過去的人格和行爲，以作爲個人未來工作的指引。此種資料的來源有：⑴學校；⑵過去的雇主；⑶應徵者所提供的參考資料；⑷其他如應徵者的鄰居、警察局等。至於調查方法，可由甄選機構或應徵者自行向有關人員請求寄送參考資料，或由甄選機關以電話或親自訪問有關人員。其中，以親自訪問最爲有效，因爲一般人在面對面談話時，較爲坦白自在，所提供資料更具價值。

四、舉行測驗

舉行測驗以測試應徵者能力，常依公司規模大小而有所不同。有些公司所用測試方式極爲詳實嚴密，有些公司則極爲簡略；有些公司甚至不舉行測驗，而直接以面談代替。至於測驗種類也不大相同，某些公司除了測驗知識能力之外，並要求作心理測驗。由於人事測驗較爲複雜，在此不作討論。

五、任用面談

面談是一種最古老的評估方法，雖然它極爲主觀而且不正確，但在一般企業中最爲常用。由於面談具有相當的重要性，將另闢專節討論之。

六、主管部門批准

現代企業大多由人力資源管理部門掌管以上各階段的甄選工作。當應徵者合格通過後，即已取得聘僱條件。雖然有些人力資源管理單位有權予以聘僱，但鑑於幕僚與直線間的權責關係，仍需要主管部門批准。蓋有關實際工作條件和部門人事情形，主管部門比人力資源管理單位更爲瞭解。

七、體格檢查

體格檢查有三項目的：第一，可確知應徵者的體格能力是否符合工作需要；第二，爲避免雇主日後可能遭遇的工人賠償問題，員工一進入公司即保有其健康紀錄，可瞭解其身體變化情況；第三，避免僱用有傳染病的人，以免影響現職員工。依此，在甄選員工時應要求應徵者繳交體檢表。

八、引介入廠

過去企業多不重視新進員工的引介工作，僅告知錄取人員何時報到，由錄取人員自行前往工作部門，經由直屬主管略爲說明，即行開始工作。現代企業已視引介爲一種有效融合個人與組織目標的工作，故多派適當人員將公司的哲學、政策與習慣在引介時，告知新進人員。通常引介工作都由人力資源管理部門爲之，使新進員工認識公司的性質、產品、歷史和業務情形，以及其他和員工有關的事項，如福利、退休、安全衛生計畫等。成功的引介不僅要使新進員工能接受組織、主管和工作團體，而且也要使現職人員接受他。在引介入廠數週後，最好再由部門主管或人力資源管理人員作追查，以瞭解員工對工作是否勝任愉快。至此，全部甄選程序始告完成。

第四節　人事甄補的方法

現代企業機構甄選員工的方法甚多，其運用科學技術與工具已日漸普遍。雖然我國遠在三千年前，即以各種考試方式，作爲選才的依據；然而隨著時代的變遷，許多選才方法已日益精進。本節除了說明一些傳統的選才方法之外，將再進一步研析近代的一些遴選方法，如**表4-6**所示，並分述如下。

一、筆試法

所謂筆試法（wirtten examination），是甄選人員以文字解答

表4-6　人事甄補方法

傳統方法	現代方法
・筆試法 ・口試法 ・實作測驗 ・晤談法 ・學經歷品評 ・管理才能評鑑	・心理測驗 ・藥物測驗 ・筆跡分析 ・面相分析 ・生物分析

的方式，由應徵者作答，以推斷其知能，從而加以取才的方式。筆試法又分為舊式筆試法與新式筆試法。前者又稱為論文筆試法或主觀筆試法，係標出廣泛性或原則性題目，由應徵者以議論文、記敘文解答申論之。後者又稱直答法筆試法或客觀筆試法或測驗法，只須就編妥的試題中辨別、選擇或補充的填答即可。

筆試法的優點為：容易管理，可節省時間及人力，合於經濟原則；在同一時間內可集體受試，辦理較為迅速；試卷彌封，試務人員與應試者無直接接觸，不致因私人關係或偏差印象，而造成舞弊或不公平現象；應試者的答案有文字依憑，較面試法客觀而有具體的評審依據。

至於論文式筆試法的優點：乃為試題的編製與施行，較為容易；作答文字沒有限制，可自由發揮，考試其分析、綜合、組織、推理、判斷、創造與表達能力與記憶能力。它的缺點乃為：缺乏客觀性，評分無一定標準，評審結果差異很大；命題範圍太過狹義，違反廣博性；記分時易受其他因素如書法、別字、整潔或個人喜好等影響，而失去公平性。

直答式筆試法可分為：正誤或眞僞測驗、完成或填空測驗、對偶測驗、選答測驗、綜合測驗以及雜式測驗。該法的優點為：能排除記分上的主觀成分，而收公平客觀之效；可免除模稜兩可的取巧答案；能免除不相干的拉雜話；所包括的材料與範圍，較為廣博，有充分的代表性；有精密客觀的記分單位與方法，評分者無法任意上下其手；評分有標準，無寬嚴不一的毛病等。不過，該法的缺點是只能測量記憶能力，不能考察推理與創造能力；且容易猜度或作弊；在問題的編擬上較為費時費力。

二、口試法

所謂口試法（oral examination），即爲口頭考試，由主試者口頭提出問題，由應試者以語言表達方法來答覆問題。雖然一般人將口試與面試合而爲一，本文仍將分別討論。蓋所謂面試，又可稱爲晤談（interview），係指在面對面的洽談中，瞭解應試者的學經歷、家庭狀況、個性、工作經驗、抱負、興趣、嗜好、社交能力、談吐儀表等多方面資料，作爲遴選的重要參考，其所論列的範圍較廣。至於口試法，在形式上雖亦係面對面考試，然考試內容則偏重於與工作有直接關係的專長、知識與語言能力；亦即側重於工作因素的瞭解。由此可知，口試在方式上與面試相同，但在內容上則與筆試相近。

一般而言，口試法具有下列優點：

1.可立即測試出應試者的語言能力，作爲筆試法的輔助。
2.在考試過程中，如有任何疑義可立即追問，以得正確結果。
3.可測驗應試者的急智、反應與組織表達能力。

至於它的缺點乃爲：

1.只能對一人或少數人施試，費時費事。
2.口試過程的彈性相當大，很難確定結果的可靠性和正確性。
3.口試的內容侷限於語言能力、思念觀念與簡易知識，較繁雜的問題很難測知。

由於口試法受到相當限制，通常只是補充筆試法之不足，不能單獨作爲決定性的考選方法。不過，口試實施的若干技巧，實與筆試法相輔相成。

三、實作測驗

實作測驗（performance test）或稱爲現場考試（job miniature），或技術測驗（technique test），或演作試，乃是以實際工作表演測量受試者是否具有職務上所需的知能與技術。其特性是工具或機械的操作與使用，以實際操作表現能力，而非以文字或語言作答。此種測試應用甚廣，從簡單的機械操作及文書模擬測驗，以至於複雜的太空模擬飛行以及高級經理的「案頭作業」（inbasket test）均屬之。

實作測驗包括有實物測驗、模型測驗、作業測驗、經濟測驗與體能測驗等。測驗內容悉依個別狀況的需要而異。有些著重於難度，測驗時間甚爲充裕，可讓應試者有充分時間思考解答其中的難題；有些則重於速度，即操作內容甚爲簡單，但數量甚多，以測驗應試者操作的速度。不過，一般情形均爲能力與速度並重，使應試者無法在預定時間內全部完成，成績則以所完成的正確答案數量多寡爲準。

總之，實作測驗屬於專業性或技術性的測驗，以特殊的工作技能爲主，而非僅依憑既有學識、思維、推理、判斷爲準，必須實際動手去做。由於這種能力的評估，無法經由筆試或口試方法來達成，實作測驗適足以補充其不足。因此，員工甄選如能施以筆試、口試，再輔以實作測驗，則甄選結果更臻於理想。

四、晤談法

所謂晤談法（interview），是在甄選過程中，藉由相互交談的方式，以瞭解受試者的過去、現在與未來，探討其觀念、思想、學識、性格及態度等，作爲羅致與否之參考的方法。一個人是否適合擔任某項工作或職位，將來是否能安於其位，有無發展潛力，常可透過晤談而得知其家庭狀況、經驗、性格、抱負、興趣、嗜好、社交能力、舉止儀表等資料，以作綜合的分析鑑定。同時，應徵者對求才單位的狀況、發展與工作性質等，亦可藉晤談而獲得瞭解。因此，晤談法亦被普遍採用爲甄選方法之一。

晤談法的優點，是經濟、迅速、簡單，可不受人力、物力、時間等限制，舉辦較爲容易。其次，主管在任用員工前，可考察其儀態、舉止、言行、個性、動機等，作爲任事的參考。再者，透過晤談可使應徵者對本機構產生親切的瞭解與情感，並促進公共關係。

當然，晤談法也有其缺點：如果受試者過多，採取晤談法就不太經濟；晤談主持人的經驗、性格、偏好、印象等，都可能產生評斷結果的偏差；有些人格特質，很難在短時間內利用晤談予以鑑定。總之，要使晤談得到正確的結果，必須在實施前作充分的準備工作。

五、心理測驗

心理測驗（psychological test）是一種經過標準化的測量工具，可客觀地用來瞭解人類的心理現象，並衡量個人的行爲表現。因此，心理測驗是「一種經過組織和選擇的刺激物，用以列出個人的心性對它所作的反應」，或是「一連串經過組織的刺激物，用以測量或評估某些心理的過程、特性或特徵的量數」。

心理測驗在甄選的應用上，實具有預測與診斷兩大作用。所謂預測，乃爲根據心理測驗的結果，顯示出受測者將來在某些工作上可能的行爲或成就。在員工甄選方面，運用心理測驗可淘汰某些不適任人員，保留那些可接受訓練，或者擔任某種工作的人員。尤其是，在大規模甄選時，由於不可能對每個應徵者作個別注意，且還要作迅速決定，則應用心理測驗最爲適當。同時，根據心理測驗尙可將每個挑選出來的人員，安排在最適合於他們的能力、興趣及性格的職位上，使每個人將來都能有最大成就。

至於所謂診斷，則依據心理測驗的結果，分析應徵者的行爲特性，並發現某人可據以發展的優點，或須加以矯正的缺點。診斷與預測不同，預測著重在分析個人間的差異，或個人與某些標準間的差別；診斷則側重在個人特性上的差別，發現某人的優點或缺點，以便據以發展或矯正。

診斷與預測有很大的不同。如果某項測驗可預測某種行爲，而某人在此測驗中得分很低，此即表示某人將來在此方面的成就一定不會太高，但並不需要分析他得低分的原因。但是診斷就不同了，診斷需找出某人的何種特性在此測驗中得低分，瞭解癥結所在，就可研擬矯正方法，或確定其是否無可補救而無法擔任此方面的工作。

由於心理測驗具有預測及診斷作用，故可減少甄選與派職的費用與時間，尤其是在大規模的甄選工作中，常能增加甄選結果的正確性，並發現被忽視的人才。對於一些缺乏學經歷的人員，可根據測驗結果，來決定他們是否具有相等的知識與技能。同時，在企業界的升遷作業上，常以現有的工作成績作爲升遷的標準，很容易忽略了新工作所應具有的能力；此時，如果能利用心理測驗，常可鑑定應徵者所具有的能力是否符合新工作的要求。因此，心理測驗在晉升和調職方面甚爲有用，可避免主管的偏見或過分重年資輕能力的弊病。

六、藥物測驗

藥物測驗（drug test）是要求應徵者事先作藥物反應的檢查，以求過濾具有陽性反應者，從而淘汰不當使用藥物人員，以免僱用到可能發生問題的員工。

七、筆跡分析法

筆跡分析法（handwriting analysis）乃為依據個人的筆跡來分析其性格或特性的技術，此種方法已廣泛地應用於歐洲各國。筆跡分析的內容，包括字體正斜、大小、輕重等的鑑別，俾求對員工性情、認知能力等人格特質作出判斷。

八、生物分析

生物分析（biadata analysis）係透過一份特殊設計的申請表格，由應徵者回答問題，並填寫個人傳記等資料，再由專業人員從自傳內容及所附資料中，來發掘其與工作成功之間的關聯性。

九、學經歷品評

當甄選員工不能或不適合舉辦考試或測驗時，可採用學經歷品評的方式。所謂學經歷品評，乃是根據應徵者所受教育或訓練與工作經驗，以鑑定其學識才能，以為取捨與否的依據。此種甄選方法，雖未具備考試形式，實具有實質考試的意義。此方式係依據應徵者所填送的申請表資料與有關證件，予以評定。此種方法可應用在高級人員或具有專門技術人員的甄選上。

十、管理才能評鑑

前述各種方法，大多偏重於非主管人員的甄選。至於主管人員可以應用管理才能評鑑法，來甄選人才。所謂管理才能評鑑，乃為「有效達成管理目標，獲致管理知識、技術、態度與遠見，所實施的有系統培訓過程」。亦即針對具有管理潛力的非主管人員，加以拔擢或甄選，隨時灌輸管理新知，磨練實際管理經驗的方法。推動的程序可分別自組織分析、業務分析、人力清查與評估、管理訓練、成果考核等循序漸進。評鑑方式可採取工作輪調、主管輔導、派任專業工作、參加委員會工作、出席有關業務會議、見習或代理主管工作或自行研讀管理書刊、參加短期管理訓練或講習、參加長期進修、參加學術團體、參觀訪問管理優越的企業機構等評鑑之。是故，管理才能評鑑為甄選管理人才適用之。

總之，人力資源管理所使用的各種人員選取方法，可幫助人力資源管理人員有效地選取所需員工，這些方法有簡單的或複雜的，有考驗心理特質或生理反應的，有長時間觀察或短時間運作的，其可依據使用的需要和目的來選用。在員工甄選上，有時固可只使用單一的方法，但在大部分情況下，都會同時採用多種方法，以便求得更正確的選才目的。然而，不管員工甄選方法為何，其最終目的皆在期望能眞正有效地達成甄選人才的目標。

第五節　晤談法的運用

員工選用方法雖然很多，但晤談法卻是企業界最常用的方法。最主要是因晤談法可用來彌補各種測驗的不足，同時將靜態資料延伸爲動態資料。從心理的觀點言，員工甄選的主要目的，乃爲瞭解員工的人格特質，包括情緒反應、工作動機、社會適應、語言能力等。因此，晤談法不僅應用在員工甄選上，而且也可運用於員工輔導、管理評估、態度測量、市場研究等方面。

就實質而論，晤談是主試者與應徵者之間的一種雙向溝通。透過晤談，一方面可瞭解應徵者的相關資料，如學經歷、經驗、個性、抱負、興趣、嗜好和家庭狀況等，以決定其學識、能力、性格是否適任某項工作，將來是否安於其位，是否有發展潛力等；其他方面，應徵者亦可瞭解組織狀況、工作性質，以促進雙方面的瞭解。

不過，在晤談過程中，由於主試者個人的經驗、性格、偏好、印象等，很容易引起評斷結果的偏差。至於應徵者有時無法適當而充分表達自己的才華，或採取僞裝或說謊的態度，以致引起晤談結果的偏誤。因此，實施晤談必須講究晤談技術。同時，須針對不同需要採取不同方法。以下將先討論晤談法的種類，然後研討晤談法的一般過程。

一、晤談法的種類

一般晤談法可分爲下列幾種類型：

（一）模型式晤談

所謂模型式晤談（patterned intervew），又可稱爲結構式晤談（structured interview），是一種有計畫的晤談。在晤談前將晤談內容以詳細表格列出所欲提出的問題，並將應徵者的反應記載在答案的空格上。主試者可根據資料表所列事項，逐一提出詢問；至於問題提出的先後順序，完全由晤談人員自行決定。模型式晤談的功用，主要在以具體的參考標準指導晤談者，排除主觀的見解至最低限度，所得資料可用統計方法加以整理比較，較有可靠性。惟此法很容易流於刻板，缺乏彈性，有些重要資料常無法取得。

（二）無方向晤談

無方向晤談（nondirective interview）是指晤談的問題不受任何引導，由主試者與應徵者自由地交換意見。此種晤談方式可使應徵者顯露眞正的自我，能得到有關情緒、態度與意見上更詳細的資料。同時，可得到應徵者過去經驗、早期家庭生活、人際關係等狀況。惟有些資料可能與甄選目標沒有太大關係，加以主試者的晤談技巧不夠熟練、經驗不足時，使晤談過程過於鬆懈，失卻重點。

（三）多面式晤談

多面式晤談（multiple interview）或稱複式晤談，是指在同一時間內由兩個或兩個以上的主試者共同和同一應徵者晤談的方式。此種方法的效度相當高。同一應徵者可同時與一組主試者晤談，由此主試者可提出不同問題。由於每個主試者有自己一套評估，所獲資料比較豐碩而周詳。惟此法在人力、時間上耗費甚巨，一般只用於甄選高級主管人員而已。

（四）系列式晤談

系列式晤談（seriallized interview），是指多位主試者與同一應徵者，在不同時間內的晤談方法。此種方式可使每位晤談者依一系列問題與應徵者作個別的面談，並依個人觀點提出獨立的評估。由於在系列式面談中，每位晤談者皆以標準化的評分格式對應徵者作評分，故可得到更客觀性的比較，且評分者之間沒有直接接觸而不會相互影響評分，故其信度和效度較高。惟此種方法所費人力、時間、成本更高，爲其主要缺點。

（五）團體式晤談

團體式晤談（group interview）是由一群應徵者在同一時間與地點，就同一問題共同討論，而主試者並不參與，只在一旁觀察應徵者的行爲表現。此種討論團體的領導者，可以事前指定或相互推選。此種方法首重在應徵者相互間的活動，很容易發掘具有領導能力的應徵者，並發現其主動、應變、交誼、合群、語言能力等，對拔擢督導性或主管職位，效果甚佳。

（六）壓力式晤談

壓力式晤談（stress interview）是有意安排壓迫情境，製造應徵者的緊張情緒，用以觀察其性格與態度。通常晤談的氣氛與壓力的情境，各有不同，在晤談進行中，主試者突然表現得具攻擊性，顯現出敵意，或對應徵者加以激怒，以觀察應徵者的應變能力。然後，再設法使氣氛恢復到原來的平靜與友誼，以恢復對方的自信，再行觀察對方的應對能力。如此可窺知應徵者的耐性、適應性、自制力與果斷力，對於一些特殊需要極端控制情緒的工作，甚有幫助。惟運用此法需於晤談結束前，設法恢復其正常情緒，並說明一切情況均爲虛構，以免發生誤解。

二、晤談的過程

晤談的實施除了需考慮應用的方法外，尚需注意其實施的過程。通常晤談可分為下列五個階段：

（一）晤談前的準備

晤談前的準備工作，往往是決定整個晤談成敗的關鍵。因此，晤談者必須對晤談事項作充分分析與瞭解，查明應徵職位的資格條件、工作內容、衡量因素等，以便事先決定晤談的內容。同時對應徵者的個人資料如申請書、測驗分數等加以查閱，以免晤談時重複。然後，再從工作規範與個人資料作比較分析，決定應採取的晤談方式及重點，並安排足夠的晤談時間。

（二）安排適當氣氛

晤談場所應選擇安靜地方使人感覺自在，最好在分隔房間與應徵者個別談話，才能使雙方坦誠交談。同時，設施乾淨、光線充足而舒適，使應徵者留下良好印象。晤談態度應和善親切，但不能過度親熱，以免流於造作；或過分冷淡和公式化，才能建立和諧友善氣氛。

（三）開始進行晤談

進行晤談時，最重要的工作是要引發應徵者的談話，及其所欲知的事項。因此，問題必須具有誘導性。一個好的晤談人員就是一個好的傾聽者，讓應徵者在晤談時間內，充分表達自己；並隨時對應徵者表現充分瞭解的表情，以促進晤談時坦誠暢言的氣氛。晤談者應儘量不使自己的偏見影響判斷，以客觀態度承認每個人都有優點和缺點，常常要求自己以證據作為判斷的依據。在晤談進行中，要使應徵者的話題保持在有關的主題上，且在繼續發問時，給予應徵者有充分說明的機會。

此外，在同一時間最好只問一個問題，而且具備明確性；在沒有建立良好的友誼氣氛前，不宜問及高度個人（私事）的問題。當應徵者的話題扯遠時，不宜突然扭轉其話題。在態度上宜表示有興趣，注意不要受到任何干擾，不宜表達批評或不耐，或對答話表現嚴重的態度。最後，在晤談所用的語言與詞彙要適合應徵者的程度。凡此都是晤談進行時應行注意的事項。

（四）結束晤談時機

晤談即將結束時，主試者更應態度謹慎，乘機檢視一下資料是否遺漏。同時，對應徵者作更留心的觀察，並保持自然而有禮，最好在結束前作些暗示。結束晤談時，主試者可以將工作詳情告訴應徵者，或指出將來要採取的行動。如果認為此人可以錄用，可告知大概獲得錄用通知的時間；對於尚未決定錄用者，則應告知如果錄用，將會接獲通知。無論應徵者是否被錄用，結束時宜保持良好態度，以建立良好公共關係是大有必要的。

（五）評估晤談結果

在晤談中或晤談後應將有價值的事項，迅速記錄下來；如此可提高晤談的可靠性與準確性。如果在晤談前先做好品評表，到時劃記，可減輕記錄的負擔。此外，評估應徵者的優點與缺點，應根據客觀的工作需要，切勿依照自己的價值觀感評斷，才能獲致正確資料。同時，對所獲資料作判斷時，必須參考應徵者的其他資料，才能有較確切的遴選結果。

總之，成功的晤談除了要有充分的準備外，晤談人員還需具備熟練的技巧，能控制自己情緒，並具有辨識能力與洞察力，以求獲得充分資料，予以正確分析與品評，故選用合適的晤談人員，實為晤談成功與否的要件。

第5章

學習與訓練

1

學習的意義與理論

2

影響學習的因素

3

學習原則的運用

4

增強時制與工作學習

5

員工訓練的實施

在企業管理領域中，員工的學習行爲是相當重要的。蓋員工熱衷於學習，並有了正確的學習，對工作績效是有很大幫助的。而此種學習可透過訓練而顯現，員工訓練可使員工瞭解組織的文化與歷史沿革，增進員工知能，修正員工態度，進而提高生產能量，並使員工能採取和組織目標相一致的步驟。本章首先將討論學習的意義和理論基礎，其次探討影響學習的因素與學習原則的運用，從中瞭解學習與工作績效的關係；最後研討如何透過訓練，以形成員工良好的學習行爲。

第一節　學習的意義與理論

在日常生活中，人類都不斷地在學習，亦即所謂「活到老，學到老」。此在工作生活中，亦然。近代學者常強調「從做中學」「生活即學習，學習即生活」，可見人們無時無刻不在學習之中。固然，良性的學習是一種學習，而不良的學習也是一種學習。一般人都隨時隨地在向周圍的人學習，他們向主管學習，也向同事學習；向朋友學習，也向鄰居學習；向組織內部人員學習，也向組織外界人員學習。因此，學習乃在不斷地影響著人類的行爲。

惟人類的學習行爲有繫於非理性的或情緒的，也有基於理性的或意識性的。起初，人類的學習有趨向於情緒、潛意識和非理性的部分；及長乃逐漸追求合理性的、意識性的和成熟性的學習。近代社會科學綜合了各種領域的知識，研究完整的理論基礎。因此，本節將從學習的基本歷程，來探討學習的基本理論。

人類無論在日常生活或工作中，常能運用過去的經驗以適應環境；並活用此種經驗改善當前行爲，此種因經驗的累積而導致行爲改變的歷程，心理學家稱之爲學習。人類常依靠感覺器官，由外界吸取刺激，再透過大腦的聯合作用與認知，再由反應器官作反應，而達成學習的歷程。因此，學習是一種不斷刺激與反應的結果，也是一種透過認知的選擇而來，以致產生行爲的改變。

就科學的心理學立場而言，學習是一種經由練習，而使個體在行爲上產生較持久性改變的歷程。首先，學習必然是一種改變行爲的歷程，而不僅指學習後所表現的結果。心理學家認爲：學習不僅包括所學到的具體事物，更重要的是這些事物是怎麼學到的。學習不管結果的好壞，好的行爲固然是學習，而壞的行爲也是學習。又學習強調持久性的行爲改變，排斥那些暫時性的行爲改變。至於行爲改變的歷程，心理學家常有兩種不同的解釋，一爲增強論，一爲認知論，其間的基本差異如**表 5-1** 所示。

一、增強論

增強論（reinforcement theory），又稱爲刺激反應論（stimulus-response theory），主張學習時行爲的改變，是刺激與反應連結的歷程。學習是依刺激與反應的關係，由習慣而形成的。亦即經由練習，使某種刺激與個體的某種反應間，建立起一種前所未有的關係。此種刺激與反應聯結的歷程，就是學習。持此觀點的心理學家，以巴夫洛夫（I. P. Pavlov）的古典制約學習、桑代克（E. L. Thorndike）的嘗試錯誤學習以及斯肯納（B.

表 5-1　增強論與認知論的主要差異

理論	產生來源	過程	適用的學習對象
增強論	外在環境	對環境刺激的反應	較陌生或困難事物的學習
認知論	個體本身	對外界事物的自我認知與領悟	較熟悉或容易事物的學習

F. Skinner）的工具制約學習爲代表。該理論主張增強作用是形成學習的主因。

學習作用通常可分爲正性增強與負性增強。凡因增強物出現而強化刺激與反應的聯結，即爲正性增強；若因增強物的出現反而避免某種反應或改變原有刺激反應之間關係的現象，稱爲負性增強。在工作中，員工爲求取獎金而努力工作，即爲正性增強；若爲了避免受罰而努力工作，是爲負性增強。工作學習即在此種情況下形成的。在增強過程中，若一旦增強停止，則學習行爲必逐漸減弱，甚或消失，此即爲消弱作用。若刺激與反應間發生聯結後，類似的刺激也將引起同樣反應，此爲類化（generalization）。類化是有限制的，若刺激的差異過大，則個體將無法產生反應，此即爲區辨作用（discrimination）。

二、認知論

認知論（cognitive theory）者認爲：學習時的行爲改變，是個人認知的結果。此種看法是將個體對環境中事物的認識與瞭解，視爲學習必要的條件。亦即學習是個體在環境中，對事物間關係認知的歷程，此種歷程爲領悟的結果。換言之，學習不必透過不斷練習的歷程，而只憑知覺經驗即可形成。因此，學習是一種認知結構（cognitive structure）的改變，增強作用不是產生學習的必要條件。持此看法的心理學家，最主要以庫勒（W. Köhler）的領悟學習、皮亞傑（J. Piaget）的認知學習與布魯納（J. S. Bruner）的表徵系統論爲代表。

該理論認爲個人面對學習情境時，常能運用過去已熟知的經驗，去認知與瞭解事物間的關係，故而產生學習行爲。學習並非零碎經驗的增加，而是以舊經驗爲基礎，在學習情境中吸收新經驗，並將兩種經驗結合，重組爲經驗的整體。因此，認知論者不重視被動的注入，而強調主動的吸收。由此觀之，認知學習就是個體運用已有經驗，去思考解決問題的歷程。

以上兩種立論，似乎是對立的。事實上，人類學習行爲是相當複雜的，不可能受單一原則所支配。大體言之，較陌生或較困難的事物之學習，多依「刺激與反應」的不斷嘗試錯誤之歷程；而較熟知的問題，較易採用「認知」的領悟學習。然而，不管學習的歷程爲何，它總是一種行爲的持久改變。況且人生是不斷地在學習的過程，人格是學習來的，社會需求和自我需求也是學習來的，態度、習慣無一不是學來的。如果前一行爲導致後一行爲的改變，這就是一種學習的歷程。

第二節　影響學習的因素

學習有時是依刺激與反應的嘗試錯誤歷程，有時則爲對事物認知的結果，而導致行爲的持久改變。不過，此種行爲的改變常受多種因素的影響。一般而言，影響學習的因素甚爲複雜，致使學習效果並不一致。大體言之，影響學習的因素可分爲三大類：一爲學習材料，一爲學習方法，另一爲學習者個人，如**表 5-2** 所示。

一、學習材料

學習材料主要包括四方面，即材料的長度、材料的難度、序列中的位置與材料的意義性。

表5-2 影響學習的因素

主要因素	分項因素
學習材料	·材料長度 ·材料難度 ·序列位置 ·材料意義性
學習方法	·集中練習與分散練習 ·整體學習與部分學習 ·學習程度 ·學習結果的獲知
學習者個人因素	·年齡 ·性別 ·動機 ·情緒 ·其他因素

(一)材料的長度

當學習材料超過記憶廣度時，其長度的增加與所引起的學習困難呈「超正比」增加的現象；惟因此而學習得到的材料，較不易遺忘。此乃因較長的材料經過學習者不斷反覆學習的結果，以致加深學習者克服困難的決心，一旦困難克服之後，而產生深刻印象所致。

(二)材料的難度

一般而言，簡易的材料比艱難的材料容易學習，但學得之後未必易於記憶。固然，過於艱難的材料，容易使學習者失去學習興趣；但過於簡易的材料，缺乏挑戰性，亦引不起學習者的興趣。因此，學習材料的難易以適中為宜。所謂難易適中，係指學習材料需有相當難度，只要學習者努力即可克服；反之，若不努力則不易獲致成功。不過，所謂「適中」並無一定標準，這要看學習者的能力與經驗而定。換言之，學習材料的難易，總以個別差異爲依據。

（三）序列中的位置

學習一序列的材料時，排列在首尾部分的，遠較中間部分者容易記憶。這種情況以無關聯的材料，尤爲明顯。

（四）材料的意義性

所謂意義性，係指所學材料與學習者個人經驗間的關係而言，兩者關係愈密切，即表示對個人愈有意義。凡是愈具意義性的材料，愈能引起學習者的興趣與注意，就愈容易學習。

二、學習方法

學習時所採用的練習方式，也會影響學習的有效性。其主要包括下列四點：

（一）集中練習與分散練習

學習時要經過練習，練習方式可以集中在一定時間內實施，也可以分爲若干時段實施。前者爲集中練習（massed practice），後者稱爲分散練習（spaced practice）。一般而言，分散練習優於集中練習。此乃因集中練習給予學習者連續反應多，抑制量大，以致影響學習效果；而分散練習因休息之故，反應性抑制不易累積，故對學習不致產生過大的影響。加以集中練習給予個體較少的遺忘機會，使錯誤學習的保留較多；而分散練習給予個體較多遺忘錯誤的機會，使學來的錯誤反應得以隨時淘汰。當然，分散練習優於集中練習，只是一種概約的事實。蓋任何學習都與學習材料的性質、所採用的方法，以及學習者的年齡、能力、經驗等因素都有密切的關係。

（二）整體學習與部分學習

學習時，如對學習材料從頭到尾一次練習，稱之爲整體法（whole method）；若將材料分爲好幾個段落，一段一段的練習，稱之爲部分法（part method）。早期心理學家多認爲整體法優於部分法，但晚近實驗結果卻證實兩者無分軒輊。不過，智力較高者的學習有適於採用整體法的傾向。此外，有一種前進部分法（progressive part method），就是先將要學習的材料分爲幾部分，開始時先練習第一部分，次練習第二部分，等這兩部分都已熟練後，即將之合併練習並使之形成一整體；然後再接著單獨練習第三部分；第三部分熟練後，再與第一、二兩部分合併練習，形成一個更大的整體。如此逐漸擴大，繼續進行，直到將全部材料學會爲止。這種方法在形式上，似較單純的整體法或部分法爲優。

（三）學習程度

所謂學習程度，係指在學習歷程中個體正確反應所能達到的地步而言。通常在練習期間內，個體初次達到完全正確反應的地步，即稱之爲百分之百的學習。若爲了避免學後遺忘，再多加練習稱爲過度學習（over learning）。過度學習有時可以練習次數表示之，有時亦可以練習所需的時間來計算。若員工在練習某項機械已達百分之百的學習時，再不斷地練習，不管是增加練習次數或時間，皆屬於過度學習。

惟過度學習需達到何種程度最能夠記憶，則需依材料的性質，材料對個人的重要性，以及個人希望把它保留多久而定。假如材料簡易，對個人的重要性不大，以及個人不想保留太久，則少量的過度學習就已足夠；反之，材料困難，對個人具有很大的重要性，以及個人希望永久保留該項所學的材料，就必須有較多量的過度學習。

（四）學習結果的獲知

學習後必有成果，學習者能否獲知此等成果，對以後的學習成績有不同的影響。一般而言，學習者能獲知學習成果，在學習上較能保持進步。縱觀其原因有二：⑴學習後的錯誤，得以作適時的修正；⑵學習後獲知學習成果，將引起學習者繼續學習的興趣，成爲引發個人學習的誘因。因此，在學習過程中，宜多提供學習者反應的機會，且其反應愈具體、時間愈短，學習成效愈顯著。

三、學習者的個人因素

影響學習的個人因素很多，諸如年齡、性別、能力、動機、情緒、生理狀況以及個人特質皆屬之。今僅列幾項說明之：

（一）年齡

一般人都相信兒童是學習的黃金時代，但根據心理學的研究，不論對技能學習與語文學習，二十歲左右才是眞正的黃金時代。即以技能學習而言，它主要是靠穩定、手眼協調等能力，而這些能力常隨年齡的增長而增加。甚且成人的理解力高於兒童，學習也較快。不過，成人學習後的記憶則遠不如兒童。

（二）性別

一般人認爲男性長於技能學習，女性則擅於語文的學習；然而，根據心理學的實驗顯示，除了男性因體力優於女性，而較能擔任大型技能性工作之操作外；不管在技能學習或語文學習上，男女兩性都沒有顯著差異。因此，構成男女兩性在學習行爲上的差異，社會因素重於性別本身的因素。

（三）動機

動機的強弱對學習的效果，有很大的影響。一般言之，動機愈強，又能得到滿足時，學習效果最好。通常在工作中激發個人動機，多用獎懲的方式。根據心理學的研究顯示，獎勵對個人動機具有積極作用，可以鼓勵個人繼續進行某項行爲；而懲罰則在制止某項行爲的出現或再發生，具有消極的效果。因此，獎勵對動機的引發常優於懲罰。不過，獎懲多偏重於生理性動機的激發。

惟人類行爲是相當複雜的，且人類甚多學習與生理需求並無直接關係，故僅重視人類生理需求的激勵，並不足以控制其動機，實宜多注意高層次需求。是故，爲了加強學習效果，應多利用自發性活動，隨時加以鼓勵，以強化其學習動機，並使之得到充分的滿足。

（四）情緒

所謂情緒，是指個體受到某種刺激後，所產生的一種激動狀態。此處僅說明愉快與不愉快的情緒，以及緊張焦慮的情緒對學習的影響。根據心理學研究，個人對不愉快的經驗，常有動機性遺忘的趨勢。至於個人對愉快的經驗，不但記憶得較多，且記憶的內容也較詳細；亦即愉快的經驗不容易遺忘。甚至情緒穩定者，不論在緊張或緩和的學習情境下，都較不穩定者爲優。又在緊張的學習情境下，情緒穩定者的學習成績，會因緊張氣氛的壓迫而顯示出進步；但情緒不穩定者卻退步很多。

（五）其他因素

此外，根據一般經驗顯示，抽象憑記憶的材料較容易遺忘，而實際操作的學習則不太容易遺忘，此亦影響學習的效果。又學習遷移（transfer of learning）問題，亦影響學習的效果。所謂學習遷移，就是學習者在某一種情境中學到的舊知識與技術，對新學習的影響程度與範圍。學習遷移可分爲正性遷移與負性遷移，前者是指舊學習的效果有助於新學習，後者則爲舊學習的效果阻礙新學習。

總之，影響學習的因素甚多，且是交互影響的，此有待吾人作更進一步的探討。

第三節　學習原則的運用

根據前節分析，學習常受到各種因素的交互影響，吾人必須探討學習原理加以運用，以求能塑造員工正確的工作行爲。在企業管理上，組織行爲修正（organizational behavior modification），是近年來頗受重視的人力資源管理技術。盧丹斯（Fred Luthons）稱之爲OB Mod，意指個人在表現了正確行爲時，管理者會給予獎勵；而在表現不當行爲時，會得到懲罰。經由這樣的行爲修正，員工便學會了應該做什麼，不應該做什麼，以期符合組織的期望。

有關工作行爲技術的運用，乃是由管理者講授工作技巧，先將工作分解爲若干細節行爲，並親身示範，講解正確的工作方法，然後要求員工照做，並強化或增強其正確行爲。這就是組織透過學習而塑造員工正確的工作行爲，其基本概念乃脫不出學習原則的運用。這些原則如下：

一、學習結果的獲知

學習的第一項原理，就是學習結果的快速回饋。學習結果的快速回饋，不但可修正不當的行爲，而且可增進學習者的興趣與動機，以追求更深一層的滿足感。根據研究顯示，當個人有了某種反應，所得到的是獎賞，必然很快地學會重複反應；同理，個人絕不願意重複沒有報酬的行爲。因此，員工努力地表現正確的行爲，工作所得到的是獎勵或他人的讚美，他必然重複該項行爲。相反地，員工若努力表現正確的行爲而未得到應有的獎勵；或表現不正確的行爲而受到懲罰，則他的行爲必慢慢消失或減弱。此即爲增強論的焦點。增強論認爲，外來的刺激是個人行爲的主要來源。吾人要使員工表現正確的行爲，必須提供適當的刺激。

又根據研究顯示，提供學習者行爲的回饋愈具體而快速，其表現在作業上的進步與速度愈快。因此，管理者必須隨時對員工進行回饋，以加強其工作習慣的養成，並降低其厭煩感。有關行爲的回饋，應在表現正確工作行爲後，立即實施，時間愈快速，效果愈顯著；否則時間愈遲延，效果將愈爲遞減。不過，提供行爲回饋太多，反而增加學習者的負擔，此爲管理者所必須注意的。

二、學習動機的激發

學習的第二項原則，就是在激發個人的各種學習動機。一般動機可分爲內在動機與外在動機。前者一般都與工作本身有密切關係，員工的工作意願與工作有直接關聯，則可由工作中得到滿足感或尊榮。後者則與工作無直接關係，工作只是一種求得另一目標的手段而已，個人可能透過工作追求生活上所必需的金錢。因此，個人的學習動機，常因人而異。管理者必須設法加以激發各種不同的動機，提供一些可用的誘因（incentives），包括良好的工作設計、安全的工作環境、各項薪資與福利措施、和諧的人事關係、象徵地位與尊榮的安排、多讚美少責備等，都可激發員工的工作興趣，增進對工作的意願。

根據認知論的看法，學習是個人對事物的認知而來，故應提供自動自發的自主性學習。蓋有動機的學習比缺乏動機或無動機的學習效果爲佳，且內在動機的學習比外在動機的學習要好。學習者因有了學習動機，才可能引發學習的行動，「動機—行爲」便形成學習的因果律，而內在動機更能強化其間的關係。是故，管理者必須設法激發員工的內在動機，瞭解員工的立場，適當地採用各種激發手段，以發揮員工工作的潛在能力，期使員工願意持續其工作行爲。

三、學習刺激的增強

根據增強論的觀點，學習可透過不斷地增強而形成。在刺激與反應的學習過程中，個體行爲的發生可能是針對某些刺激的反應後果而來，造成此種增強作用的刺激，稱之爲增強刺激（reinforcing stimulus）。增強刺激愈頻繁，持續時間愈久，反應的強度愈增加，愈有利於學習。因此，管理者必須不斷地對員工施行增強刺激。最淺顯的例子，乃爲廣泛地設置獎勵措施，以激發員工的學習興趣與廣度和深度。

一般而言，重複的刺激會導致恆定的反應型態，而偶發的刺激則導致反應的多變性。管理者若要養成員工習慣性的工作行爲，則可增強重複性的刺激。惟許多工作行爲是多變性的，則不宜增強重複刺激，以免因好奇心消失，反而不利工作行爲的養成。因此，學習刺激增強，宜視工作性質而定，同時應針對個別員工的差異而實施。

四、獎賞懲罰的互替

學習原理之一，乃是對好的行爲給予獎勵，對不好的行爲施以懲罰，此爲增強論的基本論點。不過，一般獎勵的效果高於懲罰。蓋嚴厲的懲罰不僅不能消除不良行爲，有時反而固化不良行爲，產生許多不良副作用，諸如員工採用敵對態度，憎惡懲罰者。惟如果懲罰用得適當，可以得到很好的效果，但必須針對錯誤行爲而發，方能收到制止的功效。

至於獎賞方面，也必須不斷地實施，而且要多而豐富，方能有效。一般而言，獎賞多而豐富，學習就愈快速；微少的獎賞，則無法得到重視。此乃因獎賞的減少等於懲罰，對學習不會產生太大的效果。當然，獎懲最好能作適當的交替運用，有時過分「鄉愿」常會造成組織的腐化，但過分的「苛刻」則足以招致員工的不滿與怨懟。只有適當的獎懲，才能提昇學習的水準至最高境界。

五、學習時間的安排

管理者應注意的學習原理之一，乃爲對學習時間的適度安排。一般而言，學習時制可分集中練習與分散練習兩種。所謂集中練習是指在某段時間內一鼓作氣，前後一貫的練習方式。分散練習則在練習時，把某段時間分爲若干段落的練習方式。根據許多實驗證明，分散練習的效果優於集中練習，且在練習一段落後，休息時間愈長，學習效果愈好。此外，休息時間的長短需視學習材料的性質而定，材料較難又較長時，學後的休息時間就需較長。

惟根據研究所得結果顯示，學習機械記憶式的材料與技能時，分散練習固優於集中練習；但學習較複雜或特別需要思考的問題時，學習者必須一次採用較長時間固著在問題上，始能將問題解決。因此，就一般情形而言，若所學材料較易，學習者興趣較濃，動機較強時，以集中練習為佳；但材料較難，較缺乏興趣以及易生疲勞的情形下，則以分散練習為宜。總之，學習時間必須作適當的安排，對於學習材料的難易，若無法配合適宜的學習時段，將無法從事有效的學習。

六、學習方法的選擇

對學習方法作適當的選擇，也是管理者應掌握的問題之一。學習者在某一時段內，學習某種材料技能時，對材料的整體從頭到尾一遍一遍地練習，直到全部學會為止，稱之為整體法。若將材料分段，第一段熟練後，再練習第二段，直到全部學完為止，稱之為部分法。整體法與部分法孰優，迄無一般性原則。大體言之，有下列情況：

1. 若所學材料有意義、有組織，且前後連貫者，宜採用整體法；若所學的為無意義或無組織的材料，則較宜用部分法。
2. 用分散練習時，整體學習較部分學習為適宜。
3. 學習者的智力較高，且對所學已具有相當經驗，又材料不太長或太複雜時，較宜採用整體學習；若學習者智力較低，對所學欠缺經驗時，且材料較長，不易維持其興趣時，宜採用部分學習。
4. 在實際學習時，初學可採用整體法；而對特別困難部分，再加強其部分學習。

七、充分認知的提供

個體行爲的產生，部分是因個人對工作有充分的認知而來。因此，管理者必須對工作提供充分的資料、訊息，並說明工作的優越性，以加強員工對工作的認同。根據認知論者的說法，個人行爲是受到意識性的心理活動，如思考、知曉、瞭解，以及意識性的心理觀念，如態度、信念、期望等的影響。個人在環境的刺激下，常有意識地處理刺激，然後才選擇採取反應的方式。是故，個體行爲可透過認知的過程而逐漸形成。

此外，由充分的認知亦可加強個人的記憶。蓋認知爲個人經驗的內在代表，介於刺激與反應間，並影響到個人的反應。當個人感受到刺激後，就將它轉變成認知，再影響個人的反應。一旦員工對某項工作有了充分認知，不但可能採取積極性行爲。甚而由於記憶的深刻，也會表現重複性的行爲，而逐漸形成習慣。根據前章所言，決定認知的兩大因素：一爲刺激的特性，一爲個人的特性。刺激的特性，主要爲刺激的差異或由於重複；而個人因素則有領會廣度、感受性的心理定向，以及個人的情緒或慾望。其中個人因素更可能促成對工作作認知上的選擇，而增強對工作的學習。

八、學習遷移的運用

學習遷移的適當應用，是學習認知論的主要論點之一。認知論認爲學習之所以產生遷移，主要是個人體認到一種情境中的學習與另一種情境具有共同元素所造成的結果。所謂學習遷移，就是學習者在某種情境中所學到的舊知識與技能，對新學習所產生的影響程度與範圍。換言之，學習遷移即指個人的先前經驗對新學習產生遷移的效果。當然，在學習遷移中，新舊學習的刺激與反應相似程度愈高，則學習遷移特別高，且產生正向遷移；反之則學習遷移較低，甚而形成負性遷移的現象。

根據研究顯示：新舊學習之間具有相同元素愈多，遷移的可能性就愈大；反之，相同元素愈少，則遷移量也就愈少。因此，組織管理者宜根據員工的個人背景，多安排學習遷移環境，使舊學習所學到的原理原則，可應用到新學習上。一般而言，工業訓練即爲學習遷移的基本例子。工業訓練即在人爲或模擬情境中，希望其訓練成果能有效地遷移到實際工作中。此爲管理者必須妥爲運用的學習原理。

九、重複持續的演練

學習的原理之一，乃是要持續不斷且重複地演練。人們不論對何種事物的學習，如果能不斷重複地練習，則可增強其記憶，從而形成有效的學習。所謂「熟能生巧」，正是此種學習的寫照。當個人在從事一項工作時，若能將其注意力集中在某項主題上不斷反複地操作，必更能心領神會，這不僅可表現在心智的練習上，也會顯現在肢體操作上。因此，重複地演練實有助於增強學習的效果。有些學者即認爲學習是一種不斷經過演練的歷程，經過此種習慣性的演練而形成固化的行爲；此種固化行爲甚至不必經過思考，即可表現相同的動作，這就是一種模仿學習。此用於工作學習上，亦然。

重複而持續不斷地演練，即有助於學習效果，則管理者必須隨時隨地安排員工有不斷練習的機會。不過，根據某些研究顯示，學習過於密集有時會造成彈性疲乏，除非學習者永遠保持著高度興趣；但這對大多數人來說，是不容易做到的。因此，組織在進行訓練時，維持一定學習時間的間隔，反而有助於學習的過程。只是維持不斷而重複的練習，卻是有效學習的基本原則。

十、愉悅情緒的安排

員工在工作的過程中，若遭遇到愉快的情境，常能印象深刻，記憶猶新。因此，安排愉悅的情境，亦為促進員工努力工作的方法。根據心理學的研究，動機固為促發個人行為產生的內在原動力；惟個體行為並不完全是有組織、有規律的活動，有時行為是受到不規律、無組織的情緒所左右。因此，安排工作時的愉悅情境，有時是不可或缺的。

根據研究，情緒的產生不是自發的，而是由環境中的刺激所引起的。環境可包括內在環境與外在環境。內在環境是由個體器官功能所變化，非組織管理者所可解決；但外在環境是可經過安排的，如聲音、光線、空氣、景色、佈局、市場氣氛等，都可經過特意的安排。例如：柔和悅耳的音樂、適當的採光、怡人的佈局景色、謙和有禮的管理態度，都有助於員工良好工作態度的養成。

總之，學習是一種培養良好工作行為的歷程，管理者實應適度地運用學習原理，才能使員工在工作中順利地學習正確的行為，並達成學習的效果，以期能為組織目標有所貢獻。

第四節　增強時制與工作學習

管理者在塑造員工工作行為時，除宜善用學習原則之外，亦應注意增強時制（schedules of reinforcement）的運用。所謂增強時制，係指組織員工一旦表現某些行爲反應時，管理者給予或不給予某些增強物之意。事實上，員工工作績效的良窳或滿足感的表現與否，很多都是取決於增強時制的運用。因此，管理者善用增強時制，常可提升員工的工作績效，並增進他們的滿足感。一般來說，增強時制可分爲連續增強時制、間歇增強時制，和消除作用時制三類，茲比較如**表5-3**，並分述如下。

一、連續增強時制

連續增強時制（schedules of continuous reinforcement），是指每一次反應就給予增強。連續增強可應用在訓練上；每當員工表現正確的工作行爲，管理者就給予獎賞。在連續增強時制下，只要員工持續努力工作的反應後，管理者就給予增強物，將會使員工保持穩定的高度表現。不過，增強太頻繁會導致飽和，而不再有效。且一旦不給予獎賞，則員工行爲很快就會消弱。因此，連

表5-3　各種增強時制的比較

種類	內容	正面效果	負面效果	適用工作範圍
連續增強	每次反應均予增強	保持高度穩定的工作表現	無法維持持久績效	・適用剛開始激勵員工上 ・適用在不穩定或頻率較少行爲上
間歇增強	有些反應予以增強，有些則否	提高反應頻率，維持長久的激勵作用	必須隨時激勵，較費心力	・適用在良好工作表現上 ・適用在精確行爲表現上
消除作用	任何反應均不予增強	消除不當行爲的產生	易生焦慮或憤怒情緒，降低工作士氣	・適用在員工表現不正確的行爲上 ・適用在員工表現不良行爲上

續增強只適合於剛開始激勵員工，或運用在不穩定或頻率較少的行爲上。當工作表現愈來愈好且非常精確時，就必須改用間歇時制。

二、間歇增強時制

所謂間歇增強時制（schedules of intermittent reinforcement），是指行爲者的有些反應受到增強，有些則否；亦即並非每次反應都有增強物。此種時制可提高反應頻率；且由於增強頻率少，不致導致飽和，而使激勵作用減弱。因此，間歇增強是最適用於穩定和高頻率出現的行爲反應。該時制又可分爲下列方式，其可比較如**表 5-4** 所示。

（一）定比時制

定比時制（fixed-ratio schedule），是指在行爲者每隔若干次數的反應，始給予一次增強之謂。例如，員工每隔一次、七次或一百次表現優良工作績效，就給予一次獎賞即是。一般傭金式的推銷，就是屬於定比增強時制。此種時制，可以獲致強而穩定的

表 5-4　各種間歇增強時制的比較

種類	內容	效果
定比時制	在每隔固定的次數反應時，給予一次增強	·獲致強而穩定的反應比率 ·加速表現優良行爲
非定比時制	作隨機次數反應時，給予增強	·導致強而穩定的行爲反應 ·可抗拒消弱作用的反應比率
定時距時制	在每隔若干固定時段時，就給予一次增強	·造成不穩定的行爲反應，開始時行爲反應強而有力，但在增強後呈現緩慢而無力的反應
非定時距時制	在不定或隨機時間後第一個反應後，始給予增強	·導致非常穩定的反應比率 ·可抗拒反應物的消弱作用

反應比率。在定比時制下，員工可很快地知道增強的規則，於是會加速表現優良行爲，以求獲得增強。

（二）非定比時制

非定比時制（variable-ratio schedule），是指增強的實施採不定比率，或作隨機次數反應的方式而言。亦即管理者在獎賞員工的績效表現時，並不是在員工固定表現若干次行爲反應之後；而是採取隨機獎勵方式。當然，所謂隨機次數也可能是平均值的方式。此種時制可獲致強而穩定的行爲，且可抗拒消弱作用的反應比率。

（三）定時距時制

定時距時制（fixed-interval schedule），是指每隔若干時段，就給予一次增強之謂。吾人每月、每半個月或每週所領到的薪資，就是一種定時距時制。此種時制是在固定時間後的第一個反應，給予增強物。因此，定時距時制可能造成不穩定的反應型態。亦即在增強前呈現快速、有力的行爲反應，可能有較好的工作績效表現；而在增強後會有一段時間呈緩慢而無力的反應，可能有較差的工作行爲表現。

（四）不定時距時制

不定時距時制（variable-interval schedule），是增強的時間表係依據一系列的隨機時距，這些時距的平均值爲某一個定數。亦即增強的實施，是在不定或隨機的時間後第一個反應，始給予增強物之謂。此種時制和非定比時制相同，可導致非常穩定的反應比率，且可抗拒反應物的消弱作用。

總之：間歇時制可維持較高的反應率。同時，受到間歇增強的行爲，比連續增強的行爲，更不易消失。此乃因員工無法獲知何時會得到增強，以致時時表現強而穩定的工作行爲之故。

三、消除作用時制

所謂消除作用時制（schedules of extinction），是指員工不論表現任何行爲反應都得不到增強。消除作用除可應用在一般學習之外，也同樣適用在訓練上。每當員工表現任何行爲，而不符合管理者的期望時，他都得不到獎賞，甚或被故意忽略，則其行爲自然逐漸消弱，然後慢慢停止。此種得不到獎賞或被故意忽略，本身就等於是一種懲罰。懲罰在學習或訓練上，常扮演著極重要的角色。

有些證據顯示，懲罰的消弱作用，有時比獎賞的正性增強作用還來得有效。蓋懲罰可消除員工的不當行爲。惟懲罰只是一種暫時性的壓抑，而不是永久性的行爲改變。它可能減少員工的不當行爲，但卻會使員工產生焦慮或憤怒的情緒，且可能降低工作士氣，增加曠職率與遲到的情況。因此，在管理上還是少用爲宜。

第五節　員工訓練的實施

員工訓練本身就是一種員工工作的學習。員工訓練的成效如何，將影響員工的績效表現與滿足感；而訓練除了取決於員工本身的學習意願之外，尚有賴於組織管理者的妥適安排。一般而言，員工訓練的實施必須考慮三項步驟，即確定訓練需求、選擇訓練方法、評估訓練成果等，茲分述如下，並列如**表5-5**所示。

表5-5　員工訓練的實施步驟

步驟	內容
確定訓練需求	①工作訓練需求 ②管理發展訓練需求
選擇訓練方法	①受訓人員的選擇 ②訓練人員的選擇 ③訓練方式的選擇 ・講演法 ・示範演練法 ・視聽器材輔助法 ・模擬儀器及訓練器材輔助法 ・團體討論法 ・敏感性訓練法 ・個案研討法 ・角色扮演法 ・管理競賽法 ・編序教學法 ・電腦輔助教學法 ・其他方法
評估訓練成果	①訓練評估的基礎 ・反應標準 ・學習標準 ・行為標準 ・結果標準 ②訓練評估的方法 ・控制實驗法 ・前後比較法 ・訓練後評估法

一、確定訓練需求

在組織中，需要接受訓練者包括兩類人員：一是新進員工或無法勝任目前工作的員工，一是被列為管理發展或人員發展的員工。前者即在增進對現成的工作效率，後者則為培養員工擔任未來更重要職位的才能。此乃因現有工作能力水準與未來所需效能水準間存有差距，以致產生訓練的需求。至於現有水準與未來效能水準間的差距，則始自組織與人員的不斷變遷，以致此種差距不斷擴大。是故，訓練工作是永無休止的例行事務。訓練主管部門的主要任務，即在縮短此種差距，自必早作人才培育計畫，用以發展人才。

訓練計畫的實施，首先要考慮的是訓練需求，亦即為什麼要舉辦訓練？訓練的目的，一方面在對現有員工協助其熟悉現有工作，一方面則對現有員工加以適當訓練，以發揮其未來的潛在能力。故辦理員工訓練，其訓練需求可分為下列二大項：

（一）工作訓練需求

所謂工作訓練需求（job training needs），是指組織對目前缺乏工作經驗的員工，有實施訓練的需要而言。其目的在協助員工獲得工作上所必需的知識、技能與態度，以便在工作崗位上有好的表現。工作訓練需求所著重的是「工作分析」。訓練的內容都是依據對工作本身的研究，包括各種工作特性與職務方法的指認在內。最淺顯的例子是職務說明書。職務說明書包含各項職務要件（requirements of task）。亦即說明書上都會說明執行一項職務時，所表現的外顯活動，或各種可觀察到的活動。

根據彌勒（R. B. Miller）的看法，職務說明書上的說明，至少應該包含下列各項：

1.引起反應的「線索」或「指示」。

2.執行職務時，所用的「器材」或「設備」。

3.人員的「活動」與「操作」。

4.適當反應的「回饋」與「指示」。

此種說明書所包括的是個人在何時做何事？執行的工作內容是什麼？要使用何種工具？採用何種方法？個人做出正確反應後，有何種結果或「回饋」？此種分析方式很適用於較簡單、有結構性的工作；但對於複雜、沒有結構的工作，則不太適用。

因此，藍克斯（E. A. Rundquist）指出另一種描述個人職務的方法，應能指出訓練的工作與內容。他將工作層次化，把工作細分為幾大類，再將每大類的性質加以細分。細分的程序是根據邏輯分析過程而來。工作經過層次化後，整個職務的細分圖有如一個金字塔，塔的上方為較大的工作類別或職務性質，塔的下方則細分為許多工作單元。一般來說，塔的層次大約有六、七層之多，此法對分析複雜多變的工作，具有不可磨滅的功能。

綜合言之，職務說明書的主要功用，乃為將各種工作加以細分，俾能指出員工需要接受哪些「單元職務」的訓練，然後說明這些「單元職務」應具備何種知識與技巧，如此受訓者才能學以致用，訓練工作才有成效可言。易言之，職務說明書可說是職務與技巧和知識間的橋樑，透過這座橋樑的溝通，才能發展出適切的工作訓練課程。

（二）員工發展訓練需求

所謂員工發展訓練需求（employee development training needs），是指針對員工未來的工作潛能之發展，所施行的訓練而言。員工發展訓練的目的，乃在提供一些經驗給工作者，使工作者在組織內的工作績效，永遠保持最高的水準。其訓練的重點不在探求員工擔任現職的缺點，而是為了培養員工擔任未來工作的條件，這就涉及所謂的「人員分析」。換言之，員工發展訓練，不但可達成組織的生產力目標，且可使工作者獲得工作滿足感。員工發展訓練的對象，絕大部分用來訓練管理階層，有時也可用來改變其他工作團體，如專業知識落後的科技專家，無法適應工作環境的閒置人員，以及年老的工作者；藉以協助他們取得新知識，適應工作環境，以及對自己工作能力的信心。

至於有關工作訓練需求方法的決定，首先要確定訓練的對象是個人或團體。如果是個人，要指出需要接受什麼訓練？如果是團體，要決定該團體需要哪方面的訓練，使團體成員都接受訓練，以改進整個團體績效。其次，決定訓練需求方法的，都是來自於人們的判斷與觀察，諸如工作者、督導人員、管理者、人事主管等。此種個人的判斷與觀察常常失之主觀，但有時也會帶來很大的效果。此種決定訓練需求的方法很多，依據詹生（R. B. John-son）的看法，即有三十四種方法。本文僅列兩種方法說明：

列表法（checklist）：採用列表法來決定訓練的例子，如表5-6所示。該表係人事管理員觀察督導人員行為得來的。亦即人

表5-6　利用列表法決定督導員是否需要接受訓練

人事管理員記錄的項目	督導人員的表現		可能需要接受訓練
	有	無	
製作工具盤存的記錄	×		
準備新進人員的訓練列表		×	×
把不安全的機器移開	×		
檢查已修護好的用具	×		
製作工作時數記錄表	×		
定時檢查產品品質		×	×
叮嚀工人不要消耗物品		×	×
擬訂工作場所佈置計畫		×	×
教導工作者學習原料成本的計算		×	×
向工作者解釋公司政策		×	×

事管理員仔細觀察督導員的行爲，將之記錄下來。表中所列督導人員無表現的項目，即爲需要實施訓練的項目。

重要事例法（critical incident technique）：此法乃爲著名訓練專家佛列（J. D. Folley）用來決定百貨公司的售貨人員，是否需要接受訓練。所謂「重要事例」乃是依照顧客對售貨人員的描述而來的。這些顧客對售貨員的描述乃係出於自願。在獲得顧客對店員的描述資料後，必須加以分析，以求指出績效好的店員與績效差的店員有何區別？如此提供訓練者一些訓練售貨員的資料，讓訓練者知道哪些店員行爲是顧客喜歡的，哪些行爲是應該避免的。

二、選擇訓練方法

實施員工訓練的第二個步驟，乃爲選擇訓練方法。員工訓練的目的，不外教導受訓者獲得工作知識，或如何更經濟有效地把工作做好。因此，員工訓練究竟應採用哪種方法，當視各組織及訓練內容而定。至於，選擇訓練方法，可包括受訓人員、訓練人員、與訓練方式的選擇三項。

(一) 受訓人員的選擇

訓練是一項投資，其成果需透過增加生產量、提高品質以及降低成本等，以獲得回收。對於不宜發展或無進取意願的人，施予訓練是無益的。因爲訓練後，不能在工作上有所表現，不僅訓練投資形成浪費，而且易形成人事包袱，故受訓人員的選拔宜慎重爲之。換言之，受訓人員需以具備某項工作動機或意願的人員爲主，最好需爲具有某項工作性向的員工，才能收到訓練的效果。

(二) 訓練人員的選擇

訓練人員可由具有某項專門學識的專家，或管理人員爲之。

訓練人員的資格，至少需具備下列條件：

1.要有相關的知識、技術或態度，並能勤於研究。

2.精於教學方法，知道如何有效地去教導員工。

3.需要有教導員工的意願，富於熱誠與耐力。

訓練人員可以是全時專任，甄選受過專業訓練，且具有相當學位的人員擔任；也可以是部分時間制，由教育或其他政府、企業機構借調而來；也可以在工作範圍許可內，權充教導工作的監督、幕僚、管理人員或優秀員工，凡此均需視組織狀況及工作性質而異。

（三）訓練方式的選擇

基本的訓練方式，可大別為正式訓練與工作中訓練。所謂正式訓練，另訂有講授、閱讀與指定一定課程作業的計畫，每一定時期內規定多少時間的課。而工作中訓練則先對員工說明所擔任的工作，在工作開始後，由有關人員加以監督或指導。至於訓練方法必須針對工作性質、種類以及組織的設備、需求狀況等條件，加以選擇，以作最適切的訓練。這些方法包括講演法，示範演練法……等，已如表5-5選擇訓練方法之所示。

三、評估訓練成果

實施員工訓練的最後步驟，乃為對訓練成果的評估。一般而言，多數組織都認為辦理員工訓練，且已收到預期的效果。惟事實上，訓練成果是需要有系統的評估過程，才能確知。所謂評估，乃是評定訓練計畫是否能幫助員工或團體，獲得所預期的工作技能、知識和態度。訓練評估應以「受訓者」與「未受訓者」兩相比較，並對不同訓練方法的效果加以比較。

（一）訓練評估的基礎

訓練評估應採取適當標準，並注意標準的相關性、可靠性與明確性。可用來評估訓練成果的衡量標準很多，諸如工作的質量、操作的時間、作業的測驗及考核等是。根據卡特列羅（R. E. Catalanello）與克白萃（D. L. Kirpatrick）的看法，認爲訓練的評估標準，包括下列四項：

反應標準：即受訓者對訓練的反應，此種反應資料可作爲決定下次訓練計畫的參考。此種反應資料多於訓練結束後，以問卷或面談的方式取得。它包括受訓者是否喜歡訓練計畫？喜歡的程度如何？

學習標準：此即爲受訓者對所授內容、原則、觀念、知識、技能與態度等的學習程度。該項標準在於獲得受訓者對課程的學習方面，而不在於是否能運用所學於工作上。對於知識、內容、原則、觀念等，可以各項測驗或考試方法，加以評估。對於技能可以實作測驗評估，至於態度則可施予態度量表評估之。

行爲標準：此爲評估受訓者在接受訓練後，工作行爲改變的程度。有關用手操作的工作，運用有系統的觀察法，即可得到完整資料。但對複雜的工作，就得分別採用其他適當方法，如工作抽查、主管考核、自我評核、自我記錄等，才能得到完整的工作行爲資料。當然，上述各種方法也可綜合運用。

結果標準：此乃爲評估受訓者的工作行爲，是否影響到組織功能的實施，最後的結果是否已達成？這些評估範圍包括工作效率、成本費用、生產質量、員工流動、態度改變、目標認知、業務改進等。結果標準評估的困難，乃爲如何認定這些改變是訓練成果所形成的。蓋效能的提高和經驗也有關係，工作的進步是經驗與訓練的共同作用。如果經過訓練後，工作成效有立即的改變，才能確定訓練的價值，否則很難正確地評估出訓練的成效。

上述評估標準的選擇，應按訓練目標而定，該四項標準可以共同評估，但也可個別評估。不過，共同評估時，必須注意其間的相關性。例如：一位受訓者反應良好，但可能學習不好；或者學習雖好，但無法應用到工作上；或者可能改變了工作行爲，但對組織的功能未具實效。理想上，最好對此四項標準都各自設定一個目標，予以評估。總之，目標訂得愈精確，訓練評估也愈正確。因此，訓練評估標準，即爲目標設定標準。

（二）訓練評估的方法

評估訓練的方法很多，最主要可歸爲三大類：第一種方法稱爲控制實驗法，即應用二組員工，一組爲實驗組（即訓練組），並對該組加以訓練，另一組爲控制組不加訓練，以該兩組在訓練前後所得的測量資料加以比較，以瞭解實驗組是否比控制組爲進步。第二種方法只是一個訓練組，比較測量該組在訓練前後的成績。第三種方法也是一個訓練組，但僅測量其訓練後的成績。以上三種方法以第一種最爲適當，可有效地評估訓練成果。

通常第一種訓練評估方法，可稱之爲「控制式的驗證」。它不但可比較訓練組與控制組的成績，也可比較訓練「前」、「後」的表現，故可有效地評估訓練成果。假使缺乏控制組，或缺乏訓練前的資料，便很難作評估。此種方法能運用科學、實驗的技巧，來評估各種訓練方法與訓練計畫的優劣。

總之，訓練成果的評估，是實施員工訓練的一環。它可促使員工訓練計畫更進步、更精確，是一種訓練計畫的「回饋」。如果訓練評估正確，可提高訓練效果，否則不但不能正確評估訓練成果，且將危害整個訓練計畫的進行。

第6章

生涯規劃與管理

1
生涯的意義與有效性

2
與生涯有關的名詞

3
生涯的發展階段

4
個人的生涯規劃

5
組織的生涯管理

生涯管理是近代企業管理必須加以重視的課題之一。固然，生涯在基本上是屬於個人的，但以組織管理立場而言，也是管理者責無旁貸的職責之一。蓋員工生涯不僅是個人的，而且也是具有組織性的，因爲它與組織的全盤發展是密切關聯的。因此，一般個人或企業機構都不宜輕忽生涯的規劃與管理。本章將討論何謂生涯以及生涯的有效性；然後闡明生涯規劃和管理的相關名詞，再據以分析生涯發展的階段，最後說明個人和組織應如何作生涯規劃與管理。

第一節　生涯的意義與有效性

一、生涯的意義

當個人自出生時起，即已開始其生涯。所謂生涯（career），簡單地說就是一種生命的過程。該名詞創始於一九七〇年代，是指一個人的生活目標而言，因此本國人亦稱之爲前程或事業生涯。此乃因生涯涵蓋了個人整個生活的範圍之故。不過，個人的生活或生命基本上是要透過工作的過程而運作的，故有學者認爲：生涯是與工作有關的生命過程，但也概括與工作有關的知覺、經驗、態度與行爲等。因此，生涯一詞乃涵蓋著下列涵義：

1.它顯然與工作有關。
2.它不僅是與工作有關的活動，也包括正在進行中的生活或生命順序。
3.它是一種對生活或生命的態度與行爲。

韋德和戴維斯（William B. Werther & Keith Davis）認為：生涯是個人在工作生命期間所擁有過的一切工作。霍爾（Douglas T. Hall）即曾說過：「所謂生涯，是指個人在一生中從事與工作有關的歷程和活動時，所表現在態度和行為上的認知。」比席（Dales S. Beach）則主張：生涯乃為個人一生中所從事和經歷過的工作，以及他在投入這些工作時所持有的態度和動機。

顯然地，上述定義都把生涯和工作聯貫在一起，似乎把「生涯」和「工作」定為同義詞，並附加一些對「工作」的認知、態度和動機。不過，一個沒有工作生活的人，仍可扮演著部分的生涯角色。當一個人在沒有工作時，仍可規劃其生涯，然後朝其所規劃的目標邁進。質言之，生涯是一種規劃，而且是一種對未來的規劃；它是一種生活方式，也是一套行為概念。例如，一位在學的學生可對其未來的職業生涯作規劃。一位中間生涯的個人，也可對未來工作昇遷的態度或職業生涯的轉換作規劃。即使是一位即將退休的個人，仍可對退休之後的生活和工作作規劃，以便能重新出發。凡此都是生涯的一部分。

準此，生涯是個人在一生中連續不斷發展的過程，亦即為一個人在一生中所從事的長期連續性職業。它涵蓋了個人在家庭、學校、社會和職業生活之中有關的角色與活動經驗，而這些都隱含著需要加以訓練和學習的要素，蓋人並不是一出生就知道一切的，他是需要學習的，尤其是要在生活過程中學習。因此，生涯乃是一種為生活而從事的過程。不僅如此，一個人為了生活必須擇定其工作，且在工作崗位上有向上爬升的意念；亦即要求更多的薪資，取得更高的地位、權力和特權，以及擔負更大的責任。這正是生涯的目標。

綜合前述，則生涯乃是一種以「工作」為中心的生活歷程，它不只是員工個人的問題，且也是企業機構的問題。它固屬於一種個人生活的歷程，更是組織人力資源發展的一部分。組織協助個人做生涯規劃與管理，不僅有利於個人的成長與發展，且也有助於組織人力資源的開發與運用。再者，生涯不只是管理人員所獨有的，更是全體員工所應具備的概念。最後，個人生涯不僅限於工作期間，並應兼及於工作前和退休後的生涯規劃與管理。

二、生涯的有效性

誠如前述，生涯是一種與工作有關的生活歷程，它不僅是個人的，且是組織的。然則，何謂有效的生涯？一項有效的生涯至少須具備下列四項指標，並如**表6-1**所示。

(一) 績效

所謂績效，是指一個人所能完成其工作的程度而言。通常，薪資和地位乃是生涯績效的評定要素。一個人的薪資和昇遷愈快速，表示其生涯績效愈佳；相反地，一個人的薪資和昇遷愈緩慢，則表示其生涯績效愈差。蓋個人的生涯績效，乃表示個人對組織目標所達成的承諾和貢獻。此外，影響個人生涯績效的因

表6-1　有效生涯的指標

指標	意義	評定要素
績效	一個人完成其工作的程度	薪資、地位、能力、意願、環境條件、組織對員工履行執行的承諾等
態度	個人對生涯所持的知覺和看法	價值觀、對組織的承諾、工作興趣
適應性	個人對職業生涯的適應程度	吸收新知識和新技術的能力
同一性	個人在職業生涯中，其價值、期望和態度等前後一致的程度	在職業生涯前後及進程中的期望、價值、態度和利益

素，尚包括個人的能力、工作意願、組織的環境條件、組織對員工履行報酬的承諾……等。凡是個人能力愈強，工作意願愈高，工作條件愈佳，組織愈能提供員工對報酬的承諾，則個人生涯績效愈高；反之，則愈低。

（二）態度

所謂態度，是指個人對職業生涯所持的知覺和看法。生涯的有效性，部分係取決於個人知覺到和評估其生涯的方式。這些知覺與評估愈是積極，生涯愈爲有效。此乃因個人持積極的正面態度，將更能對組織作承諾，且更有興趣於工作的完成。相反地，若個人持消極的負面態度，而對組織不具認同時，不僅對工作的完成沒有任何興趣，且將影響其生涯的進展。

（三）適應性

所謂適應性，是指個人在職業生涯中適應生涯變遷的能力與程度而言。任何職業生涯都是變遷的，而變遷須有新的知識與技能，才能做良好的適應。例如，醫學和工程都會持續使用新知識和技能，而個人必須能不斷地吸收新知識與技能，才能適應這些變遷，且在生涯中採用它們，否則將受到淘汰。因此，生涯的適應性，乃意味著必須在生涯中運用最新的知識和技能。

（四）同一性

所謂同一性，是指個人在其生涯過程中，從開始到結束，其期望、價值、態度和所得到的利益相互一致的程度而言。凡是個人對自己過去已做什麼、目前正在做什麼、未來想做什麼等問題的看法愈爲一致，且能找到滿意答案的人，則其職業生涯愈爲有效；否則，其職業生涯愈無效。因此，生涯的同一性實包含兩項重要要素，即：⑴個人瞭解其期望、價值和利益的一致程度；⑵個人對職業生涯的態度，即個人對過去、目前和未來發展看法的一致程度。

總之，生涯是一個人生命的過程，它是與工作有關的。一個未擁有工作的個人，雖然也算是一種生涯，但不算是一種有效的生涯。任何一種生涯都必須經過妥善的規劃，才能算是一種有效的生涯，其可依據績效、態度、適應性和同一性而作規劃與管理。

第二節　與生涯有關的名詞

就生涯的觀點而言，每個人都有自己的生命歷程，此種歷程是要經過規劃和管理的。有了規劃和管理的人生，才不致迷失了方向與目標；否則，個人將只有庸庸碌碌地終其一生。因此，生涯中各個階段的規劃與管理，對個人來說，是相當重要的。本節將從生涯目標為起點，探討與生涯過程中有關的各個名詞之涵義，以作為規劃和管理生涯的參考。**圖6-1**即在顯示與生涯相關的各個名詞，該等名詞即代表一個人生涯的發展順序。

一、生涯目標

所謂生涯目標（career goal），乃是個人一生當中所設定生活最高成就的標準。它是一種理想，可指引個人追求生涯的方向。我們在日常生活中，常會想到「我的志願」「我的志向」「我的希望」等等，這些乃在設定個人未來生活的最高標準。倘若個人不能設定其生涯目標，將如同行船沒有了舵一樣，而迷失了方向與目標，則難以達到成功的境界。因此，生涯目標對個人來說，是相當重要的。當然，生涯目標只是一種方向，其仍有賴個人對

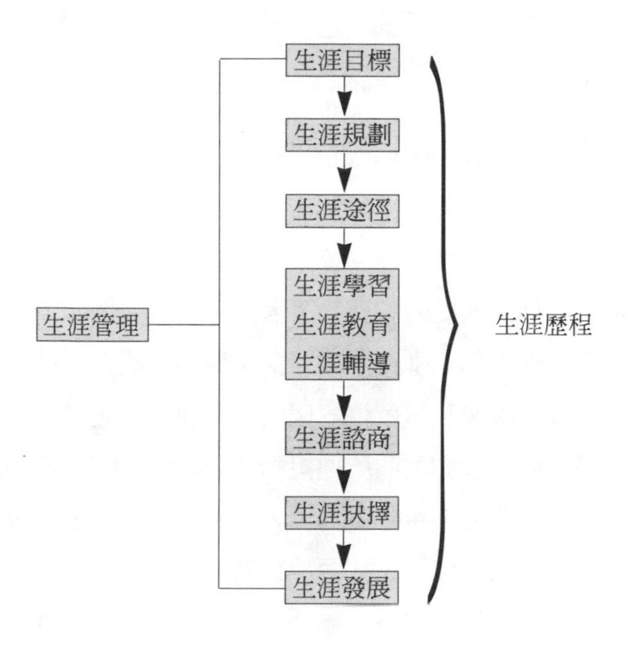

圖6-1　與生涯相關名詞的發展順序

生涯過程的努力；否則光有了生涯目標，也無法完成理想的生涯。

二、生涯規劃

當個人首先訂定了生涯目標之後，緊接著就是做生涯規劃。所謂生涯規劃（career planning），就是根據生涯目標而設計個人所欲達成願望的過程，依此而處理未來生涯的事務。它是個人事先決定在生涯過程中，應做何事以及如何去做的過程。生涯規劃乃包括未來的目標，以及達成這些目標所應付出的努力行動。生涯規劃若缺乏這些目標和努力的行動過程，則不能成其爲規劃。因此，生涯規劃就是個人在依據其生涯目標，循序漸進地運用各種環境資源與自我能力或潛能，以發展或成就自我的生涯。

三、生涯途徑

所謂生涯途徑（career pathing），就是指個人在實際從事其生涯所必須經歷的路徑而言，此乃係依生涯規劃而來。個人在生涯歷程中，可能只有一條生涯途徑，也可能同時擁有多條生涯途徑，此乃取決於個人的能力和興趣等因素的影響。例如，有人在一生當中可能只從事於一種行業或職業，而另一些人則可能同時從事於多種行業或職業，這就代表個人的不同生涯途徑。惟生涯途徑是由許多不同階段的生涯所連接而成的，所有的生涯途徑都是如此。因此，生涯途徑可界定爲個人一生發展過程中的所有活動順序，而這些活動可包括正式與非正式的教育、訓練和工作經驗等，此正足以協助個人保有一序列的工作活動，這是整體生涯規劃過程的一部分。**表6-2**乃在說明個人建立生涯途徑的基本步驟。

四、生涯學習

個人的生涯是需要經過學習的，此即爲生涯學習。所謂生涯學習（career learning），是指個人在進入正式工作前或正在工作中，必須對與生涯有關的任何事項之學習而言。例如，個人在求

表6-2　建立生涯途徑的基本步驟

建立生涯途徑的基本步驟
①決定和再確認生涯目標的能力與終極行動
②審視自我的興趣、背景，並不斷學習新技能與新經驗
③分析自我的需求，以決定自我和目標工作能否密切配合
④調整自我生涯願望、發展需求和目標工作需求，以求適應環境
⑤發展和確定個人的工作、教育和訓練經驗，朝向目標工作前進
⑥繪製生涯規劃藍圖，包括進展藍圖和個人導引藍圖等過程

學期間必須能瞭解自己未來的工作傾向，自己對職業生涯的期望、意願和興趣，自己應選擇何種工作和生涯途徑，自己對職業應採取何種態度等，都是要經過學習的。即使在工作中，個人也應學習如何完成工作任務，如何與人相處等，這都各是一種生涯學習。凡是個人對生涯學習愈精確、愈適切，則其生涯成功的可能性愈高；反之，則易導致失敗。

五、生涯教育

生涯學習是屬於個人的，而生涯教育則爲屬於群體性的。所謂生涯教育（career education），是指由機關、團體、組織或國家就各種職業類別、範圍、性質等，針對各個不同職業需求的人施以教導而言。基本上，生涯教育是全民的、終身的、整體的、全面的，且是連貫性的。所有的人都有接受生涯教育的權利和義務，此種生涯教育隨時隨地都融入每個人的生活當中，此即爲「生活即教育，教育即生活」的涵義。因此，生涯教育實包括了一般學識的建立與職業技能的養成；經由這樣的歷程，個人乃能在未來有更良好的生涯發展。

六、生涯輔導

所謂生涯輔導（career guidance），是指透過教育訓練的方式，提供有關生涯的資訊，以協助個人適應其職業生涯，並使其事業能臻於成功之境的一套專業。生涯輔導本身常建立一套理論與原則，用以指導個人對職業生涯有基本的認識。由於近來輔導理論的發展，其可用來輔導生涯的領域也隨著不斷擴張，其範圍乃及於個人自我觀念的認識與發展、個人價值的認識與澄清、個人自我生涯的選擇、自我生涯決策能力的養成、個別差異的生涯觀念、以及個人對社會環境變遷的適應等，都有助於個人對職業生涯的眞正瞭解，從而能協助個人建立起正確的職業生涯概念，並養成正確的職業生涯態度。

七、生涯諮商

所謂生涯諮商（career counseling），乃是透過他人的協助，而與個人商討有關適合個人生涯的目標、規劃、途徑，並從中作最佳抉擇的事項之過程。基本上，生涯諮商是生涯輔導的一種方法，其乃在運用諮商理論和技術，以協助個人認識與瞭解自我和外在的環境，從而能選擇適合自我成長、發展的生涯途徑，避免產生生涯上的困擾。一般而言，生涯諮商須有更多的專業理論與技術，故多由心理學家或心理諮商專家行之；但在組織內部，受過訓練的心理學家未必就是成功的生涯諮商員。表6-3，即列示較佳生涯諮商員的條件。

表6-3　成功的諮商因素

①受過心理學、諮商理論及技巧訓練
②具有諮商熱忱和能力
③較具生涯經驗，如主管、長輩等
④瞭解生涯諮商的限制
⑤尊重隱私和機密
⑥能建立同理心
⑦能作有效聆聽
⑧能思考生涯替代方案
⑨尋找和分享資訊
⑩協助生涯目標的設定與規劃

八、生涯抉擇

所謂生涯抉擇（career choice），係指個人對其職業生涯的各方面，尤其是職業的類型、內容與性質等，思考可行的各項方案，並加以分析和推演，從而就各項方案中選擇其一的過程。生涯抉擇乃涉及未來職業生涯發展的判斷，以及人生方向的確立問題。一個人在作生涯抉擇時，必須能選擇適當的職業，同時顧及個人的理想、能力、興趣、升遷機會和家庭關係等因素，才能成功地發展其職業生涯；否則，必容易招致失敗。

九、生涯發展

所謂生涯發展（career development），是指個人在生涯過程中以自我概念和價值觀，促進自我成長與發展，以求適應而能達成個人生涯目標的過程而言。一個人的生涯發展，正可反映出他對職業選擇的適切性、個人特質的表現性、職業偏好的一致性，與生涯發展的獨立性。凡是個人對職業選擇愈適切，能表現符合個人特質，對職業偏好愈一致，且能獨立發展其職業，則表示個人生涯發展愈成功；相反地，若個人對職業選擇並不適切，無法顯現出個人特質，對職業的偏好並不一致，且無法獨立發展其職業，則表示個人的生涯發展是受限制或不成功的。

十、生涯管理

所謂生涯管理（career management），乃是涵蓋著個人整個生涯歷程的規劃、執行與檢視的過程。本節所論述的生涯目標、生涯規劃、生涯途徑、生涯學習、生涯教育、生涯輔導、生涯諮商、生涯抉擇，乃至於生涯發展，都可說是生涯管理的範圍。若就較狹義的觀點而言，生涯管理乃是個人對自己未來可能的生涯作規劃、執行和檢視活動的歷程。就組織的觀點而言，生涯管理則爲組織就個別員工與部門團體的工作特性進行規劃、執行、考核，並以組織資源協助而達成整體目標。因此，生涯管理正是組織維持營運，增進工作效率的一切措施。

總之，上述各個與生涯有關的名詞，乃代表著整體生涯規劃與管理的完整歷程，吾人不能忽視它們所涵蓋的意義。因爲它們實是個人或組織瞭解「生涯」歷程的最適切方法，吾人可從各個名詞所代表的意義中，獲知整個生涯的歷程，從而選取較佳或最佳的生涯途徑，以求作較佳或最佳的發展與管理。若就整個生涯過程而言，生涯目標、生涯規劃、生涯路徑等，都可說是廣義規劃生涯的內涵；生涯學習、生涯教育、生涯輔導、生涯諮商、生涯抉擇等，都屬於執行生涯的內涵；至於生涯發展則可檢視生涯歷程或作更新的發展過程，而生涯管理更貫穿了整個生涯的所有活動範圍。

第三節　生涯的發展階段

前節有關生涯各個名詞的討論，有助於生涯規劃與管理的瞭解；本節將針對個人生涯發展的各個階段，分述其特性。誠如前述，生涯是一種生命的過程，故是一貫的，沒有任何人的生命歷程是中斷的，除非他已不存在。根據心理學的研究顯示，一個人現在的行爲，都是過去經驗累積的結果。因此，生涯乃是具有連續性和聯貫性的。然而，個人整個生涯過程仍有其階段性，每個階段都必須有不同的規劃。易言之，個人在他整個生涯中，都會經歷數個不同但卻是相互關聯的階段。這些階段可分述如下：

一、工作準備階段

工作準備階段，可說是規劃生涯的階段，也是屬於求學的階段。大多數人的工作都會以在整個求學歷程的經驗，而選擇其職業生涯。雖然，一個人在求職過程中，工作技能並不是獲致就業的先決條件；但求學階段所獲得的技能和機遇，在就業機率中是不可或缺的。該階段乃爲職業生涯的探索期，它乃在孕育個人瞭解就業機會及評估職業所需的技術、能力、興趣與價值，以評估未來的職業生涯目標以及開始就業的可能性。通常組織在甄選員工時，常從個人的求學經歷中去搜集有關個人的資料。而個人在工作前所吸收的知識、技能，與獲得的機遇，常是日後工作的基礎。因此，求學階段乃是個人生涯過程中的儲備期（preparation stage）。

二、初次工作階段

一個人一旦完成工作前的準備階段，即將進入初次工作的階段。此階段的個人由於初次接觸工作，對所有與工作有關的事物都不免感到新鮮好奇，再加上一種須探索的慾望，故此階段最重要的就是學習與聽從指導。若用另一種術語來說，他是處於一種「學徒」的地位。一個在初次階段成功而有效學習的人，在日後工作上成功發展的機會較大；而不能有效學習的人，其工作生涯能成功的機會則不大。因此，一項新工作的開始正是一個關鍵時期；亦即屬於個人需要嘗試去瞭解新工作，並力求適應的階段，故此時期的心理特性是一種依賴性。此階段可稱之爲建設期（establishment stage）。

三、工作高昇階段

一個人在有了工作經驗之後，可能由一項工作轉換到另一項工作，或由一種行業轉換到另一種行業，或由一家公司轉換到另一家公司，或在組織內部作不同職位的調動與昇遷。此階段可稱為高昇期（advancement stage）。一個人即使在同一機構或同一職位固定到退休，其整個生涯事實上仍然在變動，如他必須吸收新知識和新技術等是；但每個人都要經歷此階段，只是其改變有大小之分而已。該階段的主要特性，乃在追求安全需求的滿足、自尊、成就和獨立自主權。個人對昇遷和職位的高昇充滿著期待，附隨而來的是訓練獨立判斷與承擔責任和享受自主的機會。

在經過前階段的依賴性之後，個人自然進入要求獨立自主工作的階段。透過該階段，員工可在某種特定工作領域內發展其才幹。此時，個人的主要活動乃在其所選定的領域內，努力地獨立奉獻其理念。此時期，他不會企求他人的指導，只會作自我的努力。獨立的心態正是此階段的主要特徵，此與前期階段正好相反。

四、穩定工作階段

穩定工作階段，是指個人已固定於一項工作或一定的職位之上；亦即他已長久地維持其某項工作，故可稱之為維持期（maintenance stage）。這是個人會努力維持穩住過去所獲得工作能力的一個時期。此時期，個人的自尊與自我實現可能超越前期。

該階段的個人已在某種領域內有了專長，於是乃極思擴展與他人的關係，而希望能成為一位「指導者」。因此，個人在此階段的中心活動，就是尋求與他人的互動。他擔待了為他人而工作的職責，同時也產生了相當的心理壓力。一位不能適應此階段的個人，可能會倒退回到前一階段；而能適應此階段的個人，則可能昇遷到更佳、更高的職位上。他會滿足於停留在此階段，一直到退休爲止。

該階段的個人可能對新人作重要貢獻，協助他人學習成長。如推薦他人昇遷，指導其學習新技能，幫助他人解決問題，並提高若干程度的保護。易言之，該階段的個人能提供諮商、指導、支持和保護缺乏工作經驗者。此種關係可能會非正式地發展，也可能會很正式地開展。當個人指導新手的生涯規劃愈多，其本身所得也愈多，且更能滿足於自我的生涯規劃。

五、準備退休階段

此階段可稱之爲高原期（plateau stage），亦即對個人來說，已沒有任何事物可以獲得了。但這可能是一個創造期，此乃因個人滿足於早期的心理與財務成就之故。由於個人處理生涯的高原，故有構思新事物的經驗與能力，因此常有新理念的產生。

個人在此階段會直接注意生涯策略計畫。他們在此階段開始扮演管理人、開創人和產生理念人的角色。他們主要的責任，乃在確定和負責其繼承者的生涯，且與組織外界關鍵性人物交往。處於該階段的個人常透過間接的方法，如運用組織設計、遴選員工和傳播理念等，來影響他人。

六、退休階段

退休階段（retirement stage），乃指個人已完成其主要生涯，但仍可由一個階段轉移到另一個階段，如重新規劃新生涯，或從此不再有職業生涯。一位退休者可透過某些活動而經驗到自我實現，這是在工作中所不可能追求得到的。諸如：繪畫、作園丁、從事義工服務，或安靜地度日等，都是可能的。因個人已有了財力和財富地位，在退休時最可能需要滿足的，乃是身體上和安全上的需求。

總之，個人的生涯發展是一種連續不斷的過程，但這種過程是有階段性的。求學階段是生涯規劃的孕育期；而一旦開始工作有較多的不確定感，此時充滿著好奇，屬於工作的學習階段；其後，隨著工作經驗的累積，工作能力愈強，而逐步高昇；直到維持其工作成就而步入高原期，乃進行多元化的生涯途徑。最後才是準備退休和進入退休階段。如此乃完成了一個生涯循環週期。當然，有些人仍可繼續其第二個生涯過程，直到死亡爲止。但對大多數人來說，整個的生涯途徑之過程，可能僅止限於一次而已。

第四節　個人的生涯規劃

生涯規劃在本質上是屬於個人的，因此個人必須審愼地規劃其生涯，且選擇有效的生涯途徑。所謂生涯途徑（caeer path），是指一個人在其生涯期間所持的工作路徑；而有效的生涯途徑，是指一個人能有效地實現其生涯途徑之謂。由於此種生涯途徑與一個人整個生涯過程的成敗有密切的關係，因此個人必須對生涯途徑作妥善的規劃，如此才有致勝的可能。當然，此種途徑與個人選擇其所欲參與的組織和行業，也有相當密切的相關性。是故，個人在作生涯規劃時，也不能忽略了組織的影響。吾人首先將討論個人因素，而組織因素則留待下節探討之。

至於個人究應如何去規劃其生涯呢？首先，個人必須做一些有關生涯的分析，如個人資源分析、生涯偏好分析和生涯目標設定等。所謂個人資源分析，即爲個人自我能力的評估，如個人需求、技能、經驗、性向、能力，和自己的優點與缺點。其次，所謂生涯偏好分析，是指個人的興趣和偏好何在，其主要涵蓋個人的需求和期望，如對工作地點、機構業務和工作性質等的選擇均屬之。至於，生涯目標設定即爲完成生涯目標時間的設計，如特定工作項目、薪資目標、工作經驗、預期的生活型態、希望承擔的職責等，均應預爲規劃。

在個人做過生涯分析之後，他已瞭然於未來生涯的目標與方向，此時個人在做法上必須遵循下列原則：

一、及早規劃

一個人的生涯能愈早規劃愈好。當然，在規劃個人生涯時，首先應認清自己的生活目標，審視自己的興趣和能力，諸如我可以做什麼？我能夠做什麼？我想要做什麼？我應該做什麼？對這些問題有了清楚的認識之後，作生涯規劃才不致迷失了方向。然而，這必須在早期，尤其是求學階段，就搞清楚自己的性向能力，用以認清自我、發現自我，如此在生涯過程中才能順利進展，不致因困難或阻礙而灰心喪志。是故，及早規劃是相當重要的。此即所謂的「未雨綢繆」之意。

二、尋求自主

個人一旦從事於生涯途徑，基本上就要有尋求獨立自主的特性；亦即要瞭解自己的個性和獨特性，在群體的群性中發展自我的風格，不因群體而埋沒了自己的獨特性。所謂獨特性，並不是要「離群而索居」，而是要在群體中不依賴。惟有養成獨立自主的習慣，才能眞正地瞭解自己的需求，才能確立生涯發展的方向。因此，追求獨立自主乃爲成功生涯所具備的條件之一。

三、專業成長

專業領域是個人在追求職業生涯中成功的基石。因此，個人在擬訂生涯規劃之前，就必須先充實自己的專業內涵。蓋生涯規劃乃涵蓋著個人的成長。爲了求生涯之成功，個人必須能夠應付壓力與不確定性，處理許多不同的人際關係，以及有效地運用有限的資源。這些都是將來生涯中所必然會遭遇到的。個人若無法具備專業知識與技能，則在追求生涯的過程中必會遭受到挫敗。

四、開發創意

生涯途徑是發展和變遷的。個人惟有隨時開創新觀念、運用新領域，才有致勝的可能。創意是一種工作的突破，它是維繫個人努力工作的原動力。個人在生涯途徑中有了新的創意，才能追求新的成長與發展。須知個人在職位上的昇遷，往往是有了創意，而對組織目標的達成有所貢獻之結果。因此，開發創意乃是生涯途徑中不可或缺的要素。

五、積極作爲

個人在從事生涯的過程中，有了積極的態度和作爲，對其生涯的成功有很大的影響。一個人工作態度是否積極，常可從其行爲中發現。持正面積極工作態度的個人，對人生充滿著憧憬，比較會有成功的生涯規劃與發展；相反地，持負面消極工作態度的個人，比較悲觀，很難發展其個人生涯。因此，個人的態度與作爲乃是影響個人生涯的要素。一種有效的生涯途徑，實有賴於個人培養積極的人生態度與作爲。

六、培養信心

信心與態度是息息相關的。個人之所以能持積極的態度，通常都是比較有信心的；相反地，一個持消極態度的人，比較沒有信心。根據心理學家馬斯洛的需求層次論主張，人類第四個層級需求乃是自尊（ego esteem），自尊固可由群體中他人的尊重而獲得，但最重要的乃爲由自己所建立。因此，自尊與自信心乃是相生相成，互爲因果的。一個人能多培養信心，自然有了自尊；而有了自尊，自然產生了信心；該兩者都是一個人成功的墊腳石。因此，個人不管在從事生涯規劃，或已投入生涯途徑的過程，培養信心乃是必要的。

七、持之以恆

一個人有了專業知識與技能、新的創意、自尊與信心、且能持續積極的態度，仍然是不夠的。個人在從事生涯途徑當中，最重要的仍須有信心、耐心。一個能持之以恆的個人，總是比較有成功的機會的。也許，這已是老生常談的事。但衡之世俗，有幾人能長久持之以恆的？雖然，我們都知道這個道理，但有不少人卻是短視近利的。一種成功而有效的生涯，絕無法速成的，這得依靠穩定的人格，長久地按部就班去實現才行。

八、掌握機遇

有時，成功而有效的生涯途徑是要靠機遇的，機遇有時是不可捉摸的，有時卻是可以掌握的。世上有許多吾人無法掌握的機遇，誠如曾文正公在「致諸弟書」中所說的「富貴功名，悉由命定，絲毫不能自主」「早遲之際，時刻皆有前定」；然而，有些機遇並不是全然無法掌握，如個人可透過資訊的搜集，建立良好的人際關係，培養良好的溝通技巧，以及運用自己的專業知識與技能等途徑，而掌握機先，自較容易獲致成功。

總之，生涯規劃與途徑基本上是屬於個人的。因此，唯有個人多加努力才有成功的希望，他人是無法玉成其事的。當然，個人既是群體的一份子，個人之所以有其生涯，乃是群體力量所促成的，惟群體只是扮演一種協助的角色而已，此將在下節繼續討論之。

第五節　組織的生涯管理

對組織來說，生涯途徑的管理對其人力資源的規劃，是相當重要的。一家企業機構未來的人力資源需求，乃取決於個人和組織沿著途徑所設計的通道而來。易言之，組織生涯管理就是安排員工生涯發展的途徑，而其適當與否乃取決於企業機構考量何人、何時、如何變換員工的工作，以及變換的頻率如何而定。

通常，組織可透過人力規劃、聘僱、任用、訓練及評估，一方面滿足企業機構用人的需求，另方面確保員工發展潛力的機會，並實現其個人事業生涯目標。質言之，組織必須將員工生涯規劃與發展，融入人力資源規劃與發展系統中。組織發展員工生涯的方法，可能採取舉辦生涯訓練與研討會的方式，將其重點用來改善員工現在的工作滿足感。同時，組織可將員工的喜好和才能作較佳的配合，且賦予其更多的職責。

至於組織在推行個人生涯發展的工作方面，可舉辦生涯諮商、生涯發展訓練、生涯研討會、自我評鑑、生涯教學輔助、進行人事規劃、實施工作輪調，以及作生涯績效考核等，以發展和充實組織未來的人力資源。

一、生涯諮商

組織的人事部門或人力資源發展部門可設置員工諮商中心，用以評估員工的能力與興趣。假如諮商可測定生涯的有效性，則可列爲人事業務之一。此乃爲一種對員工的服務。當然，生涯諮商也可能包含著績效評估。對已在組織中工作的員工，此種諮商當然有其必要性。事實上，在績效評估中當可涵蓋生涯資訊的內涵，顯現出生涯規劃的現有興趣。就某種意義而言，有效的績效評估確能使員工知道他們應如何做好其工作，以及在未來應保有什麼工作績效。

二、發展訓練

發展訓練可爲組織培養未來的管理人才。通常，組織發展目標不外兩項：一爲針對具有潛力的未來管理人員之培育；一爲員工之自我發展。前者需由組織進行有計畫、有系統的培養，以求其能獲致有效的生涯管理。後者固係出自於員工的自動自發，而進行自我進修與自我訓練；其尤有賴組織之協助，蓋此種主動學習之效果可能更容易顯現。因此，爲確保組織人力資源之不虞匱乏，組織實有必要推行發展訓練，以協助員工之成長，並促進組織之發展。

三、生涯研習

組織舉辦生涯研習會可訂定一些標準，如問題分析、溝通、設立目標、決策與處理衝突、工作能力、時間的運用等，而由一群人來參加。每位參加人員都模擬眞實情況，然後檢討他們自己的生涯規劃，而研習會則可鼓勵實際的自我評估。接著，由參與人員配合其直屬主管來建立其生涯發展規劃。

四、教學輔助

教學輔助方案的實施，乃是一種最古老而運用最廣的方法。它是組織選定鄰近的學校，遴派員工接受教育與訓練課程，而由組織支付學費，或採建教合作的方式實施。如此不但可增進員工的工作技能與生涯規劃，且足以協助組織提昇工作績效與目標的達成。

五、自我評鑑

組織運用自我評鑑措施，其目的無非要協助員工瞭解自己的生涯規劃與途徑。如此當可改善其缺失，增進其優點，進而能做較完善的生涯發展。一般而言，自我評鑑大多施行於管理階層，此乃因其層級較高，且較懂得作規劃之故。再者，管理階層對組織的影響較爲深遠。管理階層有了完善的生涯途徑，不僅會影響其個人，且足以帶動組織之風氣；尤有進者，其可指導員工之生涯規劃。因此，自我評鑑乃爲任何組織之所必須重視者。

六、人事規劃

組織除了須協助員工作生涯發展規劃之外，尙須對本身人力資源作妥善的規劃。蓋人是組織最寶貴的資產。世上絕無對人力資源規劃不當，而能成功的組織。組織中人力資源的發掘與應用，必先始於人力之規劃；而人力規劃必始於重視員工的生涯規劃與發展。因此，組織的人事規劃乃是事屬必然之事，且能有助於員工生涯的規劃與發展。

七、工作輪調

工作輪調可促進員工生涯規劃與發展的活絡。一般組織對員工實施工作輪調，可增進員工多方面的工作經驗，尤其是對管理發展的助益最大。此外，工作輪調對處於生涯高原的個人，可擴展其工作技能，並接受新職位的挑戰。同時，水平式的調動也可能開展一種向上昇遷的途徑。因此，組織實施工作輪調，可提供員工更多的生涯途徑，此有助於員工作生涯規劃與發展。

總之，生涯規劃與發展不僅是屬於個人的，而且也是屬於組織的。組織絕不能將生涯規劃視之爲員工個人的事。事實上，員工生涯規劃和組織發展具有密切的關係。是故，組織實宜爲員工開創生涯發展途徑，並協助其作生涯發展，如此才能有助於組織的成長與發展。一位有遠見的管理人，不僅會作自我生涯規劃與發展，而且也會協助員工作生涯規劃與發展。職是之故，當員工爲其前程而作生涯規劃之時，組織亦應站在協助的立場來輔導，以求能開發組織的人力資源，達成互利共生的境界。

第7章

人際關係

1

人際關係的本質

2

人際關係的心理基礎

3

人際關係的過程

4

良好人際關係的準則

5

促進良好關係的途徑

人類自出生的那一刻起，就處於人際關係之中。首先，個人的心理和人格，就是在社會環境之中形成的；由此，個人乃學得社會規範與生活方式，從而懂得與他人相處之道，這就是人際關係的建立。在人際關係建立的過程中，個人自環境中吸取人際相處的技巧；然後，他才能體會人際關係中的相處之道，並運用其所體會的技巧，發展出自己的人際關係。在企業組織之中，亦然。本章將討論人際關係的本質，並探討人際關係的心理基礎及其形成過程，然後提出一些良好人際關係的準則，據以研討促進良好人際關係的途徑。

第一節　人際關係的本質

所謂人際關係（interpersonal relations），係指人與人之間相處的關係而言。它是人際相處之道，故又可稱之爲人己關係或人我關係。基本上，人際關係應是和諧的、互助的；而不是競爭的、衝突的。惟有和諧的、互助的人際關係，才能有助於個人人格的成長與發展，並促進社會的繁榮與進步；否則，不和諧的、衝突的人際關係，不僅阻礙個人人格的成長與發展，且將造成社會的混亂與遲滯。因此，吾人討論人際關係必須重視其正面的意義。蓋人際關係不僅是個人在社會化過程中相當重要的一環，且是企業管理過程中必須詳加探討的課題之一。

在今日社會中，有人認爲：良好的人際關係，就是「認識的人多，人面很廣」的意思。事實上，此種想法並不能眞正涵蓋「人際關係」的全貌。固然，人面廣、熟識的人多，也是人際關係的一面，但那只是複雜人際關係的代表而已，卻不能說是良好的人際關係。不過，良好的人際關係有助於結交更多的朋友，乃是一種事實。但就人口生態學（human ecology）而言，每個人的人際關係常有遠近親疏之分。有些人的人際關係寬廣而複雜，但卻不一定親密；有些人的人際關係狹小而單純，但卻非常親密。不管人際關係的單純或複雜，都無法代表其關係的好壞，眞正的人際關係是無關認識的人數之多寡的。

那麼，什麼才是眞正的良好人際關係呢？眞正的人際關係應是基於個人之間的眞誠交往，良好的人際關係是建立在互信互賴的基礎之上的；對個人而言，它應是具有幸福感的。也就是說，良好的人際關係係出自於人與人之間眞心誠意交往的眞摯感上。當別人感受到自己眞誠的付出時，則個人與他人都有了幸福感，這才是良好人際關係的所在。是故，眞正的人際關係絕不是片面的、膚淺的；而應是分享的、有深度的。易言之，良好的人際關係，必須有眞誠的互動與溝通，且能分享彼此的情感與經驗。

職是以觀，眞正的人際關係應從本身做起，最重要的是建立起自己的良好形象，才能贏得他人的尊重與好感，爭取他人樂於與自己相處的機會，這才是眞正的良好人際關係。當個人有了健全的人格，才能懂得與他人相處之道，才能建立起良好人際關係的基礎，容易取得他人的信任與接納，而得到友善的回應，友誼的溫暖，甚或得到欣賞與幫助。相反地，不良的人際關係多起自於不健全的人格，常與他人衝突，容易造成誤解、不信任，甚而受到他人的排斥、猜疑。

此外，人際關係與團體關係（group relations）、人群關係（human relations）、公眾關係（public relations）有些不同，如**表7-1**所示。團體關係是指團體內部成員的互動關係（此亦可視爲人際關係），或團體與團體的關係；而人群關係爲人與人、群與

表 7-1　各種人類關係的差異

關係類型	對象差異
人際關係	個人與個人
團體關係	團體與團體、團體內部人員
人群關係	團體內個人與個人、團體與團體、個人與團體
公衆關係	組織與大衆

群、人與群等的交錯關係；公衆關係或稱公共關係，是指某個機關組織、企業機構等，與大衆之間的關係。以上這些名詞所指涉的對象，並不相同；但這些關係都應建立在相互溝通和彼此信賴的基礎上。

根據前述，可知人際關係是一種複雜的社會關係，其乃係基於人類之間的互動所形成的。惟在人與人交往和互動的過程中，每個人都必須體認到個別差異性的存在，且容忍此種差異，才可能維持和諧的人際關係。蓋個別差異乃是人類社會自然存在的事實，每個人自出生以來，即受到遺傳、環境、生理條件、學習經驗等的不同影響。在此種情況下，很難尋求完全相同的個人，以致各個人在行爲上各有其特性。這些不同特性如性向、智慧、興趣、反應能力……等等，均會顯現異質性。事實上，此種異質性正是一種正常的社會現象。個人若能瞭解此種個別差異性，且容許這些差異的共存並立，才容易敞開個人的視野，從事於社會性的交際活動。

當個人已瞭解和容忍他人與自己的不同特性之後，他必須尊重他人的人格尊嚴。人際關係即以「人」爲其中心，則每個人不論其地位的高低，其人格尊嚴都是一樣的。畢竟人都是有思想、有情感，且有尊嚴的；而尊重他人的人格尊嚴，正可顯現自我尊嚴的可貴。只有尊重他人的人格尊嚴，才能得到他人的尊重與敬仰。因此，建立良好而和諧的人際關係，必須懂得尊重他人的人格尊嚴。

若說人際關係就是人己關係，則人際關係的建立就必須從自身做起，這是相當重要的。每個人要想有良好的人際關係，就必須表現出自於自己的誠意。所謂「精誠所致，金石爲開」，就是打開自己和他人交流的心扉之不二法門。當個人有了赤誠的心，才能使自己和他人的精神與意志凝聚在一起，得到他人眞誠的對待與信任，進而培養出同理心和認同感；否則將無法在人己之間，建立起眞正的情感和友誼。

良好的人際關係，尙必須仰賴人際間和諧的合作行動。就社會原理而言，人際間的合作均以相互利益爲其基礎。顯然地，人與人之間會有不同的想法和行動，但找尋其間的共識是相當重要的。如何在「異中求同，同中求異」，乃是人際相處的一套技巧與藝術。就人際關係的立場來看，個人之間若無法找到共識點，將很難發展出合作關係。蓋人際關係有時常是利害一致、成敗與共的利益關係，因此相互的滿足、榮譽的分享，以及同甘共苦，正是此種關係的寫照。

總之，人際關係是以「人性」爲本位，以「人性」爲重心的。建立良好而和諧的人際關係，必須以人性爲出發點，容許個別差異的存在，尊重他人的人格尊嚴，講求誠信的原則，並尋求與他人的合作，都是建立眞正和諧關係的基礎。吾人惟有遵循這些原則，才能取得他人的信任，始能建立良好的人際關係。惟這些原則的建立，尙須以其心理基礎爲基準。

第二節　人際關係的心理基礎

人際關係是指人與人之間的關係，而眞正的人際關係應是良好的人際關係。良好的人際關係應以眞誠為起點，並建立在互信的基礎上。然而，人際間的交往常因空間、自然環境和社會環境等因素，而侷限於一隅。不過，在人際接觸或相處的機遇中，彼此間之所以會建立關係，並形成友誼，實係築基於下列心理基礎之上：

一、共同興趣

人與人之間之所以能夠交往，有時是因為有了共同的興趣之故。當人們在初次接觸時，發現彼此之間具有共同的興趣，往往會逐漸發展出感情，而建立堅實的友誼，卒能產生密切的關係。一般而言，具有共同興趣的人較易組合而成小團體，此在社會學上稱之為同質團體（homogeneity group）。此種同質團體正是人際交往的基石。

二、相同態度

凡是具有相同態度的人，較容易相處在一起。所謂態度，是指人們的價值觀、意識與認知等。凡態度相同的人在為人處事的看法上都較為一致，如此極易建立起共同的情感，此係促動人與人之間繼續交往的動力。因此，相同的態度正是建立人際關係的基石。

三、共同慾望

個人之所以和他人交往，並繼續發展其友誼，主要乃爲滿足其慾望。人們爲了滿足其慾望，會尋求和其自己慾望相同的人，組合而形成深厚的友誼。倘若人們在交往過程中，不能相互滿足彼此的慾望，則其間的關係將逐漸淡薄。因此，共同的慾望是人際關係的堅強基礎。

四、相同利益

人際關係之得以建立或發展，部分原因乃爲彼此間具有共同的利益；一個不具共同利益爲基礎的關係，有時很容易解體。由於利益的相同，致使有機會相處在一起的人們之間，產生相同的情緒，形成一致的行動。因此，具有共同利益的人，常與一些不同利益者相互對立。此種共同利益的組合，正是人際關係得以維繫和成長的心理基礎之一。

五、共同目標

人際關係的構成要件，基本上乃爲成員之間具有共同的目標。目標是成員所共同追求者，它是約定成俗的，是成員相互行動的指標。若無共同目標，則無足以維持人際關係的存續與成長。人們在交往過程中，往往在心理上有了共同的目標；此種共同目標不一定會在成員交往中明示，但它確是存在的；即使有些目標可能逐漸嬗變，卻無法爲成員所能否定的。

六、相互認同

人際關係形成的心理基礎之一，乃爲成員間具有共同的意識認同。人們之間意識的協同一致，使其產生認同感，彼此承認相互行為，且有了相當的默契。由於相互認同的結果，彼此之間有了共同的行動，終致產生休戚與共的心理，導致更強烈的凝聚力，故相互認同是共同行動的基礎。

七、共同情感

共同情感乃是人際交往過程中，最為堅實的心理基礎之一。共同情感的產生，可能是在人際交往中自然而直接形成的，也可能是基於前述各項心理基礎而形成的。不管此種共同情感來自何處，其乃顯示出人們追求親和需求（affiliation needs）的渴望。對大多數人來說，渴望結交朋友，可相互交換彼此的感受，以致產生了共同的情感。如此人們自然而然地會聚集在一起，彼此有了默契，並形成一套團體規範，約束彼此行為，由此更衍生出密切的情感，如此因循不斷，卒能形成更堅實的友誼。

八、互補作用

前述各項心理基礎，固是形成人際交往的原因之一；但有時人際關係的建立是具有互補性的（complementary）。所謂互補性，乃是指交往的兩個或兩個人以上的個別特質雖然有所差異，但彼此之間卻具有相互補足的作用。此種互補性，有時也是構成人際交往的基石。此在社會學上的研究甚多，最明顯的例子乃是異質團體（heterogeneity group）。所謂異質團體，是指團體成員不一定具有相同的特質，如態度、價值、興趣等；但彼此之間卻也能組合成密切的心理團體。此乃因其間的關係，是建立在互補作用上的。

總之，人際關係之所以能存在或持續發展，主要乃係建立在共同的心理基礎上；但有時互補的關係，也是人際交往的基石。人際關係一旦形成，便有它一套行爲方式，這是一種動態、自行發展的過程。此種過程使得人們相互接觸的機會，日益增多。然而，不管人際交往的基礎爲何，其最基本的概念乃是透過交互行爲或稱爲互動（interaction）所形成的，此將於下節繼續討論之。

第三節　人際關係的過程

人際關係之所以能建立，實肇始於某些共同的心理基礎或互補性，由於這些基礎的存在，始能持續進行交互行爲。在交互行爲的過程中，大致可分爲三個階段：(1)人際知覺；(2)人際吸引；(3)人際溝通。經過了這些過程的合理運行，良好的人際關係才能繼續維持；否則，人與人的交往將無以存續，其如**圖 7-1** 所示。

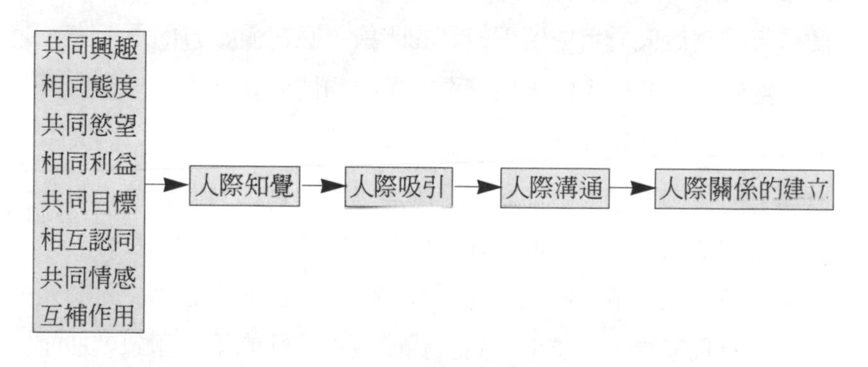

圖 7-1　人際關係的過程

一、人際知覺

當人際關係產生於一定的心理基礎後，人際交往的第一個階段乃取決於人際知覺。所謂人際知覺（interpersonal perception），係指個人對他人的看法，或他人對個人的看法而言。人際知覺乃是人際交往與人際影響的基礎。人際知覺可能決定個人是否與他人的交往；若人際知覺良好，個人將會與他人交往；否則，個人則不會與他人交往。同樣地，當個人與他人交往後，若人際知覺良好，其間的交往將更為密切，且能相互影響彼此的行為；惟若人際知覺不良，其間的交往將變成疏離，且其相互影響力也會跟著減弱。

通常人際知覺是以第一印象（the first impression）為基礎的。在兩個陌生人初次晤面或交談時，對方的表情與情緒表達的特質，對於彼此的第一印象之影響頗大；而首次見面或交談所形成的印象，又是日後交往時反應的依據。一般而言，最先出現的線索或資料，對個人總體印象的形成，具有較大的決定作用。因此，若欲在他人心目中留下較好的印象，應在愼始方面下工夫。

當然，由於個人的人格特質或所處的情境各有不同，以致對任何事物或事件往往會有不同的知覺或詮釋。然而，有效的人際關係不但有賴於個人對他人的準確知覺，而且也要依據個人對各種角色的準確知覺。因此，在人際交往的過程中，人們若有意與他人繼續交往，則他將提供大量有關個人的正面訊息，並對個人形象作自我整飾，以求他人對自我能產生良好的第一印象，進而尋求其瞭解，從而能產生交往的機會。

二、人際吸引

在人與人之間有了良好的知覺後，彼此才有可能產生彼此的吸引力。這就是所謂的人際吸引（interpersonal attraction）。人際吸引的理論基礎，主要爲同質性（homogeneity）與異質性（heterogeneity）。所謂同質性，是指人與人之間由於具有相同一致的特質，而能相互吸引之謂；至於異質性，則爲個人與個人之間雖不具有相同的特質，但卻有互爲補足的作用，以致能相互吸引而言。

至於，決定人際吸引的因素，至少有交往的機會、身分地位、背景相似、態度相同、人格相容性、成就、外表、才幹等是。今分述如下：

（一）交往的機會

很明顯地，交往機會乃是人際吸引與團體形成的最重要基礎。人們之間若沒有任何交往的機會，就不可能有進一步的交往或相互吸引。因此，交往的機會是構成人際吸引的要件之一。此外，提供交往機會的環境因素，也會影響到人際吸引和團體的形成與否。在其他條件相同的情況下，住得較近或工作位置相近的人，交互作用的機會較多，關係也較密切；而距離較遠的人，交往的機會較少，關係也較疏遠。易言之，物理距離交互作用與吸引力之間，常成正面的鏈鎖關係。

（二）身分地位

個人與個人之間，一旦有了交往的機會後，身分地位乃成爲某人吸引他人的主要因素。身分地位的吸引力有兩種傾向：一是身分地位相似的人會相互吸引；一是如果有機會的話，個人喜歡和身分地位高的人交往。前者乃是基於相互認同之故；後者則爲身分地位低的人希望向身分地位高的人學習，以求能提高自己的地位，因此以單向吸引的情況較多，以相互吸引的情況較少。

（三）背景相似

一般而言，背景相似的人會相互吸引，此乃係基於「物以類聚」的道理。根據研究顯示：年齡、性別、宗教、教育程度、種族、國籍以及社經地位等人口統計特性的相似性，和吸引力之間具有相當程度的關聯性。不過，人際吸引力並不完全受到相似性的影響，也不一定必然會受到相似性的影響。決定人際吸引力的個人因素方面，可能會隨著情境而有所不同。例如：個人在工作時，可能爲工作年資相似的人所吸引；但在工作外，卻被宗教信仰相同的人所吸引。

（四）態度相同

凡態度相同的人，比較容易相互吸引。個人的經驗，以及別人對個人的經驗，是個人態度的主要來源。背景相似的人，經驗相似和接觸的可能性較大；而背景不相似的人，可能性較少。因此，背景相似性可能意味著態度也相似，彼此間也比較具有相互吸引力。此種態度相似性可能超越其他社經因素的差異，而相互吸引。其原因乃爲個人認爲支持自己的態度，就是一種對自己最大的增強作用。尤其是當個人態度具有價值顯示，或自我防衛功能的本質時，更是如此。

（五）人格相容性

人格特性之所以會形成人際間吸引力的因素，最主要乃係來自於兩方面：一爲人格的相似性，一爲人格的互補性。根據研究顯示：人格的共容性（compatibility）是決定人際關係強度與持久性的重要因素。共容性可能來自相似的人格，如兩個獨斷性高的人之間，可能因彼此的相互欣賞而具有相互吸引力。此外，人際吸引也可能來自補償性性格（complementary personality），如支配性高與服從性高的個人之間的相互吸引。此即受到對方人格能肯定個人自我概念的作用所吸引，這就是人格因素的作用。準此，一個有受人支配需求的人，會被支配性高的人所吸引。

（六）成就

成就是單方面吸引的基礎，一個比較有成就的人會吸引他人。成功的團體比成就不大的團體，更容易吸引新成員加入，且更能留住舊成員。此外，人們喜歡和有成就的人交往，而不喜歡和沒成就的人交往。其他，如外表、才幹、熟悉與相悅等，都會構成人際吸引力與否。

總之，人際吸引的基礎，大都可用簡單的增強論或期望論來解釋。身分與成就之所以具有吸引力，乃是身分高、有成就的人，能提供金錢或社會性酬賞。至於，態度與背景相似的人之間所以能相互吸引，乃是因為這些相似性可以增強個人現存的態度與價值觀之故。當然，這些條件都必須建立在有相互交往的機會上，否則人際吸引必不存在。在人際關係的建立過程中，基於人際吸引力，則人際溝通乃能持續進行，卒而能產生人際的影響力。

三、人際溝通

當人際之間有了人際吸引力之後，才可能進行人際溝通。所謂人際溝通（interpersonal communication），就是一個人把意思傳遞給另一個人，而進行意見的交換之謂。在溝通過程中，有一位傳達者和一位接受者；傳達者作成一項訊息，傳遞給收受者。收受者在收到訊息後，將訊息加以詮釋，再將所得訊息反饋給傳達者，最後希冀能依相互期望的方式而行動。由此可知，有效的人際溝通有賴於訊息和瞭解並重。只有收受者能眞正瞭解與接受，溝通才是有效的。有效的人際溝通實含有四個大步驟，即注意（attention）、瞭解（understanding）、接受（acceptance）與行動（action）。

（一）注意

注意是指收受者能眞正受到訊息的吸引。要做到「注意」，首先須克服「訊息競爭」（message competition）。所謂訊息競爭，是指訊息過多而使收受者分心的現象。在溝通時，如果訊息得不到收受者的注意，則溝通程序必無法進行。

（二）瞭解

瞭解是指收受者能掌握訊息的要義而言。在眞正溝通時，往往因收受者沒有眞正瞭解訊息，而形成誤解，使得溝通受到了阻礙。因此，最好的辦法，乃在溝通過程中，收受者能隨時複誦對方的言詞，以免形成溝通障礙。

（三）接受

接受是指收受者願意遵循訊息的要求而言。在溝通的此一階段中，傳達者常須將他的概念向對方「推銷」，而此種「推銷」能爲收受者所心領神會，並願意去遵循此訊息所指示的方向。如此，才能達成溝通的眞正目的。

（四）行動

行動是指溝通事項的執行。有時溝通會使收受者按傳達者的意旨作反應；有時則否。前者乃是溝通良好而有效之故，後者則可能做出錯誤的反應，此乃係因溝通障礙之故。

當然，溝通是否有效常牽涉到許多因素，尤其是個人知覺的不同可能形成知覺障礙、語言障礙、地位障礙、地理障礙，甚至於對環境的抗拒等，這些都會影響到人際溝通。這是研究人際溝通者所應注意的。惟有效的溝通能促進人際間的更進一步交往。因此，人際知覺、人際吸引與人際溝通是相輔相成的。人際交往歷程，就是在這三種過程中交互作用而完成的。

第四節　良好人際關係的準則

人際關係的建立與維持，乃是屬於個人的事，其可能影響個人的一生，甚而決定或主宰他的命運。然而，站在組織或企業管理者的立場而言，人際關係是可經過教育與訓練而培養的；蓋個人是生存在社會環境和組織環境中的。個人人際關係的培養，正足以顯示組織文化或組織氣候（organizational climates）的特性。因此，良好人際關係的養成，固可由個人自行斟酌，亦可由組織透過訓練而培養形成的。一般而言，為了適當發展良好的人際關係氣氛，其所應遵循的準則如下：

一、塑造自我形象

人際關係的起步，乃在塑造自我優良的形象。一個形象優良的人，容易為人所接受；而一個形象不佳的人，很難為他人所接受。因此，塑造自我形象乃為建立人際關係的第一準則。個人在人際交往過程中，必須多訓練自己的表達能力與社交技巧，健全自我的人格與品格，培養自我的挫折容忍力，磨練自己的心性，認清個人所處的角色職能，避免口舌之爭，學習分辨是非，理性而客觀地分析和處理事務，以準備接受他人的考驗。

在工作環境中，個人所處的人際關係相當地複雜。個人想要維持良好的人際關係，不僅需有健康的心理特質，腳踏實地的努力工作，運用有限的社會資源，與掌握有利的時機；更重要的是培養人際關係的能力。一般而言，個人在事業上的成功，固然有來自於個人的努力者，但能與上司、同事及部屬保持良好人際關係的人，更能獲得支持與擁護。一個擁有良好關係的個人，較能為同事所喜好，也能過著愉快的工作生活；相反地，如果一個人的人際關係不佳，則其工作就會感到索然無味了。

二、尊重他人人格

人際關係既是人與人的關係，而想要維持成功而良好的關係，就必須要尊重他人的人格，此為人際關係的首要原則之一。一個懂得尊重他人人格的個人，必也能得到他人的尊重，同時產生對自我人格的崇高地位。相反地，一個不懂得尊重他人人格的個人，不僅顯現自我人格的低落，而且無法得到他人的適當尊重。站在企業組織的立場而言，管理者具有帶頭的示範作用，他必須能把員工當人看，每個人的人格都應得到適當的尊重。組織中的所有員工雖有地位高下、待遇多寡、權力大小等的不同；但每個人的人格都是平等的，實無貴賤尊卑之分。同時，長官固應尊重部屬的人格，而部屬亦應尊重長官的人格。

就人性的觀點而言，每個人都有自我觀，都希望得到他人的承認與尊重，這是基本人性的特點。尊重人格不僅是人際相處之道，也是適應人性需要的準則。吾人以企業心理的立場而論，自始至終都要求管理人員必須瞭解人性及人格尊嚴的價值與重要性，如此才能換取員工的熱忱、忠心、努力與創造力。長官對部屬若能予以重視，尊重其人格，則部屬必感知遇之恩，奮發圖報。此用在人際相處的過程中，亦然。

三、尋求協調合作

建立與維持良好人際關係的準則之一，乃爲尋求彼此的協調合作。在人際相處過程中，若有人不能與他人協調合作，則此種關係將不復存在。因此，尋求人際間的協調合作，乃是良好人際關係的不二法門。一般而言，個人以自己的立場一再地努力，不僅其潛能的發揮有限，而且也只能自謀私利。但若能與他人眞誠地合作，不僅可發揮共有的潛力，相互激盪，以創造更輝煌的成果；甚且透過協調合作，而共造利益，分享權益，此則有助於人際關係的長久維持。

就企業管理的立場而言，管理者宜多安排協調合作的環境，並營造合作的氣氛，此將有助於組織的成長與發展。蓋企業組織是由許許多多的個人所組成的，衆人努力相加的總和就是整個組織的成果。若衆人不能彼此合作，相互配合，力量可能相互抵銷；則不僅整個組織的關係分崩離析，甚而導致整個組織的失敗。因此，組織成員的努力必須是合作的，彼此的行動必須是協調的，如此才有成功的可能。就人際關係觀點而言，個人的風頭主義，部門的本位主義，都是效率的敵人、溝通的殺手、成功的障礙。

四、把握民主參與

人際相處之道，貴在眞誠相待；而眞誠地相處需透過不斷的民主參與，始能竟其事功。所謂民主參與，就是每個人都能以相互尊重的態度，參與和自己有關的事務之謂。民主參與的基本設計，乃在求任何事務的處理或問題的解決，都能取得共識或一致性的想法和做法。因此，在民主參與的過程中，個人將可瞭解民主運作的過程，從中學習到相互尊重的態度，此有助於良好人群關係的培養。是故，把握民主參與的時機，乃是建立和維持良好人際關係的基本準則之一。

就企業管理立場而言，管理者若能多建立或培養民主參與的環境，則員工自然有較多學習參與的機會。組織管理的推行，應採行人人參與的民主法則，將責任分擔，權力分享，激發員工自動自發的責任感；施行激勵的措施，將可養成員工的責任心、榮譽感與團體意識，這些都有助於民主氣氛的培養，也是建立良好人際關係之道。

五、相互影響領導

人際關係的準則之一，乃爲尊重個人的專業與眞誠地接受他人的指導，才能使彼此的關係持續維繫。若人人自以爲是，而無法客觀理性地接納他人意見，將很難爲他人所接納，也很難去接納他人，則將無從建立與培養良好的人際關係。因此，良好人際關係的基本原則，就必須要有「相互領導，彼此影響」的觀念，絕不可有「獨行其事」的態度，而失去與他人交往的機會。

就企業管理的觀點而言，領導絕不是權力的運用或以命令來迫人服從；而是要以溝通的態度，來尋求彼此間的共同瞭解，並以一致性的觀念去共赴事功。蓋領導是雙面的，是相互影響的；只有彼此間相互認同的影響，才是眞正的領導。此種領導關係並不只存在於組織的上下層級關係，即使是平行階層之間，也存在著實際的影響與非正式領導的影子。因此，具有「彼此尊重，相互影響」的觀念，正可建立良好的人際關係。

六、堅守共同利益

誠如前面所述，人際交往之所以能建立與維持，部分原因乃繫於具有共同利益的基礎。因此，成功人際關係的準則之一，乃為必須設法堅守共同的利益，絕不可為了私利而破壞彼此的共同利益，否則人際關係將很容易解體。蓋人際關係往往是一個同甘共苦、榮譽分享、相互滿足的利益關係，任何人都很難超脫此種閾限，吾人很難要求人人為聖賢，這是個相當實際的事實，也是人性的特點之一。是故，堅守共同利益乃為維繫良好人際關係的基石。

就企業管理立場而言，管理者應從人群關係觀點，儘量去維護員工原有的利益，此種利益必須能與整體組織相契合。惟組織員工亦應為組織的共同利益而努力，甚且將自己所創造出來的利益，與組織其他成員共享。就事實而言，企業組織內無論組織與個人、長官與部屬、員工與員工之間的利益都是共同的、一致的，不易分離而能相互依存的。只有大家能維護共同利益，運用相互依存的原則，企業才能共存共榮。此運用於人際關係上，亦同。

總之，要建立良好的人際關係，必須遵守一些準則，亦即個人須從自身做起，尊重他人的人格，且能健全自我的人格；並以協調合作的精神與態度，把握所有參與的機會，而能相互影響、彼此互動，堅守共同的利益，如此乃能有適度交往的可能。惟站在企業管理立場而言，管理者除應協助員工建立良好人際關係的準則之外，亦應多安排有利的環境與措施。

第五節　促進良好關係的途徑

人際關係基本上是屬於個人的問題，其關係的好壞乃由個人決定；亦即需透過個人的努力，以期建立和維持良好的人際關係。惟站在企業管理立場而言，組織若能安排有利維持良好人際關係的環境與氣氛，也可幫助員工養成良好人際關係的習慣。管理者若想要促使員工之間或組織內部人際關係的增進，仍應本著人際關係的重要原則，並適應組織的情勢與需要，酌予採行下列的實施措施與方法：

一、實施人事諮詢

所有的組織都有人事或人力資源管理單位，而人事或人力資源管理人員的職責，不僅在消極地管制工作或作例行的登記與報表事務而已，更重要的必須擔任人事諮詢工作，以協助員工解決所遭遇的困難問題，則員工自然愉悅安慰；如此不僅能促進員工的工作興趣，更可從中尋得人際相處之道，而樂於建立良好的人際關係。人事諮詢制度的功能甚多，諸如對員工積極地輔導，以加強其勇氣和信心；給予員工精神上的支持與慰籍；能瞭解員工的不滿情緒；給予員工解決困難問題的助力等等。人事諮詢制度可藉著面談和傾訴，發掘員工內心深處的癥結，從而尋求解決之道，此有助於良好人際關係的增進。

二、施行建議制度

實施人事諮詢制度，有助於改善人際關係；同樣地，施行工作建議制度，也可提供員工對組織事務發表意見的機會，此亦有助於員工的意見交流。組織管理者可運用有計畫、有系統的方法，鼓勵員工發表意見，以促進員工的團體合作意識，顯現個人的價值感，進而提高工作興趣。工作建議制度的功能，有如下諸端：促進工作環境、技術、方法的改善，因而提高工作效率；增進員工工作興趣，加強團體意識和合作精神；發洩怨懟憤懣心理，使心情趨於平和；由建議制度而發掘員工才能。在企業組織中可設置工作建議委員會，負責處理有關建議事項；縱使建議中可能有匿名攻擊或無謂牢騷，亦可從中發現組織病態現象，從而導正組織氣氛。

三、調查員工態度

員工態度調查的實施，不僅有助於瞭解員工工作狀況與態度，亦有助於促進人際關係的交流。若人事諮詢制度爲以個人爲中心的個別輔導措施，則員工態度調查乃是一般性的通盤措施。調查的內容和目的，乃在瞭解員工對工作、組織、同事的眞實態度和看法。通常在員工塡寫各項調查內容之後，可就其內容加以整理分析，就可發現在工作上、生活上和人際關係上的問題；然後加以研究，以提出對症下藥的診治方案。此種制度若能定期實施，常能發覺細微事故，以幫助組織解決重大問題。

四、採行個人接觸

組織管理者採行一定的個人接觸計畫，對員工的人際交流最具帶動示範作用。管理者爲了加強組織上下層級間人員的感情與認識，建立起互信互賴的關係，有必要實施個人接觸計畫。現代組織人員衆多，結構複雜，使得個人與個人、長官與部屬之間甚少有來往與接觸，以致一切公事化、法制化，而形成人情味淡薄，友誼蕩然。爲了補救這種缺點，管理者可撥冗與員工接觸，如進行個別談話、飲食招待、家庭訪問或友誼集會等。如此不僅可加強上下間的感情與友誼關係，更可促使部屬對工作或人際間作因勢利導的適應與調整。

五、促進意見交流

意見交流是一種思想的溝通，其目的在使組織員工對組織目標、政策、計畫和工作有共同一致的瞭解，更重要的乃在拉近員工之間彼此的心理距離。意見交流的方法甚多，舉其要者至少有如下諸端：

1.舉行週會及月會，報告工作狀況及所遭遇的困難與解決途徑。

2.舉行主管會報，交換意見與情報資料。

3.出版刊物及公報，對組織事務作有計畫的報導。

4.對新任職員工作職前教育，並介紹與大家認識。

5.實施四大公開，如人事、財務、意見及其他事項等。

6.迅速澄清謠言耳語傳播，但不重複散佈。

7.減少公文流程。

8.給予員工公開發表意見的充分機會與權利。

凡上述措施都有助於意見交流，而達成加強良好人際關係的效果。

六、鼓勵團體活動

組織促進員工良好人際關係的另一途徑，就是鼓勵他人儘量參與團體活動。蓋惟有自團體活動中，始能培養團體意識與共同思想；而人際關係的促進，實以共同瞭解與思想一致為基礎。至於團體活動甚多，諸如：

1.舉辦工作座談會。

2.組織員工俱樂部。

3.成立參考圖書館。

4.舉辦展覽會。

5.辦理參觀、郊遊或團體旅行。

6.發起聚餐及茶會

7.舉辦娛樂或同樂節目。

8.辦理各項體育活動和消遣活動等。

凡是這些措施，在消極方面可消除員工不當的活動與習慣；在積極方面可提高團體意識，促進意見交流，加強員工情感，更有助於培養良好的人際關係。

總之，人際關係是要培養的，是可以經營的。當然，人際關係是一門專門的學問，它絕不是三言兩語所可解釋清楚和立即可瞭解的；它往往必須在人際實際相處的過程中，才能慢慢地體會出來。即使有若干的體會，也不是整個人際關係的全貌，畢竟它實在是太複雜了，往往涉及太多的心理層面、社會層面……等等，非為本章所能概括，吾人僅能列其要者加以研討，其尚待專家學者作更進一步的探討。

第8章
群體動態

群體是由許多人經過交往而形成的，此種群體具有相當的動態性。所謂群體動態（group dynamics），係指群體成員透過不斷的交互行爲，而建構成一套無形的結構，以規制彼此行爲的組合體；此種組合體是富多變化性的，並無一定的規則可循。由於此種群體存在於組織的結構之中，對組織造成相當的影響，使得吾人不能忽視它的存在。因此，研究企業心理不應輕忽組織內此種動態力量的運作。本章首先將討論群體的意義，分析其類型及可能的溝通網路，然後探討它對組織的可能影響，並尋求適當的管理之道。

第一節　群體的意義

群體（group）一詞，在社會學、社會心理學及相關領域中討論甚多，其運用在管理上亦甚廣。在現代社會中，每個人隨時都可能成爲群體的一員，此種「群體」的名稱也相當紛雜。惟本章所謂的「群體」，專指組織內的小團體（small group）或心理團體（psychological group）而言。然而，何謂群體？所謂群體，乃是員工們的一種群集，他們有共同的規範，且透過共同目標的達成，來滿足其需求。亦即群體是以某種方式透過某種過程，使得具有相同利益或情感的人，相結合在一起的集合體。

不過，此處所謂的群體，特別強調成員間的交互行爲與心靈交往，而不是集合體的構成而已。蓋單純的集合體所構成的行爲，只能說是一種集體行爲，這種集結的人員不得稱之爲群體。因爲他們之間並沒有相互認知與心靈溝通，並進而產生共同意識與意見，如街道上的群衆、客機上的旅客等是。雪恩曾說：群體乃是由「⑴交互行爲；⑵心理上相互認知；⑶體會到他們乃是一個群體」的許多人員所組成的。易言之，群體的構成必須是其成員有直接的心理動向，相互坦誠的心理關係，其行爲與性格對群體內其他成員有相互的影響力。因此，群體的組成強調相互認知與心靈溝通的程度與交互作用的結果。

此外，群體都有某些形式的結構，有些依正式組織結構而形成，有些則依人員交互關係而形成。群體成員依據此種結構而顯現其地位，扮演著他的角色，進而產生對其他成員的影響力。由於這些關係的運作，群體才能顯現其功能；並構成一套嚴密的規範，用以限制成員的行爲。顯然地，群體都有一定的結構，具有特定的持續性目的，如此才稱得上是群體；而偶然的、一時的和無組織性的個人集合體，只能稱之爲群衆。

再者，群體的形成常基於成員間的共同意識，且經過相當時期的相互認知，卒而產生共同的行動。依此，構成群體的兩個要件，即爲：⑴成員關係必須具備相互依賴性；⑵成員具有共同的意識、信仰、價值與各種規範，用以控制相互行爲。亦即群體成員必須經過一段時期的認同與整合，透過面對面（face-to-face）的交往，才能自成爲一個群體，而有別於其他群體。換言之，群體成員常常進行直接的接觸與溝通，如無這些關係的存在，必不能成爲群體。

基於上述觀點，則群體的形成乃係基於成員的共同目標、規範、意識以及堅強的凝結力、制約力等而構成的。總之，群體是指兩個或兩個以上但非人多的成員，在一定的組織結構中，經過相當時期的交互行爲，在心理上相互認同，產生共同的意識與強固的凝結力，基於共同的行爲規範，而欲達成共同目標的組合體。

第二節　群體的類型

群體類型的分類方法甚多，在社會學上的分類尤為紛雜。有以成員關係親密的程度來劃分者，有以成員組合時間久暫來劃分者，有以成員是否能自由加入來區分者，也有以群體組成人數的多寡來區分者，也有以成員是否具有一致性特質來區分者，也有以成員在組織階層的縱橫關係來區分者，更有以群體所附類屬來區分者，其種類甚雜，差異甚大，不一而足。本節僅就與本章題旨相近者研討之。

一、依正式程序與否的分類

每個組織都有達成其目標的技術條件，這些目標的實現需區分為若干部門或單位來達成其任務，由是乃構成了許多不同的群體；然而，有些群體並不是精心設計的結果，而是成員自然交互來往所構成的。依此，組織內部常存在兩種不同性質的群體，一為正式群體，另一為非正式群體。此種群體的分類，乃係依成員是否為自然組合而形成的區分，如表8-1。

所謂正式群體（formal group），乃是依組織特意設計的部門、單位而組成的，其目的在完成組織所賦予的特定任務。所有的員工都屬於某些正式的工作群體。此乃為依據組織的分工專業化所構成的。此種正式群體係為執行組織的任務而形成的，但其成員間的交往才是構成群體的真正原因。在此種群體內部，成員間的交往常依組織的地位職權而運行，領導者往往是該部門或單位的主管，且多以權力為行事的基礎。此種群體包括組織的工作

表 8-1　依正式程序與否而組成的群體比較

類型	組成因素	特性
正式群體	・依正式程序而組成 ・以正式結構爲本，而產生心理認同	・結構單一性 ・具一定結構形式 ・領導者常具主管身分 ・主要目標爲達成工作任務
非正式群體	・依人員自然交往而形成 ・由心靈組合爲本，而產生無形結構	・結構具重疊性 ・不具一定結構形式 ・領導者不一定爲主管 ・主要目標爲滿足成員需求

部門、委員會、管理小組……等。在基本上，此種群體固係依正式結構或規章而組成，但其成員仍有以共同的意識與相互的認同爲基礎，只是其構成係透過正式程序而組成的而已。

至於非正式群體（informal group），純爲員工交互行爲所構成的，當然此種群體也可能以正式部門或單位爲其基本架構，但卻不限於正式單位或部門內的活動。例如某個正式單位內即可能存在數個非正式群體；又如某正式單位或部門的非正式群體成員，可能包括跨越不同單位或部門的人員即是。此即意味著整個組織內部的情境或組織外界環境因素，都可能因爲人們的自由交往，而組成非正式群體。此種群體成員的關係可能是重疊性的，它並不是來自於精心設計的結果，而是自然開展的。此種群體的基本目標，乃在滿足成員的需求；群體的領袖乃源自於滿足成員需求者，其常運用群體規範和社會制約力來規劃成員的行爲。

由此可知，非正式群體是一種自然的結合，而不必依據任何正式程序來組合；它乃係基於交互行爲、人際吸引與個人需求而形成的。分子間的關係既無成文的規定，其組織也無一定的形式；這種群體有時是暫時性的，有的是永久性的；其分子間的關係可能是緊密的，也可能是偶然的。其成員在非正式結構中，常顯現出非正式規範，有忠貞合作的基本態度，接受「社會控制」與非正式權威。這是順應人類心理需求而產生，並不是實現某種任務而形成，此可證之於友誼關係與非正式聯絡。

二、依群體動態關係的分類

李維斯（Elton T. Reeves）爲當代美國群體動態關係的知名學者，他將工作群體分爲五種，即友誼型（friendship groups）、同好型（hobby groups）、工作型（informal work groups）、自衛型（self-protective groups）和互利型（convenience groups），如表8-2。

（一）友誼型群體

人類自出生以來，大部分活動都屬於友誼型群體。它是人類在群體生活中最初接觸與最早形成的，此種群體的組成分子間，多具有相同的興趣和利益，但這並不意味著這些因素是形成此種

表8-2　依群體動態關係而組成的群體比較

類型	組成因素	特性
友誼型群體	基於情誼的自然結合	·產生密切的情感，解除寂寞與猜忌 ·每個人都可能是非正式領袖
同好型群體	基於共同興趣的結合	·享受愉快生活，消除單調乏味感 ·每個人都可能成爲非正式領袖
工作型群體	基於工作關係的結合	·工作上有利害關係，結構上是正式的，但心理上是非正式的 ·出現單一非正式領袖
自衛型群體	基於共同防衛的結合	·對管理階層不滿，而產生聯合抵制 ·有一個強而有力的非正式領袖
互利型群體	基於相互利益的結合	·基於互助關係的結果，可相互照應 ·沒有明顯的非正式領袖

群體的必要條件；惟其中分子多具有情感上的維繫與共鳴。一般而言，組織本有很多友誼型的工作結合，且扮演著非正式溝通的角色，其可消除工作者的寂寞與猜忌，此對正式工作技巧的達成，實不容忽視。

（二）同好型群體

同好型群體乃是由於人們富有追求或熱衷於某種嗜好的習慣，而形成群體的密切關係。例如對網球的熱衷往往形成一個群體，這些分子可能包括管理者和工人，此種嗜好使他們有別於其他群體。一般而言，在組織中此種活動常成為他們愉快生活的主要部分，藉此而消除工作的單調乏味感，促進在工作間的溝通聯繫。

（三）工作型群體

在工作中若舊有成員表達歡迎新進人員的誠意，有時也可能形成工作型群體。他們發現在工作上的互切互磋，相互琢磨，竟能產生心理上的共鳴。此種類型的群體架構基本上是正式的，但在心理上卻是非正式的，其可視為友誼型的擴大，但它與工作的關聯性遠大於友誼型。此種群體成員之間的關係帶有工作上利害關係的結合，同時出現工作上的非正式領袖。正式管理者將會發現在工作任務的達成上，此種工作群體處於很重要的地位，扮演著很重要的角色；他若能透過非正式領袖的協助，實有助於工作任務的貫徹執行，並可產生與管理當局的合作關係與行動。

（四）自衛型群體

在正式組織中，一旦管理者的態度過分強硬專制，容易導致部屬的聯合抵制，以反抗此種壓力而形成自衛型群體。此種群體會表現對正式管理措施的一種反抗，它是自然形成的。通常它會阻撓正式工作的達成，為管理者帶來一些困難，只要處理不當，常事事抵制管理者，這是出自於對群體成員的自我保護心理。

（五）互利型群體

互利型群體是來自於成員的相互幫助而形成的。如「汽車共乘」（car pool）就是此種類型的明顯例子。在今日工作生活中，汽車共乘制是相當普遍而常見的。假如有五個人共乘一部車子上班，則每個人在一星期中都有一次輪流的機會，如此自可免除他們四天開車的勞累，且可節省五分之四的汽油。此種互利關係的結合，不僅存在於工作關係的組織中，也存在於日常生活之中。

三、依與管理關係良窳的分類

美國著名管理學家沙利士（Leonard Sayles）從群體成員與管理階層能否維持良好關係為基礎，將組織內的群體分為下列四種類型，即冷漠型（apathetic type）、乖僻型（erratic type）、策略型（strategic type）以及保守型（conservative type）等，如**表8-3**。

表8-3　依與管理關係良窳而組成的群體比較

類型	組成因素	特性
冷漠型群體	‧從事技術性較低工作 ‧處於很長的工作線	‧具不滿情緒與內在衝突和摩擦 ‧向心力低，對管理不構成壓力 ‧無明顯非正式領袖
乖僻型群體	‧從事半技術性工作 ‧處於短裝配線上	‧成員行為在合作與不合作兩端 ‧有相當明顯的非正式領袖
策略型群體	‧從事於判斷性工作 ‧以分開操作工作為多	‧有良好的計畫與團體精神 ‧具高度向心力，對管理者構成很大壓力 ‧非正式領袖很強勢
保守型群體	‧懷有重要而稀有技術 ‧擔任重要工作	‧成員對生活無憂無慮，且擁有相當權力 ‧成員具穩定性與自信心 ‧除非必要，不會對管理者施壓

（一）冷漠型群體

冷漠型群體的成員之間，常有一些共同難以解決的問題存在，以致他們時常顯現出極端被抑制的不滿和內在衝突與摩擦的徵象。一般而言，他們所擔任的大多是技術性較低，而待遇較微薄的工作，以致其滿足感較低，工作態度上較爲馬虎，且表現出冷漠的情感。同時，他們的工作場所大多被安排在一條很長的裝配線上，或極少與他人作互動的工作情境之中，以致在他們之間似乎很難發現可以辨別得出的非正式領袖。因此，此種類型的成員對組織的向心力很低，但也很難對管理階層構成壓力或威脅。

（二）乖僻型群體

乖僻型群體常表露出前後未必協調一致的行爲，此種行爲範圍包括與管理階層保持良好的合作關係，到突然爆炸性的反叛。該類型的組成分子多半是從事於相互依賴的半技術性工作，大多被安排在一條對工作者較易做控制的短裝配線上，做一些相同性質的工作。其工作性質大多是呆板的，以致容易形成煩躁的性格。他們之間比冷漠型群體，容易出現相當明顯的非正式領袖；不過，此種非正式領袖也比較傾向於獨斷。

（三）策略型群體

策略型群體的成員間，常有良好的計畫與高昂的團隊精神，這些成員大多擔任較具判斷性的工作。至於他們工作的性質，亦是分開個別操作的比較多，同時他們的待遇亦較前二種類型群體爲高。他們往往對管理階層方面施加連續而持久的壓力，且行動都相當一致，故較容易達成他們所期欲的目標。此種群體具有高度的向心力與凝結力，其領袖是由成員中行事較積極且具有影響力的核心分子所擔任。

（四）保守型群體

保守型群體的成員，大多懷有很重要而稀有的技術在身，他們是生活無憂無慮、具有權力的一群。他們在組織中，往往擔任相當重要的操作工作。在此四種類型的群體中，此一類型的組成分子最具穩定性和自信心，管理當局對他們亦往往難於應付，但他們除非爲了某種很特殊的目的，通常不會對管理者施加壓力。

根據上面敘述，吾人可發現沙利士的分類，著重於群體分子與管理階層方面能否保持良好的基礎爲重心，並企圖藉此種分類來瞭解不同類型的組成分子，其與管理階層方面所劃分的工作類別和工作位置的排列有關。

第三節　群體的溝通網路

在群體動態關係中，成員之間的溝通網路往往決定成員的互動關係，並構成某些形式的結構型態。蓋群體動態的中心乃是成員的交互行爲，而交互行爲乃指成員不拘形式的溝通。因此，溝通網路在群體動態中扮演極爲重要的角色。群體成員之間的關係常受彼此溝通的限制，經由群體溝通可能改變成員的彼此行爲，終使群體的各個成員行爲趨於一致，而產生群體的凝結力與規範。此種溝通網路正可告訴我們一個群體是如何聯繫在一起的。一般群體的溝通網路，可有五種代表類型，如**圖 8-1** 所示。

圖 8-1 是假定有五種群體，均由五人所構成，其中線段代表溝通路線，則各個群體溝通路線的安排與數目都不相同。因此，各個群體的成員地位各異，解決問題的效率自然也不相同，各個群體的凝結力也有所差異。茲分述如下（如**表 8-4**）：

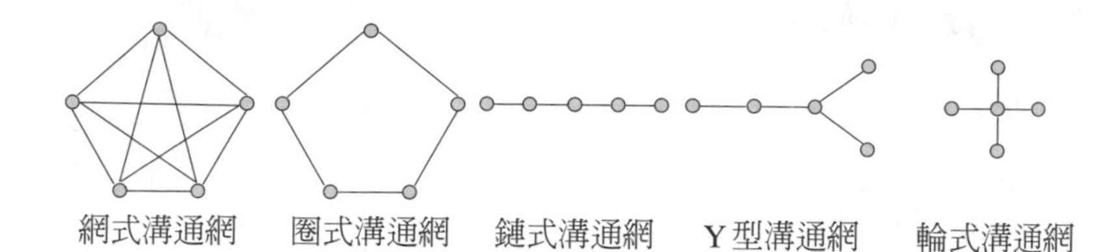

圖 8-1　群體溝通網路

表 8-4　各類群體溝通網路比較

溝通類型	主要特色	成員士氣	工作績效	領導方面	存在可能性
網式溝通網	群體成員均能與其他成員直接溝通	所有成員士氣相當，處事同等熱忱	決策緩慢，但處理周延	沒有明顯的領袖出現	小
圈式溝通網	群體成員均只與兩位成員進行溝通	所有成員士氣相當，滿足感相同	解決問題迂迴緩慢	沒有明顯的領袖出現	小
鏈式溝通網	群體成員易形成無形的層級節制體系	處於中心地位人員較具滿足感，最末端成員士氣較低	解決問題較具時效，溝通有一定結構程序	有明顯領袖出現	大
Y型溝通網	群體成員形成一定結構體系	處於中心地位成員滿足感較高，邊緣地位成員士氣較低	解決問題較具時效	有明顯功能性的領袖	大
輪式溝通網	爲一個有秩序的群體	群體領導者最具滿足感，其他成員滿足感較低	解決問題最具時效，但易出錯	有強有力的領袖	大

一、網式溝通網

網式溝通網是指群體成員都直接與其他成員溝通；亦即每位成員的地位相當，角色運作相同，其影響力相等。此種群體溝通網路對解決問題的時效較慢，但處理問題較爲周延；其成員溝通士氣最高，處事最熱忱。在群體結構上，沒有比較明確的程序。實際上，此種群體溝通網路較不易存在，因爲群體中的每個成員很難同時與其他所有成員作相等互動的關係，尤其是群體成員愈多，其存在的可能性愈小；只有群體成員最小時，才有存在的可能。且此種群體溝通網路，沒有明顯的群體領袖出現。

二、圈式溝通網

圈式溝通網是指群體成員都只與兩位成員進行溝通，致形成圓圈式的溝通網路。此種群體溝通網路，正如網式溝通網路一樣，每位成員的地位、角色、勢力的運作都相同，且沒有足以領導該群體的領袖出現。每位成員在群體中的滿足感相同，但在解決問題的時效上較爲迂迴緩慢。在實務上，此種群體溝通網路較少有存在的可能，因爲每位成員很難只固定與其他兩位成員溝通。不過，較常與某些固定成員溝通是可能的。

三、鏈式溝通網

鏈式溝通網構成了群體的無形層級節制體系，有了明顯的中心領導人物，也有一些群體的追隨分子（follower）。通常，處於鏈式結構中心的成員，是位領袖分子；他在群體中地位最高，權力最大，最具滿足感。至於，處於鏈式結構兩端的成員，其地位在群體中最低，權力最小，較少有滿足感。在解決問題方面，此種溝通網路的群體較具時效性；此乃因成員在溝通過程中有一定的程序，避免一些訊息的迂迴之故；且領導人物處於中心位置，可優先得到訊息，掌握決策的先機。一般而言，此種群體溝通網路較有存在的可能。

四、Y型溝通網

Y型溝通網和鏈式溝通網一樣，在結構上有一位群體領袖。處於交叉點位置的領袖分子，比其他成員較早掌握訊息，所負的責任較重，擁有較多的權力，最具獨立感和滿足感，有可能形成功能上的領袖；而其他成員則不然，其中尤以處於各頂端位置的成員爲最。此種溝通網會形成成員不同的地位、權力與滿足感；但對解決問題方面較具時效性。此種溝通網路的群體，在實務上較有可能存在。此乃基於人類自然劃分階級的本能，以及長期互動的結果所形成的。

五、輪式溝通網

輪式溝通網是一個有秩序的群體，每位成員都只與中心人物溝通，可避免不必要的訊息傳達。此種群體在解決問題方面，最具時效。群體領袖處於群體的中心位置，最優先得到訊息；他在群體中地位最高，角色運作最多，是位最具影響力和權力的人物。在個人滿足感方面，群體領袖最具滿足感，其他成員較低。此種溝通網路的群體，在各種群體中較可能存在；此乃因群體成員常自限溝通對象的結果。

總之，各種類型的群體溝通網路不同，其間溝通的效率也不相同。一般而言，網式與圈式溝通群體的溝通時效較差，但所有成員的滿足感相當。鏈式、Y型、輪式溝通群體的溝通時效較佳，但彼此成員間的地位較不相同，其成員滿足感也不甚一致。惟群體的溝通型態並不是固定的，通常群體成員都會自限溝通對象，且群體中都會有某位具相當特質或影響力的人，出而領導群體；加以群體成員的溝通，也可能受到環境的限制，致很難出現網式或圈式的溝通網，尤其是群體愈大，此種溝通網愈難存在。

第四節　群體的正面功能

群體不管是依據正式組織結構而組成，或是依成員交互行爲而自然形成，其基本特性都是一種心理上的結合。此種群體絕不能像正式組織一樣，採取控制管理的方式，實宜多採取自動激勵的法則。組織管理者必須認識它的存在，並與之共同工作，蓋群體在組織內部實負有相當的功能。易言之，群體之所以能夠興起且維持長久，主要係因它具有滿足成員個別願望與幫助組織實現管理目標的雙重功能，茲細述如下：

一、維持組織傳統價值

群體的存在常能維持組織的傳統習慣與風格。群體既是存在於組織內部的，其形成往往會依循組織的部分規章而建立其本身的規範；且由於群體是由成員交互行爲所構成，以致能培養出固有的相同價值與意識，而在組織發生變革時，保有組織的部分規範；舉凡對於組織內部的傳統與文化價值，群體都將盡力加以維護。如此，不僅維持了群體的活動，更能有助於組織的穩定。蓋許多傳統價值與規範，乃是不成文和非正式存在的；而此種非正式規範常由成員的交互行爲中不知不覺地保留下來。因此，群體實有維持組織傳統價值的作用。

二、建立良好溝通管道

群體常爲組織發展出一套良好的溝通系統與孔道。在組織中，群體實有疏通溝通管道的作用。蓋群體乃係面對面的溝通系統，其成員可自由自在、無拘無束地交互溝通，此種溝通關係係建立在員工社會性交互行爲上。此種溝通能滿足工作者的好奇心，也可發洩情緒上的不滿。假如工作者感到不快活或挨了官腔，只能藉相互的傾吐而得以發洩其不滿情緒。因此，群體實爲平衡員工身心的「安全活塞」(safety valve)。

三、滿足成員社會需求

群體可使其成員滿足親善需求，給予個人地位上的承認與尊重，使工作者產生同屬感與安全感。由於群體中每個分子都可保持親密關係，彼此地位相若，可感受到被重視。群體成員在群體中，藉著相互交往與共同瞭解，而建立深厚的友誼；並藉著相互幫助，彼此關懷與照顧，進而尋求相互支持與鼓勵。此種功能足以使工作者個人尊嚴與人格得以保持完整，並助其身心的健全發展。由於組織成員在工作中宛如機器的小螺絲釘，難得看出自己的工作價值；但在參與群體而獲得認同時，則此種感覺自然消失。

四、形成社會控制作用

所謂社會控制(social control)，乃是用以規制或影響員工行爲的力量。就內在控制而言，每個群體皆有其行爲標準，其成員既自動組成群體，必然要遵守群體的要求與準則，否則群體必無以存續或發展。亦即群體依此種準則，來控制成員的行爲，使其產生從衆傾向，故群體有社會控制的作用。再就外在控制而言，組織管理者若能善用群體，將可運用群體的社會控制來協助組織，使成為內部安定與團結力量的一部分。

五、輔助正式管理系統

組織的正式計畫與政策是預先建立的，故常固定不變，難以順應動態環境中的每項問題；而群體是動態的，具有伸縮性與自動自發性，有時常有輔助正式系統不足的作用。至少，群體有彌補正式決策所帶來的某些限制與缺陷。蓋群體可提供具有彈性而快捷的資訊，使決策資料更為充實，且顯現事態的全貌與眞相。此外，群體能刺激組織管理作更謹愼的計畫與小心的行動，一旦發現決策有了偏差，可作適時的修正，以遏阻不當計畫的實施。組織管理者若能重視群體的存在，將可化阻力為助力，化破壞為建設；否則一旦引發群體的聯合抵制，必致管理計畫無疾而終。

六、解除焦慮冷漠情緒

依據心理學家的解釋，焦慮是一種痛苦的情緒，是許多病態行為的根源。普通引起焦慮的情況，是曖昧不明、含糊不清的。在一般組織活動中，引起焦慮的原因甚多，諸如工作的困難與挫折、管理者不合理的對待與壓力、工作環境的不穩定、組織內部的衝突等等，都足以導致工作者焦慮冷漠行為的發生。一旦此種焦慮冷漠情緒無法得到解除，更可能產生身心性疾病，並引發病態性行為。然而，在群體中工作者可藉相互交談，而發抒不滿情緒，使得身心獲致調劑，並消除猜忌與冷漠。甚且，工作者的困難與挫折，以及種種的衝突，皆可藉群體成員的相互關懷而得到解除或減輕。

總之，群體的存在是具有正面功能的。任何組織都無法避免群體存在的事實，而許多管理者或許並不喜歡群體的存在，但卻不可不加以正視。畢竟，群體並非都是不好的，管理者可視它爲組織的一部分，從而妥善加以因勢利導，此將能化阻力爲助力，變破壞爲建設，使共同爲組織目標而努力。當然，群體亦可能基於本身因素或其他情勢，而造成對組織的困擾，此將於下節繼續討論之。

第五節　群體的負面困擾

任何事物都各有其優劣利弊，群體在組織中固有它的許多功能，但同時也顯現一些負面的困擾，如**表 8-5** 所示。管理者究應如何去權衡得失，以求避害趨利，端視管理技巧的運用與發揮。本節即將研討群體在組織管理上的困擾，茲分述如下：

一、抗拒變革

現代組織是一個開放的社會體系，無時無刻不受外在環境的

表 8-5　群體的正負面功能

正面功能	負面功能
・維持組織傳統價值	・抗拒變革
・建立良好溝通管道	・傳播謠言
・滿足成員社會需求	・角色衝突
・形成社會控制作用	・消極順從
・輔助正式管理系統	・徇私不公
・解除焦慮冷漠情緒	・工作抵制

衝擊，以致引發需要不斷變革的要求，用以適應外界環境的變化，並維持組織內部的平衡。惟組織本身常保有傳統的習慣與文化，而舉凡與傳統習慣和文化有所變異的事物，往往受到一種保持現狀的願望所抵制，此種抵制心理常因群體的存在而逐漸形成一股力量。群體會認爲組織的變革，將破壞既有的社會關係與體系，影響成員的既得權益，而堅強地凝聚在一起，以致採取不合作的態度，產生抗拒變革的行動。

二、傳播謠言

組織內部訊息透過群體的散播，固較爲快速；但群體的特性常使訊息歪曲，而形成謠言耳語。當訊息在非正式場合中流傳時，如果基於傳播者的故意曲解，或因爲個人的愛憎或出自主觀意識，常在工作人員情緒不甚穩定的狀況中牽引附會，以訛傳訛，化僞爲眞，如此自是影響工作人員的士氣與組織內部的和諧，導致員工的不安和組織的破壞。此種謠言對組織的破壞就如同颱風一樣，將帶來很嚴重的損害。管理者欲消除此種謠言的最佳方式，就是要立即追查其原因，且公開事實眞相，但應避免重複其散佈。

三、角色衝突

群體固能提供員工的社會需求之滿足，但如此亦可能導致員工違背組織目標。個人在組織中除了係組織的成員之外，也是群體內的一員，倘兩種目標或需求不一致時，常使員工在群體要求與組織目標之間難以作抉擇，以致引發角色的混亂或衝突。通常，在組織中的成員既須迎合雇主的要求，又要採取與群體一致的行動，以致常陷入進退兩難的境地。因此，解決角色衝突的方法，只有儘量去調和正式組織與群體間的相互差異；對兩者的目標、工作方法與評估系統愈能整合，則生產效率和滿足感愈能同時實現。

四、消極順從

所謂消極順從（conformity），乃為群體成員屈從於群體規範或其領導者的命令，而沒有建設性的個人意見而言。由於群體具有社會控制作用，若其領導者或具有權力者為逞個人私慾，常強令成員順從，且群體常為領導者或具權力者所把持，而不能發揮其獨立創造性。此時常會產生三種弊病，即：(1)抹煞人員的創造才能與創新性；(2)抹煞個人的個性和獨特性；(3)使工作人員脫離組織所需要的行為型態。凡此等弊病將限制成員與組織的共同發展。

五、徇私不公

群體如受到組織管理者的重視，固可減輕管理階層的負擔，輔助正式管理系統的不足；但其間若過於親密，往往會造成上級偏袒部屬，予以特別的照顧，終而徇私枉法，甚或相互勾結，以飽私利的弊病。甚且群體中的成員亦可能藉其本身的關係，向主管作非分的要求，或對他人狐假虎威，謀求特殊利益，以私害公。因此，學者尼格洛（Felix A. Nigro）曾說：「非正式關係的結合，往往會袒護他們所偏愛的人或事，以致破壞了其他工作者的士氣，並造成屬員對管理階層的偏見。」因此，管理階層若欲與群體成員建立關係，也必須保持適當的距離，如此才能得到良好的結果。

六、工作抵制

著名的浩桑研究業已證實：組織管理者對員工生產的要求不應太嚴，也不應太鬆，否則將引起群體成員的抵制。蓋群體成員生產量太高或太低，往往會受到他人的責難，社會壓力會使其恢復到群體所訂的標準生產量，否則他將會受到其他成員排斥。蓋個人過高的生產量，有使其他人失去工作之虞；而過低的生產量，會使他人同受責難，如此極易造成成員的焦慮感。在浩桑研究中發現生產量最高和最低的，往往是群體外的孤立者；而群體一般都以「普通生產量」來作維護內部和諧發展的手段。因此，管理者若與群體交惡，群體成員的最佳武器乃為工作抵制。

總之，群體有時會對組織管理階層造成一些困擾，身為管理者不能對群體毫無感情或漠不關心，否則有朝一日需要員工發揮高度忠誠，或啓迪其創造性的心智時，則一切棘手的問題將一一浮現。尤其是當工作者組成堅強的群體並進行抗拒時，最明顯的報復行為即為工作的抵制。無疑地，如此將使組織受到更大的打擊和損害，此等問題自是構成管理上最嚴重、最應注意的重大課題之一。

第六節　組織對群體的管理

在一般組織中，由於種種因素的存在，群體的產生是無法避免的。凡是有人類存在的地方，就會有群體的存在。因此，管理者必須採取適當的因應措施，此舉不僅可力求避免不必要的群體出現，甚或即使出現，也不致產生太大的抗拒或阻力。其管理措施如下：

一、培養革新氣氛

一個正常發展的組織，必須不斷地適應外界環境的變遷，以調適內部的平衡與成長。爲此，組織必須有革新的措施。爲求革新，組織必須適當而有效地吸收組織內、外的資訊，避免變革所可能引發對群體的威脅和恐懼，以影響其既得權益。其次，儘量讓員工充分參與興革計畫，使其瞭解興革計畫的內容，分享改革成敗的榮辱，則群體成員在心理上有被尊重的感覺，較易與管理者合作，甚或自願犧牲個人的權益。

此外，組織的興革計畫要逐步行之，不可操之過急，以免破壞傳統的風俗和習慣，以及工作群體的關係。如有必要，仍應適當地透過非正式領袖，以合作的方式採行疏導與漸進的手段，萬不可斷然行之，使人有措手不及之感。總之，管理者務必在平時多培養員工的研究發展精神，不斷地作管理訓練，加強員工技能和工作知識，直接適應技術的改革，免於威脅員工的利害關係和群體關係，甚而可間接維護其權益。

二、疏通溝通管道

任何組織的溝通管道若能暢通，就比較能有健全的發展，組織氣氛也比較良好。須知工作者在組織內有安全感，工作情緒穩定，並瞭解整個工作情境，則意見溝通將更爲順暢，且謠言較不易產生。因此，所有的企業組織均宜建立起健全的溝通管道。爲此，則組織應該推行公共關係，加強意見的交流。就公共關係而言，管理者與工作者若有了溝通的橋樑，則可使上情下達，下情也可上達，如此自可化消各種誤解。

至於，在加強意見溝通方面，有時可不必經由正式孔道，仍然可發佈正確而必要的訊息，以適時地破解謠言或防止其發生，則流言閒語自可自然消失。同時，管理者若能提供有力的事實，來證明謠言的荒謬，並給予相關人員參與決定事務的權利，將可促使員工因對自己有關事務的參與和瞭解，而使謠言不會發生，或一旦發生而能有破解的機會。

三、調和角色衝突

任何個人在組織或社會中都不可能只扮演一種角色，他往往會扮演兩個或兩個以上的角色，若一旦這些角色的期望或目標相互違背，就會產生了所謂的角色衝突（role conflict）。在組織中，員工即常處於組織目標與個人需求或群體利益的衝突下；此時，只要管理者能將之調和，就無角色衝突的存在。易言之，避免角色衝突的方法，就是在貫徹組織目標實現的同時，亦能滿足群體中個人的社會與心理需求，亦即使兩者的目標不相衝突。

在現今組織逐漸走向高度控制化與正式化的過程中，工作者更需要從事於一些非正式活動，在培養組織活力方面也許被認爲是一種無形的浪費；但此對員工精神的形塑，則具有相當的調劑作用。固然，組織和群體常導致員工個人的角色衝突，但如能有效地加以調和，將避免組織的僵化與癱瘓；而個人與群體的社會和心理需求，亦將不會被抹煞，如此應有助組織的成長與發展。

四、善用社會控制

群體的產生乃因群體善於運用社會控制作用，迫使成員遵守群體的規範與準則。然而，它也嚴重地限制了工作組織「全才」發展的要求。由此觀之，群體的社會控制作用，乃是積極與消極並存的。它可產生積極的合作，加以改造或影響個人，以協助由上而下的訊息傳達，並使個人獲得且保持群體的穩定性。因此，社會控制作用未嘗不是直接或間接地有助於正式組織的運作。

準此，群體的社會控制，對正式組織來講，可以導致破壞，也可以產生合作；可以消極地順從，也可以成爲積極地進取；其端在管理者如何化阻力爲助力的巧妙運用。管理者可藉非正式領導的合作，以幫助提高工作士氣，尋求群體意識與組織目標的融合。甚而管理者在任命各階層正式主管時，亦可從非正式領袖中挑選，此亦有助於組織與群體的融合。

五、力求公開公正

群體既是一種人員自然交往而形成的組合體，其內部必然會基於私人情感和共同利益而運作，由是而產生徇私不公的現象。惟站在組織管理的立場而言，此種在管理上所造成的偏袒情況，不免破壞一切既有的正式制度，間接地影響到其他工作者的工作情緒。若管理者未能及時採取公平而客觀的解決途徑，員工當會產生對管理者信心的消失，甚或再聯合其他不滿的工作者，另外再形成一股反對的力量以謀對抗，如此則容易產生惡性循環的現象，造成組織更大的困擾。

在管理方面，吾人總認爲正常而有效的組織，實宜透過公開、公平、公正而客觀的程序，建立「成就取向」（achievement orientation）而力排「關係取向」（relation orientation）的人才選拔標準。固然，吾人不能否定群體會形成其成員更加團結的傾向，然而一旦群體威脅或影響到正式目標的達成時，管理者應在處事上將關係正式化，並做到對事不對人或破除情面的境地，保持相當的非私人（non-personal）關係。同時，爲了避免某些人情壓力，宜擇派專人或組成特別委員會，以超然的立場處理人事問題，免除人情困擾，則徇私不公的現象或可減輕或消除。

六、擴展工作意義

組織為了排除群體對工作的抵制，可採取擴展工作意義的措施。今日組織的規模龐大，員工不免自覺其地位的相對渺小；加以工作單調乏味，常使工作者感受到工作的毫無意義。一旦管理者要求更高的生產力時，就益增工作的困難，致引起情緒上的緊張和不安，益增工作者對管理當局的不滿與抱怨，甚而形成消極的工作態度與抵制。此時，管理者必須進行工作擴展或工作豐富化，找出一個工作者實際所能從事的工作，擴展其工作範圍，提高其動機，增進工作的意義性，並激發其自動自發的精神。

此外，工作抵制常自群體中散發出來，則管理者必須瞭解群體的特性，培養工作者的團體意識，發展群體合作與和諧的工作精神，並適度去滿足工作者的經濟、安全、自我表現與創造發明的動機。因為凡是生產力較高的組織，不僅是其工作效率會提高，更是工作者愉快效率的展現。當工作者對其工作伙伴、監督者，及其所擔任的職務等，全抱持樂觀的態度，且認為組織與一己為唇齒相依的組合時，就會表現高度的參與和關切。如此，則群體所可能引起的工作抵制，當不多見。

總之，群體的組合乃是人類社會的一種自然現象，任何組織都不免有內在群體的存在。管理者不僅要瞭解它、承認它、面對它，更要重視它；且在管理上宜多培養開明的領導作風，疏通意見交流的管道，調和成員需求與組織目標，善用社會控制作用，在行事上能公開、公平、公正，並擴展工作的意義性，則可遏止群體的抗拒，以求化阻力為助力，轉破壞為建設。

第9章

組織管理

1

組織的意義

2

組織的結構

3

組織的管理理論

4

直線與幕僚關係

5

非正式組織

組織管理是企業心理學的研究主題之一，蓋大部分的企業活動乃是在組織的架構中完成的。組織提供企業活動的架構，不管是員工的行爲或管理階層的管理活動，都必須以組織內的結構爲依歸。組織結構的各項因素，都會影響員工行爲與工作活動。管理階層的管理理念，也在組織內施展。因此，吾人研究企業心理學，絕不能忽略組織的各項要素。本章首先將探討何謂組織，組織的結構如何影響工作績效與滿足感；同時，吾人也必須瞭解組織的管理理論、直線與幕僚關係，最後則研討非正式組織是如何影響著組織。

第一節　組織的意義

組織乃是在建立其內部結構，使得人員、工作與權責之間，能得到適切的分工與合作關係，據以有效地分擔和進行各項業務，從而能完成某些目標的組合體。因此，自有人類存在以來，即透過組織賦予各個成員特定的角色與任務，不但滿足了成員的個別需求，而且也達成組織的整體目標。是故，所謂組織（organization），乃指由個人所組成的群體，在協調一致的努力下，共同致力於目標的實現之謂。準此，則組織不僅是靜態的結構或屬於一種技術分工的體系而已；而且也是一種動態的實體或心理社會體系。易言之，組織是一種有目的性的人群組合，它決定了權責劃分與職務分工；並決定了「人」與「人」之間的關係，故人類一切行爲的表現實以組織爲背景。

組織管理學家高思（John M. Gaus）曾說：「所謂組織，乃是透過合理的職務分工，經由人員的調配與運用，使其能協調一致，以求達到大家所協調的目標。」行政學大家巴那德（Chester I. Barnard）也認為：「組織乃係集合兩個人以上的活動或力量，作有意識的協調，使能一致從事於合作行為的系統。」孟尼（James D. Mooney）與雷利（Alan C. Reiley）則說：「組織是人類為了達成共同的組合形式，為有秩序地安排群體力量，產生整體行為，以追求共同宗旨。」上述定義皆顯示：組織不僅是靜態的形式而已，且是動態的實體。

此外，組織隨時會受到外在社會文化背景及內在動態因素的影響。因此，組織本身即是一種社會心理體系，是個人與組織不斷地交互行為的結果。普里秀士（Robert V. Presthus）曾說：「組織是一種人與人之間具有結構上關係的系統，個人被標示以權利、地位、職務，而得以指定出各個成員間的相互作用。」該定義不僅將組織視為一組機械結構，同時穩定了人員之間的關係，並強化了組織的動態性質。

懷特（L. D. White）亦持同樣看法，他說：「組織是各個人工作關係的結合，也是人類所要求的人格之聯合。」馬許（James G. March）與賽蒙（Herbert A. Simon）也主張：「組織是在一定時期內，人們以意志和可完成的目標去計劃或制定決策，努力地達成其目標的組合。」由此可知，組織不再單從物質的、機械的觀點著眼，且必須從心理的、社會的角度去探究。

再者，組織作業常界定了組織的界限，俾使組織得以在界限內運作，此種架構即為組織的正式結構。通常組織的正式結構，可稱之為正式組織，但事實上，組織內尚存在一種非正式組織。此種非正式組織乃是在正式組織內，由各個群體或成員基於彼此的接觸和互動，而作非正式的、意識性的交流所形成的。此將於本章最後一節另行討論。

總之，組織不僅是一種機械式的結構體系，更是一種有機性的社會心理體系。組織固然係透過理性的技術分工而來，最重要的乃是一群人有目的性的組合。它不僅是靜態的，更是動態的。因此，組織管理階層不僅要重視組織的形式結構，更應注意其動態層面。

第二節　組織的結構

組織結構即為組織的系統圖（organizational chart），是組織成員行事的依據。凡是組織所有人員都必須依循此種結構而運行，且組織內部的工作、職權運用和溝通等，都必須透過此種結構而運作。因此，組織結構對員工的態度和行為，有很深遠的影響。組織結構可以非常簡單，也可以非常複雜。在簡單的結構下，有關任務和職權的分配與協調，都十分單純。但在複雜的結構下，不但分工較細，且層級也多，協調隨之更形困難。不過，組織結構界定了工作任務的正式劃分、組合及協調的方式，此必須考量幾項關鍵要素：

一、分工專業

組織結構的設計，首先要考慮分工（division of labor）的問題。此乃因組織的工作不可能由一人包辦，而必須由多人負擔，加以工作經過細分之後，可使個人就某部分來發揮專長，熟練其技巧，而產生「專業化」（specialization）的效益，顯然增進組織的經濟效率。此外，透過分工也可提昇其他工作的效率。諸如個人所需的技術會隨著工作的重複而更為精進；組織在專業化所做的訓練更具效率，且花費更少，此尤適用於複雜性較高的工作。

不過，過度分工專業化的結果，有時也會產生反效果，如員工易生厭倦、疲勞，產生壓力，生產力減退，工作品質降低，曠職率和離職率上升等現象。因此，近代組織管理者爲了消除這些弊病的產生，乃把工作範圍擴大，採用多樣性的工作設計，給予員工完成整體工作的機會；甚至於利用團隊工作的方式，以提高員工的生產力和滿足感，以致有了工作輪調、工作擴展、工作豐富化等措施，這些都是擴大分工專業化的效果，並提高員工工作績效和滿足感，此正可彌補分工專業化所帶來的不良後果。

二、控制幅度

影響組織結構的另一項因素，乃是控制幅度的問題。所謂控制幅度（span of control），是指一位主管可能有效指揮多少部屬的範圍而言。凡是主管不能有效地掌握部屬表現工作效率，而部屬人數甚多，均不屬於控制幅度的範圍。傳統組織的控制幅度，一般都傾向於較小的範圍，以便能就近控制，但此尚須考慮組織層級的因素。不過，凡是組織層級愈高，其管轄幅度愈小，此乃因愈上級愈需處理較多不良結構的問題之故。

此外，控制幅度和組織結構的關係，乃取決於控制幅度的大小。凡控制幅度愈大，若組織成員人數不變的原則下，組織結構就有可能形成扁平式的結構（flat structure）；此種結構看起來狹長，比較有利於部屬自由發揮其潛能。相反地，若控制幅度愈小，則將構成高聳式的結構（tall structure）；此種結構看起來高聳，主管管轄範圍小，易作嚴密的控制。

至於決定控制幅度大小的因素甚多，如技術純熟性、員工所受訓練多寡、部屬作業的相似程度、作業的複雜度、採用標準化的程度、群體凝聚力的強弱、部屬工作的物理距離、績效要求、環境壓力、任務關聯性、員工需求、領導技能與管理者的偏好等均是。此外，就銷售、利潤、士氣和管理才能等因素而論，控制似乎可稍大；而就生產績效而言，則控制幅度可稍小。當然，這得依各項因素而定。

三、層級節制

所謂層級節制（hierarchy），是指組織有許多層級，並在不同層級之間，由較高層級統制較低層級，如此循序而下，且較低層級只受上一個層級所管轄之謂。如此，則組織始能井然有序，不致職責不清，而造成混亂；且下層人員始能有所遵循，而不致無所適從。此亦爲一般組織的一大原則。

惟層級節制缺乏彈性，容易造成組織的僵化。尤其是今日組織常因業務的擴展，較低層級人員很難只接受直屬主管的指揮，是以很多組織結構爲因應內外在環境的變遷，乃採用較有適應力和彈性的組織設計，如專案式組織（如**圖9-1**所示）、矩陣式組織（如**圖9-2**所示），甚或採用自由形式的有機性組織。惟此等組織固較符合人性需求，可提高員工的滿足感，或彌補層級節制所帶來的困擾；但也形成新的問題，此需視組織本身的情況而加以因應。

四、指揮統一

所謂指揮統一（unity of command），是指一名部屬應該只向一位直屬主管負責，此爲古典組織的傳統原則。在組織中，任何人若要向兩位或兩位以上的主管負責，則可能面臨相互衝突或混淆不清的境地。因此，一直到今日的組織學者都認爲：指揮統一

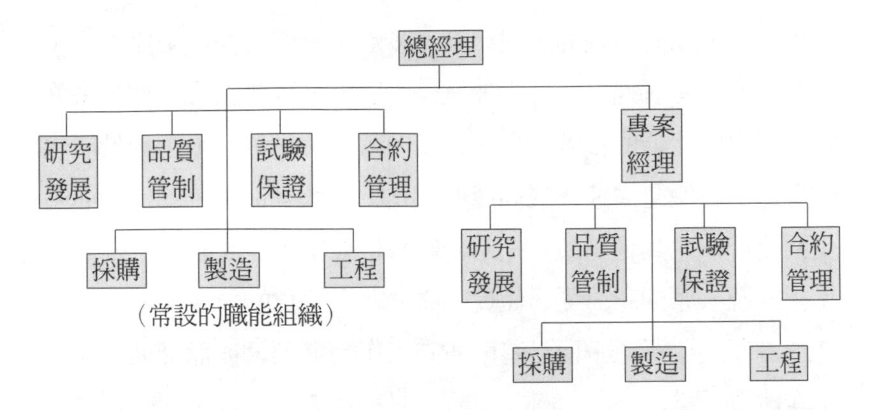

圖 9-1　專案式組織

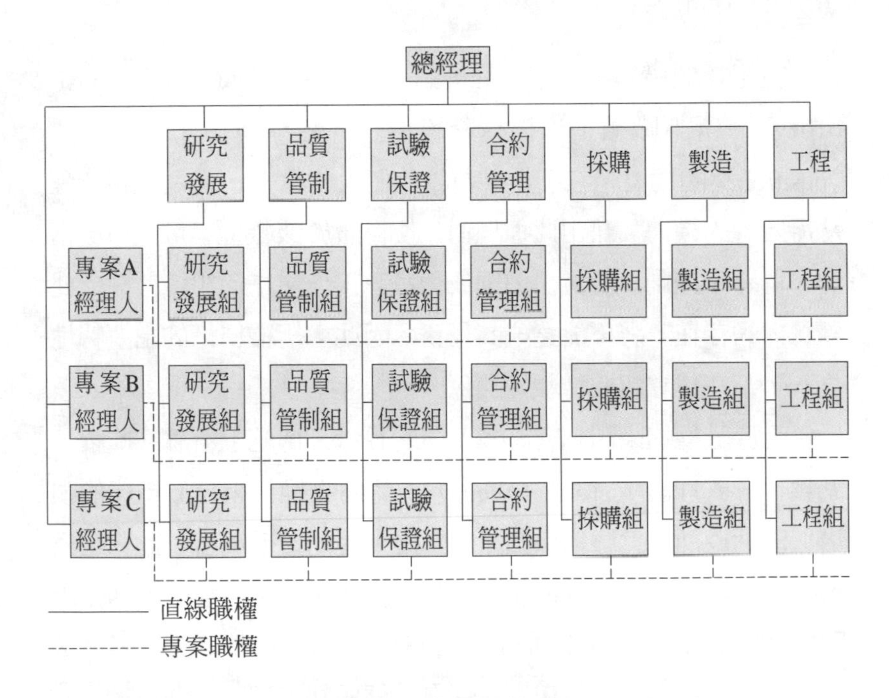

圖 9-2　矩陣式組織

的概念是相當合乎邏輯的，且可使員工在行事上有比較明確的做法；又指揮統一可使部屬瞭解行事的先後順序，因而降低了不確定性，並減少許多壓力，故目前大多數組織都遵循此項原則。

不過，有時過度遵守指揮統一的原則，將使組織管理失去彈性，而阻礙組織的績效表現。此乃因部屬行事都必須透過階層化的管道，而使得溝通形成高度形式化，以致有被限制的感覺而感受到挫折。尤其是組織若把工作劃分得太細，並要求員工確實遵循指揮統一原則時，更易使員工產生非人性化的氣氛。這不但會造成員工的挫折感，而且將影響其工作的意願，從而降低了他的工作績效。

五、權責相稱

在組織結構中，職權（authority）乃決定其職責（responsibility）。所謂職權，係指一種經由正式程序所賦予某項職位（position）的權力。它不是某位特定個人的權力，而是依組織程序所擁有的權力；藉由此種權力，使得居於該職位者可從事於指揮、督導、控制、獎賞、懲罰或仲裁等工作。任何組織若缺乏此種職權的存在，將不能達成其任務。因此，組織結構的主要特性之一，乃在建立起此種職權關係。

至於職權的來源，有許多不同的說法。傳統上所說的職權，乃爲「形式理論」（formal theory），認爲職權係來自於組織的頂層。巴納德則認爲職權係源自於下層人員的接受與否，此稱之爲「接受理論」（acceptance theory）。傅麗特（Mary Follet）則提出「情勢理論」（situational theory）的看法，認爲職權的來源是情勢所造成的，無關乎授權與否。尙有一種「知識理論」（knowledge theory），認爲職權乃來自於擁有更多知識之故。以上見解都各有見地，吾人若能作綜合觀察，較有助於對職權性質的瞭解。

此外，與職權具有密切關係的乃是「職責」。所謂職責，乃指一種完成某種任務的責任。此種責任也是隨著職位而來，故稱之爲職責；而這種任務，則稱之爲職務。一個人擔負此種職責，必須具有對等的職權，此即爲所謂的「職權相稱」原則。

六、集權程度

所謂集權化（centralization），是指組織決策集中於組織最高階層的程度而言。它與分權（decentralization）是相對性的概念。基本上，凡最高管理當局在作成重要決策時，很少或完全沒有低層人員參與的，即爲集權化。相反地，組織在形成決策時，較低層級人員參與的愈多，則該組織的集權化愈低，而分權化愈高。易言之，凡是組織內部集權化愈高，則分權化愈低；反之，集權化愈低，則分權化愈高。

在一般組織中，要判定集權程度的大小，可依下列標準而定：

1.凡是較高管理階層擔任決策較多者，集權程度愈大。
2.凡由較高管理階層所擔任的決策重要性較大者，集權程度較大。
3.較高管理階層所擔任的決策，其所影響的職能較大者，集權程度較大。
4.上級對決策的制衡較大者，集權程度較大。

至於決定集權程度大小的因素甚多，諸如財務金額、政策的致性要求、組織規模的大小、管理階層的哲學、職能的類型……等，都可能影響是否集權或分權。凡是支出金錢數額愈大，政策一致性要求愈高，組織規模過大或較小，管理階層偏愛集權，不喜授權，技術性不高等情況，則集權的可能性愈大；反之，則實施分權制的可能性較高。此外，組織內部職能，有些宜實施集權，有些則適於推展分權，此常因組織機構的性質而異。

七、部門劃分

組織結構是提供組織架構的基礎，而部門劃分則為組織運作的實務過程。所謂部門劃分（departmentalization），就是組織依據一些標準而將其內部劃分為若干部門而言。此乃係依據分工專業化所作的職能職權演變而來，其有助於職能內部的協調。部門劃分基本上是基於主要業務類別、產品種類、顧客或服務對象、市場的地區性或工作流程等，而將工作和人力分成若干群體活動，以致形成不同的部門，如**表 9-1** 所示。

（一）職能別部門劃分

最常見的部門劃分，乃是職能別部門劃分（functional departmentalization），係指依照組織各項主要業務的類別，而將組織劃分為若干不同的部門而言。例如一家從事製造的產業，其主要職能可能包括生產、行銷、工程、採購、財務、人事等，其組織系統如**圖 9-3** 所示。其優點是：基本業務專業化，同一職能工作的計畫、執行、考核，均可統一處理；對專業績效的提昇和測度較為方便；員工可滿足於自己的專業領域，可促進專業技術的進步，以提高生產效率。缺點是：專業化可能帶來「見樹不見林，知偏不知全」的弊病；且由於過度專業化，不免產生本位主義，造成溝通上的障礙。

（二）產品別部門劃分

部門劃分有以產品的種類為依據者，稱之為產品別部門劃分（product departmentalization）。今日多產品線的大型企業，都已採用此種劃分方式。在此種方式下，每項主要產品的生產，都由

表9-1　各種部門劃分的比較

類型	涵義	適用企業	優點	缺點
職能別	依組織各項主要業務類別劃分	一般性或生產性企業組織	·專業化利於規劃、執行、考核 ·對專業績效的提昇和測度，較爲方便 ·員工滿足於自己的專業，可提高效率	·見樹不見林，知偏不知全 ·本位主義，造成溝通障礙
產品別	依生產產品的種類來劃分	多產品線的大型企業	·部門主管擁有較大的自主性和控制權 ·易實施內部分工專業化 ·較易對績效作測度與管制	·過於自主，爲更高主管帶來困擾 ·生產設施與組織層級重疊
顧客別	依所服務顧客或對象爲劃分標準	肉品包裝業、服飾業、容器製造業	·符合不同顧客的需求 ·部門內作業較簡便 ·可爲專門顧客作周全服務	·劃分過細，易抵銷技術專門化的效果
地區別	依市場和顧客的地區性爲劃分標準	大型企業、連鎖店、生產散裝產品的企業	·便於當地營運 ·能瞭解當地市場與顧客需求 ·地區主管可得到充分訓練機會	·易流於本位主義 ·業務設施與組織層級易重複 ·易造成總公司管制的困難度
流程別	依工作流程爲劃分標準	製造業	·較經濟，效率高 ·充分利用科技知識，勵行嚴密分工 ·可培養專才，開發潛能	·重技術輕政策，尙手段忽目的 ·分工太細，無法顧及全盤性

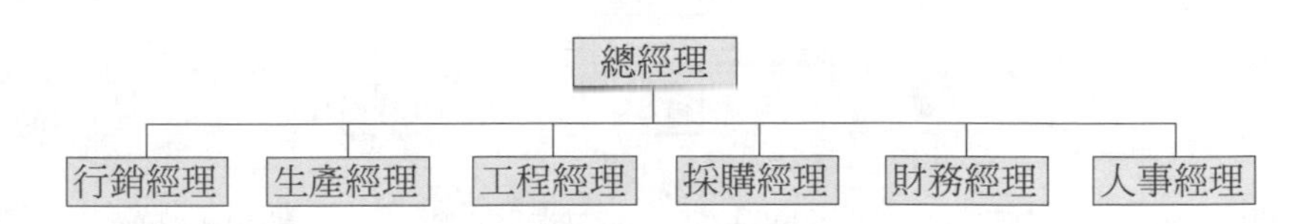

圖9-3　職能別部門的組織

一位具專業能力的主管綜理該產品的一切事務。**圖 9-4** 即爲產品別部門劃分的例子。此種劃分的優點是：產品別部門主管擁有較大的自主性和控制權；易於實施內部分工專業化；對績效的測度與管制，較爲便利。但其缺點是：由於過於自主，常爲更高主管帶來控制上的困擾；就整個事業機構來說，因生產設施與組織層級的重疊性，易形成浪費。

（三）顧客別部門劃分

顧客別部門劃分（customer departmentalization），乃係依據組織所服務的顧客或所接觸到的對象爲劃分部門的標準。以顧客別爲劃分部門標準的組織，最常見於肉品包裝業、服飾零售業、容器製造業。**圖 9-5**，即爲顧客別部門劃分的一例。顧客別部門劃分的組織，最符合不同顧客的要求；且部門內作業較簡單，易

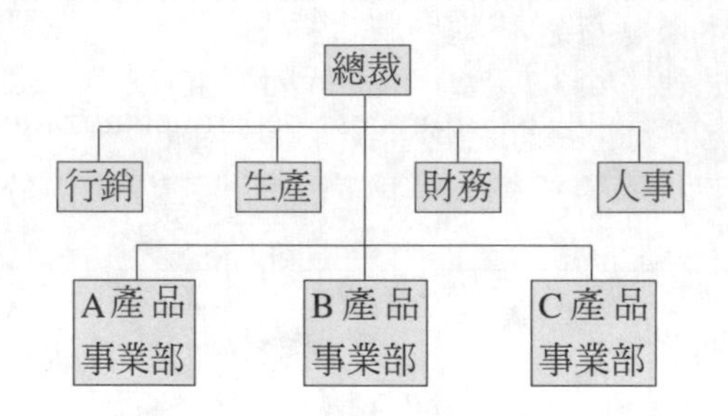

圖 9-4　產品別部門的組織

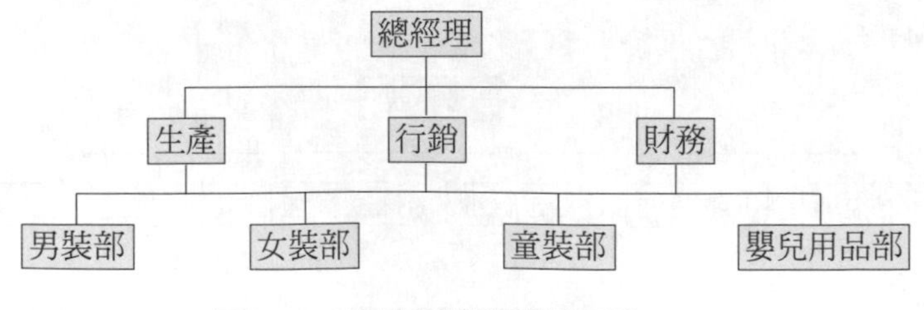

圖 9-5　顧客別部門的組織

於協調；能夠對專門顧客作有計畫而周全的服務。但其缺點乃為劃分過細，對整個機構來說，犧牲了技術專門化所帶來的效果。

（四）地區別部門劃分

地區別部門劃分（territorial departmentalization）的組織，係依市場和顧客的地區性作為劃分標準。此適用於大型企業機構和連鎖商店。有些生產散裝而價格不高產品的企業機構，如水泥、飲料等，也常因工廠的分散而採用地區別部門劃分的方式。圖9-6即為地區別部門劃分的組織系統。其主要優點為：便於當地營運，較能配合地區性需要；易建立地區性的銷售網，更能瞭解當地市場與顧客需求；地區別部門主管可獨當一面，得到充分訓練的機會。但其缺點是：不免流於本位主義，忽略企業的整體目標；業務設施與組織層級有重複現象；地區性主管過於自主，使得高階層主管不易指揮或控制。

（五）流程別部門劃分

所謂流程別部門劃分（process departmentalization），係指按照某些工作流程而將組織劃分為若干部門而言。由於每個流程都分別使用不同的裝備，故又可稱之為裝備別部門劃分。此種方式最常見於製造業，如工廠中的車床部、壓床部、鑽床部、自動機械部等。又如金屬製造可分設打孔、熱處理、焊接、裝配、修飾

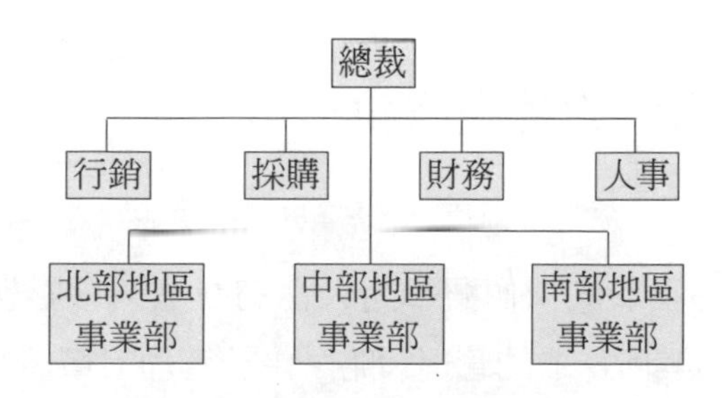

圖9-6 地區別部門的組織

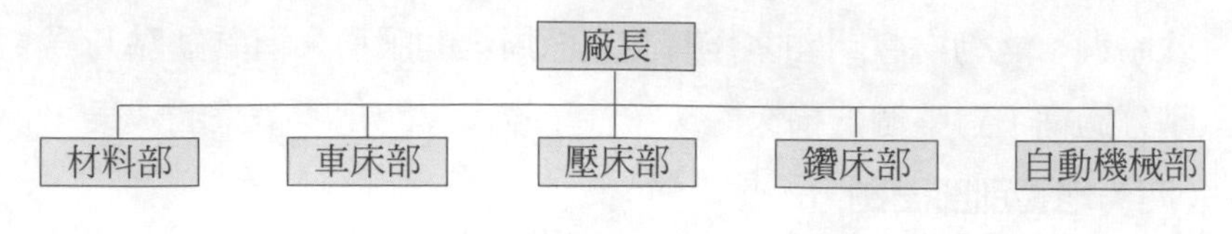

圖 9-7　流程別部門的組織

等部門。**圖 9-7** 即爲流程別部門劃分的方式。其優點爲：較經濟，效率高；能充分利用專精科技知識，厲行嚴密分工；可培養員工專業技能，發揮其潛能。缺點是：以程序爲基礎，重技術而輕政策，尙手段而忽目的；分工太細，易犯「見樹不見林，知偏不知全」的毛病。

綜合上述，企業機構的部門劃分方式很多，這些都是常見的型態。惟在實務上，大型企業機構各部門劃分標準並不限於一種，而是同時兼採二種、三種，甚至是五種，這完全視組織業務性質而定。例如電子公司的組織基本上是以職能爲劃分的，但生產線是依流程劃分的，銷售則依地區別劃分，甚而再將每個銷售區域依顧客別細分爲多個部門或單位。由此可知，大部分企業機構都是採行混合式的組織設計。純粹的職能別、產品別、顧客別、地區別、流程別的組織，極爲少見，除非是極小型的公司或工廠爲例外。

第三節　組織的管理理論

組織管理階層的價值觀和對人性的看法，會影響其管理哲學，進而左右其所採取的管理策略。由於管理者價值觀和對人性的看法不同，其所採取的管理策略也有所差異。一般管理理論即係針對價值觀和對人性的看法而來，有關管理理論討論最完整的，首推麥格瑞哥、雪恩和阿波特（Golden Allport）與史賓格（E. Spranger）等人的理論。惟麥格瑞哥和雪恩的理論已於本書第二章討論過，本節只論述阿波特和史賓格的理論。

麥格瑞哥和雪恩的理論乃是基於管理者對人性觀點，而延伸出來的管理理論；本節所提出的理論，則繫於管理者對自身價值觀所引申而來的。此乃於一九三〇年代首由阿波特及其同事所創始的，其後經過史賓格的修正，最初乃在說明價值觀對決策的影響，此亦可運用於管理假設上，茲分述如下（如表 9-2）：

（一）理論人

理論人（theoretical man），著重在藉由推理和有系統的思考方式，來發掘眞理。他如此地努力，乃在求取認知的態度，只顧探求事物的異同，而不大重視美醜和實用；但求觀察和推斷。他

表 9-2　不同價值觀的理論

類型	內涵	代表人物	可能採取的管理措施
理論人	重眞理，尙理性	科學家 哲學家	講求管理原則，能作充分溝通
經濟人	追求最大利潤，講實用	企業人士	喜嚴苛管理法則，採專制式領導
唯美人	重美學、藝術，講調和，追求生活情趣	藝術家	持完美的管理原則，重視人性需求滿足
社會人	著重人際間的愛，追求利他	社工人士	採仁慈式的領導，追求人性化
政治人	崇尚權力，喜控制他人，追求個人的地位、聲望和影響力	政治人物	施展強制權力，實施專制式領導
宗教人	傾向最高和絕對價值，具神秘性向	宗教家	崇尙絕對理想的管理原則，採超乎人性化的管理

主要的興趣所在，乃是經驗、存亡和理性。他是一位擁有智慧的人。大致上來說，科學家和哲學家即屬於此種類型；但並不以科學家或哲學家為限。在管理上，理論人崇尚原則和理性，講求事實眞理，尙能尊重人性價值與尊嚴，比較喜歡分析式的民主領導，並進行多層面的充分溝通。

（二）經濟人

經濟人（economic man），著重實際性與運用性，追求財富的累積和經濟資源的使用。他的主要理念，乃在尋求最大利潤和效用。在企業領域中，他的主要興趣偏重於實務，重視的是生產、行銷和商品的消費；亦即是經濟資源的使用，希望累積更多有形的財富。他是唯利型的人，大部分的企業人士都屬於此種類型；但並不以企業人士為限。在管理上，經濟人喜好嚴苛的管理法則，講求利害關係，忽略道義責任，比較不重視人性價值與尊嚴，崇尚專制式的領導，阻絕溝通的管道，是嚴苛型的管理者。

（三）唯美人

唯美人（aesthetic man），著重美學、藝術和型式的和諧性，追求生活情趣，重視生命的價值。唯美人的主要興趣，只在於生命的藝術面。在他的經驗中，只有壯麗的美、對稱的美和調和的美。他所看待的每一件事，都是美中有美。基本上，唯美人即屬於大多數藝術家的類型，但卻不以藝術家為限。在管理上，唯美人不太重視效率與利潤的追求，他所崇尚的是美滿的管理原則，以及人性需求的滿足。此固有助於人性和社會性的滿足，卻阻滯了效率目標的達成。

（四）社會人

社會人（social man），著重在人與人際間的愛，重視人類的價值，追求利他，施展仁慈、同情和無我。社會人的基本價值在於愛人，在他的心目中，理論人、經濟人和唯美人等，都算是冰冷的。他認爲只有愛，才是建立人際間關係的重要法則。如果可能的話，社會人將是完全無我的，此將成爲一種崇高的信仰。大致上來說，社會工作者和社團服務人員即是此種類型的代表；但此種類型並不以社工人員爲限。在管理上，社會人所表現的必是仁慈的領導者，其主要重心乃在人性化的追求，而不在於組織目標與工作程序的設定。

（五）政治人

政治人（political man），具有權力傾向，喜好權力，追求個人的地位、聲望和影響力。他希望能獲得權力，並能影響他人。但此種權力並不一定限於政治權力，而是屬於任何領域內的權力。大凡各種組織或團體的領導人物，都具有高度的權力性向，對這些人而言，權力正是他們的最高動機。政治人物正是此種類型的代表，但政治人並不僅止限於政治人物。在管理上，政治人所顯現的正是霸權主義，講求威權，喜歡獨斷，並以強制權力施加於員工身上，實施的是專制式領導，甚少或完全不採用意見溝通或員工參與的決策方式。

（六）宗教人

典型的宗教人（religious man），傾心於最高和絕對的價值，有悲天憫人的胸懷，著重於個體和對宇宙整體性的瞭解。他的理智結構異於常人，永遠傾向於最高價值的創造。在他看來，最高的價值在於合一，追求的是與宇宙的合一，且具有一種神秘的傾向。此種類型的代表是宗教家，但卻不以宗教家爲限。在管理上，宗教人所顯現的特質是絕對和崇高的理想，超乎人性化管理的結果，可能造成不符合現實的原則，以致其管理措施常窒礙難行，無法推展。

綜合上述各個價值觀所形成的管理理念，吾人可發現一項事實，即並沒有任何一位管理者只純屬於一種類型，而往往是多種價值觀的組合，只是其間所佔的比例不同而已。且上述每項概念都只代表一種行爲傾向，通常個人都同時擁有許多不同的價值觀；且隨著不同價值的變換，每個人隨時隨地都會改變其價值，從而影響其管理行爲。

第四節　直線與幕僚關係

組織結構所牽涉的另一項問題，乃是直線（line）人員與幕僚（staff）人員之間的關係。所謂直線人員，可以是個人，也可以是單位或部門，它是指直接負責完成組織目標的功能者，其所執行的職權即爲直線職權（line authority）。直線職權包括命令及執行決策的權力。直線職權形成了「指揮鏈」（chain of command），又稱爲「層級鏈」（scalar chain）。指揮鏈或層級鏈由組織頂端而下，構成了涵蓋組織全部的職權責任關係。至於所謂幕僚，是指一種協助直線工作，而提供輔助、建議、諮詢或服務性質的業務者，此種職權稱之爲幕僚職權（staff authority）。它不包括指揮權，幕僚職權基本上是支援性質的，其如圖 9-8 所示。

在組織中，直線人員製作決策，並透過層級發佈命令，直線主管與部屬之間，具有權力的指揮系統；而幕僚的工作僅限於建議，而非命令，其地位爲顧問性、輔助性、服務性的。惟實質上，由於組織不斷地擴大，幕僚人員身懷技術專長，使幕僚業務隨之發展，幕僚權力不斷地擴展，以致直線與幕僚權力糾纏不清，卒而產生了問題。

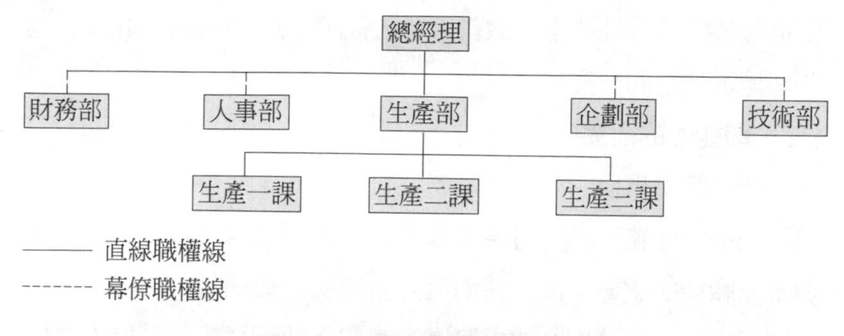

圖 9-8　直線與幕僚關係圖

直線與幕僚之間的衝突，主要來自其間的差異，此種差異常產生於結構上、背景上和態度上。結構上的差異乃為：直線人員是屬於組織層級節制體系內的，而幕僚則居於層級節制體制外的；直線人員所從事的是主要職能，而幕僚所從事的是輔助職能。其次，直線與幕僚在年齡、教育和社會背景上，都不相同。一般而言，幕僚要比直線人員年輕得多、教育程度高、地位升遷快、財富累積多而快速、社會地位高。凡此等差異都可能構成衝突的來源。此外，直線與幕僚所參與的專業領域與社會活動不同，常形成不同的態度。舉凡這些差異，都會造成角色運作的不同，卒而形成衝突的可能來源。

直線與幕僚一旦發生衝突，常顯現在下列範圍上：

（一）地位上的衝突

今日組織的不斷擴展與分工愈為專精，使得幕僚的專業知識與技術，乃逐漸受到重視，以致引發直線人員的顧忌。甚且，由於專業幕僚人員的不斷增加，其在組織中的地位也愈形提高。在社會活動方面，專業幕僚喜歡使用自己的獨特語言；且參加社會活動的機會較多，常依賴組織外的社會團體來肯定其地位，致傾向於外在參照群體（reference groups）的認同。直線人員則透過組織職位的政治性運用，取得地位，認同於組織的內在群體。這些都是地位上的衝突。

（二）職能上的衝突

今日組織規模的擴大，業務性質的繁複，使得直線人員難以承擔過多的任務，必須有某些專家的輔助與諮詢，以致引起直線與幕僚職能的劃分不清，甚而相互衝突。一般而言，組織很難明白地規定直線與幕僚的權責範圍，直線人員不免擔心幕僚人員侵犯其職權。許多組織的發展即顯示：幕僚職權的擴張，往往犧牲了直線人員的職能。凡此都極易造成其間的衝突。

（三）權力上的衝突

在組織內部，直線人員常掌握各種形式的權力，亦即直線人員有充分的直接權力。相對地，幕僚人員所從事的是組織的間接任務，其權力遠不如直線人員來得直接。因此，專業幕僚常透過各種不同途徑或管道，企圖影響直線人員的決定，以致增加了直線人員的心理壓力和不安。是故，直線人員與專業幕僚在權力上的衝突，不僅表現在組織結構上，更常顯現在動態的權力運作上。

基於前述，欲改善直線與幕僚的關係，避免其間的衝突，組織管理上可運用下列方法：

（一）增進彼此瞭解

無論直線與幕僚都應相互瞭解彼此的職權關係。直線人員有制定決策及將決策付諸實施的最後責任，而專業幕僚則有提供建議或諮商意見的義務。站在組織的立場，組織必須釐清直線與幕僚的權責範圍，並教導他們認清彼此的相互關係。惟有如此，雙方才能增進相互瞭解，從而建立良好的關係。

（二）承認幕僚地位

今日組織規模不斷地擴大，分工愈形專業化，專業幕僚地位日益提高；直線人員宜採取開放態度，接納幕僚的專業知識，尊重幕僚職權，隨時徵詢幕僚意見，以協助作更佳的決策。同時，凡與幕僚有關的業務，均應知會幕僚，尋求專業幕僚的見解，避免把幕僚看作是行事的阻力。惟有讓幕僚瞭解全盤狀況，才能使他們提出具體而客觀可行的建議，方不致有相互歧視的態度和看法，卒能維持和諧的合作關係。

（三）幕僚開放胸襟

幕僚工作是在協助直線人員完成主要目標者，故應瞭解自己的職責所在，才能提供良好的服務和協助，並爲直線人員所接受。幕僚人員爲了博取直線人員的信心與信任，應處處關心直線工作，而居於幕後，永不居功；否則將引起直線人員的不滿。再者，專業幕僚必須有接受失敗的心理準備，如果建議未蒙採納，應有忍讓的美德。蓋直線人員乃爲負責主要責任者。

（四）施行角色扮演

施行角色扮演，是增進直線與幕僚相互瞭解的方法。直線人員和幕僚人員之間，如能透過角色扮演，常會瞭解彼此的立場，據以改善雙方的關係。在實地「設身處地」扮演對方之後，當更能瞭解對方的想法與行爲，乃是人格與環境綜合的結果。當然，角色扮演的實施，並非一蹴可幾的，它常牽涉到客觀環境與主觀人爲因素。但角色扮演的實施，至少可促進彼此的瞭解，進而改善相互關係，培養和諧的氣氛。

（五）實施工作輪調

改善直線與幕僚關係的途徑之一，乃爲實施工作輪調制度。組織對直線人員與幕僚人員之間的互調制度，可增進彼此立場的瞭解，進而可熟悉對方的業務困難。一方面直線人員不再擁權自重，另一方面幕僚也可降低挫折感。甚而在輪調制度下，直線人員與專業幕僚都能產生工作富有變化的感覺。此外，互調制度可降低認知上的不協調，增進彼此溝通的機會，使之能易地而處，獲致多方面的看法與觀感，從而改善彼此的態度。

（六）健全幕僚制度

組織改善直線與幕僚關係的方法之一，乃爲推行「完全幕僚制度」（completed staff）。所謂完全幕僚制度，是指凡屬問題的研究和解決方案的釐訂，均由專業幕僚完成，直線主管只需批可或不可就行了。這樣的幕僚制度，不但爲專業幕僚的存在建立了價值與基礎，而且可使專業幕僚有向直線人員表達意見的機會。不過，專業幕僚所作建議必須完善，使直線人員能簡單地作認可或否定，否則不但等於沒有建議，反而給直線人員帶來困擾。

總之，直線人員與專業幕僚關係的改善，是要多方面配合的。當然，這其中最重要的，乃必須出自於雙方的誠心與眞誠的。同時，組織本身也必須健全其結構，並建立完整而有效的制度。只有如此，才能改善雙方關係，從而協助組織作正常的運作，以求達成管理目標。

第五節　非正式組織

一般組織除了有正式權力關係之外，尙存在著心理社會關係。此種非正式關係實貫穿了整個有形的組織，對生產效率與員工滿足感深具影響力，此即爲非正式組織。一般而言，非正式組織乃是針對正式組織而來的。非正式組織若無正式組織的結構，將很難單獨存在。其與正式組織的關係，正如同物體之兩面，對於整個組織結構的影響是相輔相成的。

然而，就非正式組織本身而言，它是由許多相互重疊的群體所構成的。此種群體的運作構成了整個非正式組織。因此，就組織內部而論，非正式組織只有一個；但群體卻相當繁多，且是具有重疊性的（overlap）。有關群體部分，已在本書第八章中作過詳細的討論。本節只探討非正式組織的形成及其特性。

在一般情況下，非正式組織是補充或修訂正式組織而起的自然結合，它是看不見的，但卻是依附正式組織而存在。非正式組織起自於組織內部的社會互動關係，亦即由組織內部成員的互動所構成的。一九二七年西電公司所進行的浩桑研究即發現：非正式組織是整個工作情境的重要部分，是個人與社會的關係網；此種關係網並非經由正式權威所建立，而係出自於員工自動自發的互助所形成。非正式組織強調人們之間的關係，注重個人的特質。

非正式組織並不是組織系統表所能限定的，其權力非始於授權，而係由群體成員容允而得。因此，它並不附隨於組織的命令鏈鎖，也非源自於正式層級節制的體系；而係出自於同僚內在情感的交流，是成員面對面關係的聯合。一般社會學家即稱非正式組織為「初級群體」（primary groups），而稱正式組織為「次級群體」（secondary groups）。

綜上言之，非正式組織實具有下列特性：

1.非正式組織必然存在於任何有形的組織體系之中，亦即需依附於正式組織之中，始有存在的可能。

2.非正式組織的形成，乃是自然產生的，且具有堅固的情感。

3.非正式組織內部成員是相互影響、交互行爲的。

4.非正式組織是一種面對面的關係，且有獨特的溝通系統，進行直接的意見交流。

5.由於有非正式溝通，而縮短了組織內部成員間的社會距離。

6.非正式組織比較具有民主導向（democratic orientation），其權力是經過相互認同的。

7.非正式組織呈現團體壓力（group pressure）的作用，即具有社會約束力（social control）或社會制裁力（social sanctions）。

8.在非正式組織內，向心力遠超過離心力，蓋群體的形成乃係出自內心的誠意，而非外來的壓迫。

9.非正式組織係成員彼此關係的結合，是動態的，而非靜態的。

10.無形的非正式組織，若運用不當，常足以改變或破壞有形組織的目標與特性。

總之，非正式組織的形成，大部分始自於組織內部管理的不當所形成的。其形成因素、功能、困擾以及因應措施，與工作群體相當，此已如前章所述。

第10章
激勵管理

在企業管理的領域中，激勵管理佔有相當重要的地位。在組織中，所有的主管都必須具備激勵的理念和技巧；甚至於員工本身亦應具有激發自身的能力。蓋員工之所以要工作，其基本動機厥在求取生活之所需。惟有在工作中，員工才能得到生活上的基本保障。只是人類慾望無窮，加以行爲本身是多變化的，管理者欲使員工更進一步發揮其工作潛能，若不能善用激勵手段，則很難提昇員工的工作動機。因此，本章將探討激勵和動機的意義、各種可能的理論，然後據以研討可能的激勵策略。

第一節　激勵的意義

所謂激勵（motivate），即是激發動機（motivation）之意。本章所指的激勵，主要乃在激發員工的工作動機之意，是爲動機的激發過程；而動機是指需求、需要、願望、驅力、態度、興趣、慾望等名詞而言。激勵具有管理學的意義，而動機是心理學的名詞。

一般而言，動機是個人行爲的基礎，是人類行爲的原動力。凡是人類的任何活動，都有其內在的心理原因，這就是動機。惟所有的動機除了原始的本能之外，幾乎都是要經過激發的。不管此種激勵的來源，是始自於行爲者自身，或是周遭的人、事、物等，都屬於激勵的範圍。惟本章所討論的，乃是偏重於來自外界的激勵，尤其是管理者對員工的激勵問題。當然，某些動機仍須依靠自發性的，此即爲衍生性動機。

人類行爲的基本原因，一般有兩大類，一爲需求，一爲刺激。需求是指個體有缺乏的感覺，其可能來自於內在的，如口渴需喝水；也可能來自於外在的，如需要得到讚許。刺激有得自外在因素者，如火燙引發縮手的動作；也有得自內在因素者，如胃抽搐引發飢餓即是。大凡一切行動都來自於這兩類基本動機，而產生了行動，如**表 10-1** 所示。

當人類有了動機之後，他會維持著此種動機，而採取了行動，直到他的動機已得到了滿足時，此種動機才會暫時消失，行動也跟隨著暫時停止。此種由動機的引發，產生動機性行爲，以及達成目標的過程，即構成了所謂動機週期（motivational cycle），如**圖 10-1** 所示。就行爲的觀點而言，此種動機週期乃是相當完整的，而激勵也即針對這個週期而發。

不過，就個體而言，動機乃爲內心有某種吸引他的目標，而採取某種行動來達成該目標，此即稱爲積極性動機（positive motivation）；同樣地，個體也可能逃避令他痛苦的目標，即消極性動機（negative motivation）。就動機本身的作用而言，它是一種內在的歷程，係人類行爲的心理原因。是故，動機爲隱而不

表 10-1　動機產生的原因

主要來源	次要來源
需求	・內在缺乏，如口渴 ・外在原因，如讚許
刺激	・內在因素，如飢餓感 ・外在因素，如火燙縮手

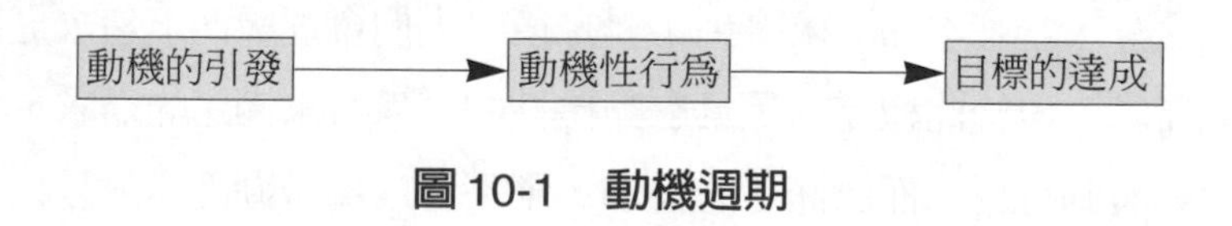

圖 10-1　動機週期

現的活動，一切動機都是由活動的方向和結果所推論出來的。

依此，當管理者發現，一位員工現在正努力地工作，繼續維持其努力，然後希望達到他自我期許的目標時，吾人可說該員工已受到激勵了。因此，激勵包括產生努力、維持努力和達成目標的過程。它是一種激起或激發個人去實現其動機的過程。

總之，激勵是指在個人有了需要或受到了刺激時，導致個人採取某種行為，以滿足其需求，並降低其生理上或心理上緊張的過程。此種過程的激發，可來自於個人本身，也可源自於外界的人、事、物。在企業管理上，管理者可運用激勵手段和原則，以激發員工的工作動機。

第二節　激勵的內容理論

激勵既為激發個人動機的過程，然則動機的內容為何？激勵的內涵何在？這就是吾人所要探討的激勵內容理論，所謂激勵的內容理論（content theories），乃在探討何者能使人努力去工作，亦即是什麼激勵了人們願意去工作。有關這方面的研究，以馬斯洛的需求層級論和赫茨堡（F. Herzberg）的兩個因素論為最著名。

一、需求層級論

所謂需求層級（hierarchy of needs），是指人類的需求都有層級之分，當基本的需求得到了滿足後，人們會逐級而上追求更高的需求。由於此種需求是具有動機性的，只有未滿足的需求，才會影響到行為；而已滿足的需求，則不會成為激勵因素。且只有一種需求被滿足了，則另一種更高的需求才會出現，並需要去滿足。馬斯洛將之劃分爲五種需求的層級，如**表10-2**所示。

（一）生理需求

所謂生理需求（physiological needs），是指人類身體上的一切基本需求而言，如食物、水和性等是。通常以飢、渴爲其基礎。這些需求如果不能被滿足，則其他任何需求都無法形成動機的基礎。馬斯洛曾說：「一個人如果同時缺乏食物、安全、愛情和尊重，則其最強烈的需求以食物爲最。」

（二）安全需求

當生理需求得到相當的滿足後，下一個較高的新需求就產生了，這就是安全需求（safety needs）。它包括免於身體受傷害、疾病的侵襲、經濟的損失以及其他無法預期的事故等之保障。從管理的觀點言，安全需求乃在確保工作安全和福利，避免在挫折、緊張和憂慮的環境中工作，享受到經濟的保障，處於可預知的、有秩序的社會環境中。

表10-2　需求層次論的內涵

基本類型	涵義	細分的需求
生理需求	人類身體上的基本需要	飢、渴、蔽體
安全需求	身體與心理的安全	免於恐懼、傷害、損失，而能得到保障
社會需求	發揮群性的本能	歸屬感、認同感、友誼、情誼
尊重需求	尋求自尊，並尊重他人	自我肯定、自我尊重、受景仰、受尊敬
自我實現需求	求不斷發展，重視自我滿足，表現自我成就，發揮潛能	顯現才能、成就感、自我表現感

（三）社會需求

當生理或安全需求獲致適當的滿足後，社會需求（social needs）又成爲另一項重要的激勵因素。社會需求有歸屬感、認同感和尋求友誼等是。每個人都希望受到他人的接納、認同和友誼，且也會給予他人接納、認同和友誼。這些都是基於人類合群的本能。若該層級的需求得不到滿足，則有可能損害到個人的心理健康。

（四）尊重需求

當上述各層級需求都得到相當滿足後，尊重需求（esteem needs）可能會變成突出的需求。此種需求有兩方面：一爲尋求自我尊重，即要求自己應付環境和獨立自主的能力；另一爲取得他人的尊重，即希望受到他人的認識、肯定和景仰。此種需求對激發個人的動機，佔有相當的分量，是屬於較高層次的需求。

（五）自我實現的需求

需求層級論的最高需求，乃爲求取自我的不斷發展，重視自我滿足，表現自我成就，體會到才幹和能力的潛在性。這種自我實現的需求（self-actualization needs）的滿足，只有在其他所有的需求已獲得相當滿足後，才可能實現。因此，人們之所以能達成自我實現，乃是因爲滿足該項需求的機會增加，以致能受到激勵之故。

總之，需求層級論已廣爲管理實務人員所接受和認同。雖然它不見得能提供對人類行爲的完全瞭解，或可作爲激勵員工的手段；但對各層級需求的瞭解，確能提供在管理實務上的參考。不過，該理論也受到了一些批評。首先，它未能顧及個別差異的存在，即不同的企業機構、職位、國家的狀況，不見得能完全適用。其次，需求層級可能具有重疊性，如薪資可能對以上五種需求都有影響。最後，需求層級太剛性了，蓋在不同情境下，需求也可能隨著時間而變化；它也可能因人而異。

二、兩個因素論

另外一種激勵的內容理論，乃是赫茨堡的兩個因素論（two factors theory），基本上仍脫不出需求層級論的窠臼，只是它分爲兩大因素而已，其一爲維持因素，另一爲激勵因素，如**表10-3**所示。

（一）維持因素

所謂維持因素（maintenance factors），是指某些因素在工作中未出現時，會造成員工的不滿；但它們的出現也不會引發強烈的工作動機。亦即維持因素只能維持滿足合理的工作水準，維繫

表10-3　兩個因素論的內涵

基本類型	涵義	細分出的需求
維持因素論	維持員工工作動機於最低標準和合理工作水準的因素	・公司政策與行政 ・技術監督 ・個人關係 ・薪資待遇 ・工作地位 ・個人關係 ・工作情境
激勵因素論	激發員工工作動機於最高標準和提昇高度工作績效的因素	・成就 ・承認 ・昇遷 ・賞識 ・工作本身 ・個人發展可能性 ・責任

工作動機於最低標準而已。然而，這些因素之所以具有激勵作用，乃是若它們不存在，則可能引發不滿。其效果恰如生理衛生之於人體健康的作用一樣，故又稱爲健康因素或衛生因素（hygienic factors）。赫氏列舉的維持因素，有公司的政策與行政、技術監督、個人關係、薪資、工作安全、個人生活、工作情境和地位等是。這些因素基本上都是以工作爲中心的，是屬於較低層級的需求。

（二）激勵因素

所謂激勵因素（motivational factors），是指某些因素會引發高度的工作動機和滿足感；但如果這些因素不存在，也不能證明會引發高度的不滿。由於這些因素對工作的滿足具有積極性的效果，故又稱之爲滿足因素（satisfiers）。這些因素包括成就、承認、升遷、賞識、工作本身、個人發展的可能性以及責任等均屬之。這些因素在需求層級論中，是屬於高層級的需求，基本上是以人員爲中心的。

赫茨堡的激勵因素是以工作爲主體的，它們是直接和工作本身、個人績效、工作責任和從中所獲得的成長與認同有關；至於維持因素則屬於工作本身的次要因素，其多與工作環境有關。是故，當員工感受到高度的激勵時，對來自維持因素的不滿足感有較高的忍受力；但若情況相反，則不然。

激勵因素與維持因素之間的差異，乃類似於心理學家所謂的內在與外在激勵。內在的激勵來自於工作本身與自己的成就感，且在執行工作時發生，而工作本身即具有報酬性；外在激勵乃爲一種外在報酬，其發生於工作後或離開工作場所後，其很少提供作爲滿足感，如薪資報酬即爲一種外在激勵。

赫茨堡已擴展了馬斯洛的理念，並將之運用於工作情境上，衍生了工作豐富化的研究與應用。惟激勵因素與維持因素有時是難以劃分的，如職位安全對白領人員固屬於維持因素，但卻被藍領工人視爲激勵因素。且一般人多把滿足的原因歸於自己的成就；而把不滿的原因歸於公司政策或主管的阻礙，而不歸於自己的缺陷。由於各種研究對象、文化等的差異，常造成兩個因素論的不正確性。

總之，赫茨堡的兩個因素論和馬斯洛的需求層級論大致相同。赫氏的激勵因素大致符合馬氏的高層級需求，如尊重、自我實現等需求；而維持因素也符合低層級的生理、安全、部分社會等需求。

第三節　激勵的過程理論

激勵的內容理論乃在說明工作的動機是什麼，管理者應激勵什麼；而動機的啓動、前進、維持或靜止，管理者應知如何去激發、引導，則屬於激勵過程理論所需探討的主題。本節所擬探討的激勵過程理論，有期望理論、增強理論和公平理論。

一、期望理論

激勵的期望理論（expectancy theory），乃是由心理學家弗洛姆（Victor Vroom）於一九六四年所提出。該理論乃是假設一個人相信他努力工作，而能獲得適當報酬，則他會受到激勵而努力工作；亦即個人相信努力工作，會導致良好的績效，而獲得所喜歡的報酬。該理論涵蓋三項變數，即期望、媒具和期望價。

所謂期望（expectancy），是指一項特殊行爲將會成功或不會成功的信念。它是一種主觀的機率。通常期望有兩種：一為努力將導致某種績效成果的知覺水準，即E→P期望；另一為績效成果將導致需求滿足的知覺機率，稱為P→O期望。前者為對生產力的期望，需視個人能力、工作難度和自信心等而定；後者為對報償的期望，視員工對增強情境的知覺而定。

所謂媒具（instrumentality），是指一個人察覺到績效和結果相關的機率。它是一種特定績效水準將導致一種特定結果的機率。例如：個人努力表現工作績效，結果得到相當的報償，其間的關係即稱之為媒具。它是指努力表現工作績效和得到相當報償之間結果的察覺程度。

至於，期望價（valences），又稱之為偏好（preference），是指一個人對結果所體認到的價值。如果個人對報償的期望很高，其期望價必高；如果他對報償的期望全無或無動於衷，則其期望價必低，甚至為零。

綜合上述討論，則工作的激勵（M）乃是期望（E）乘以媒具（I）再乘以期望價（V）的結果。其公式可表示如下：

$$M = E \times I \times V$$

在上式中，期望、媒具和個人偏好都很高時，則個人受到激勵的可能性就高；相反地，若期望、媒具、個人偏好等偏低時，或其中一項為零，則個人被激勵的可能性就低或全無。

依據期望理論的內涵而言，管理者可運用選拔、訓練和透過領導方式，以改善員工的個人績效，進而提昇他們的期望；以支持、眞誠與善意的忠告和態度，來影響其媒具；以聽取員工需求，協助他們實現所期望的結果，以及提供特定資源，來達成所期望的績效，以影響其偏好。此外，激勵的運用宜考量到知覺的角色。蓋個人的期望、媒具和期望價，都會受到知覺的影響。當然，期望理論本身也相當複雜，並不容易評估。畢竟期望、媒具和偏好等應如何測定，這是相當困難的。

二、增強理論

增強理論（reinforcement theory）乃為另一種深受重視的激勵過程理論。增強理論乃為利用正性或負性的增強，來激勵或創造激勵的環境。該理論主要源於斯肯納的見解，認為需求並不屬於選擇上的問題，而是個人與環境交互作用的結果。行為是因環境而引發的。個人之所以要努力工作，是基於桑代克所謂的效果律（Thorndike's law of effect）之故。

桑代克所謂的效果律，是指某項特定刺激引發的行為反應，若得到酬賞，則該反應再出現的可能性較大；而若沒有得到酬賞，甚或受到懲罰，則重複出現的可能性極小。此亦即為操作制約原則（principles of operational conditioning）。

操作制約乃為用於改變員工行為的有力工具，其係以操縱行為的結果，應用於控制工作行為上。近代管理學上所謂行為修正（behavioral modification），就是將操作制約原則運用在管制員工的工作行為上。此時，管理者可運用正性增強（positive reinforcement），如讚賞、獎金或認同等手段，以增強員工對良好工作方法、習慣等的學習。管理者也可運用負性增強（negative reinforcement），以革除員工的不良工作習慣和方法，並使員工避開不當的行為結果。該兩者都在增強所期望的行為，只不過是前者在提供正面報償的方法，而後者則在避開負面的懲罰而已。

在管理實務上，管理者可運用三種增強類型：即連續增強時制、消除作用時制和間歇增強時制，以增強員工的工作行為。連續性增強時制，是指每次有了期望行爲的出現就給予一次報償。消除作用時制，則不管任何反應都不給予報償。間歇增強時制，則只有定期報償所期望的行爲。根據研究顯示，連續增強時制會引發快速學習；而間歇增強時制則學習較緩慢，但較能保留所學習的事物。至於消除作用時制，僅用於去除不良工作習慣和方法，亦即爲消除非所期望的行爲上。

不過，增強理論所受批評甚多，如以增強作用來操縱員工的行爲，不合乎人性尊嚴；且以外在報酬的激勵，顯然忽略了內在報酬的需求。蓋工作有時是一種責任，此需有更多的榮譽心來驅動。又增強因素不能長久地持續運用，它不見得對具有獨立性、創造性和自我激勵的員工有效。因此，增強理論的運用固有助於解說某些問題，但無法解決每項激勵的問題。

三、公平理論

公平理論（equity theory）也是一種過程理論，又稱爲社會比較理論（social comparison theory），或稱爲交換理論（exchange theory）或分配公正理論（distributive justice theory）。該理論所討論的重心在報酬本身，而視報酬的公平與否是行爲的重要激勵因子。

公平理論爲亞當斯（J. S. Adams）於一九六三年所提出，其可包括投入（input）、成果（outcome）、比較人或參考人（comparison person or referent person），以及公平和不公平（equity-inequity）等概念。所謂投入，是指員工認爲自己投入公司所具有的條件和對公司的貢獻，如教育程度、技術能力、努力程度……等。成果是指員工感覺從公司或工作中所獲得的代價，如地位象徵、待遇、昇遷、受賞識和成就等。

所謂比較人或參考人，是指員工用來作比較投入和成果關係的對象。此可能是同地位的人，也可能是同團體的人；可能是公司內的人，也可能是公司外的人。至於公平與不公平，是為個人和他人比較投入與成果關係的感覺。若員工在比較後，感覺到公平或尚公平，則仍受到激勵；否則很難有激勵的效果。

一般而言，員工不但會衡量自己的投入與成果，且會和別人作比較。他是否獲得激勵，不僅是依他對投入和報償關係的評量，且會將此種關係和他人比較。縱使他覺得本身報償很高，但如與他人比較後，發現所得報償不如他人時，仍可能降低其工作動機。因此，公平理論在激勵過程中仍扮演著某種角色。

第四節　激勵的整合模型

激勵的內容理論和過程理論，都具有目標指向（goal-oriented）的涵義。惟各項理論的差異甚大，且都只顧及激勵的某些層面，其含有各自的觀點。心理學家波特爾和羅勒爾（Lyman W. Porter & Edward E. Lawler）則提供了整合各種激勵理論的理念、變數和關係，其涵蓋了需求層級論、兩個因素論、期望理論、增強理論和公平理論等的觀點。

波氏和羅氏的理論，在基本上乃以期望理論為基礎。他們認為個人之所以獲得激勵，乃是依據過去的習得經驗，而產生對未來的期望。其中包含幾項變數，即努力、績效、報償、對公平的知覺以及滿足感等，其關係如**圖10-2**所示。

圖10-2除了顯示努力、績效、報償和滿足感之間的關係外，其績效尚受到個人能力、需求和特質以及角色知覺的影響；

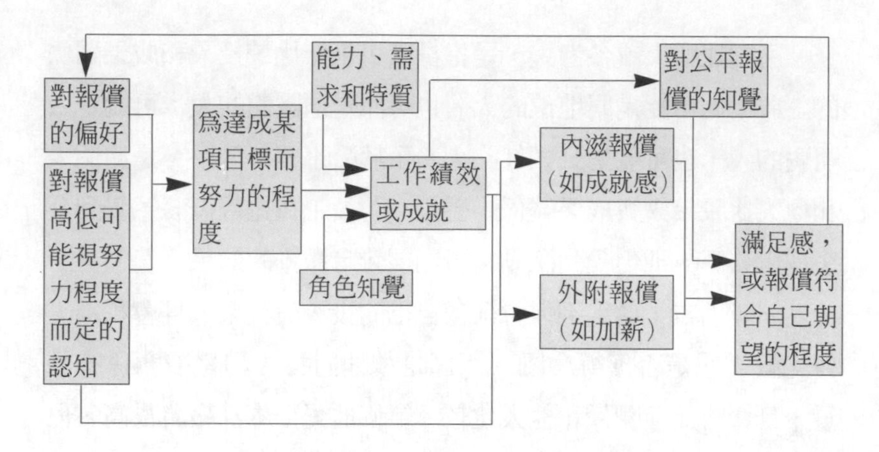

圖 10-2 激勵的整合模型

而一旦有了績效之後，個人對公平報償的知覺，也同樣影響了滿足感。在有了滿足感或報償符合自己的期望時，將增強個人努力的程度和動機。

此外，該模式將報償分為內滋報償與外附報償。所謂內滋報償（intrisic rewards），乃為職位設計能使個人只要有工作表現，即可自行滋生成就感。外附報償（extrisic rewards），是指工作有了良好的績效，而由外界獲得報償，如加薪即是。此部分即為內容理論所探討的主題。

再者，整合激勵模式已充分應用了激勵的概念。假如個人知覺到努力和績效之間、績效和報償之間，以及報償和滿足之間、滿足和努力之間等，均有強烈的關係存在，則個人自然會努力工作。為了努力工作而達成績效，則個人必須清楚自己所期望的角色、能力、需求和其他特質。此種績效和報償的關係，在個人能知覺到報償的公平性時，尤為強烈。假如個人已知覺到公平性，則滿足感就產生了。此時，受到增強而得到滿足的報償，將形成未來對目標導向行為的努力。這些部分涵蓋了整個過程理論。

該模型也強調，工作有了績效，才容易使員工獲致滿足；而滿足感也能產生良好的工作努力和績效。在立論上，它已解決了滿足和績效何者爲先、何者爲後的問題，可說是相當完整的模式。顯然地，激勵是一項相當複雜的過程。管理者在運用整合模式時，宜綜合掌握所有變數的相關性，以便對部屬作最有效的激勵。

第五節　激勵的管理策略

一般員工之所以被激勵，大致上來自於兩方面的來源，即外附報償的激勵與內滋報償的激勵。外附報償多來自於管理者或外界環境，而內滋報償多來自於工作本身或員工自身。員工工作動機的強弱，厥取自於他希望從工作中得到什麼而定。不過，在一般情況下，管理者要滿足員工的外附報償，可採用薪資激勵的方式；而在滿足內滋報償方面，可採用工作豐富化方案。蓋幾乎所有的激勵方案，在基本上都脫不出該兩者的範圍。

一、薪資及相關給付

員工因工作所獲得的報償，實際上包括整個薪津給付和各項福利，如休假給予、各種保險和提供個人設施等均屬之。幾乎所有激勵的內容理論和過程理論，都認爲金錢對動機的產生和持續性均具有影響力。在內容理論中，都認爲薪資是一種維持因素；期望理論認爲薪資的滿足多重於需求，故薪資對工作者甚具吸引力；若個人能知覺到良好績效有助於獲取更高的薪資，則薪資將是良好的激勵因素。增強理論則認爲薪資可激勵工作行爲。至於公平理論，則認爲公平的薪資有激勵效果。

就金錢本身而言，薪資可用來作爲激勵的層面甚廣。它不僅能滿足員工基本的生理需求，且對於安全、社會、尊重和自我實現等需求，都具有激勵作用。如有了良好的薪資，在心中的安全感會更爲踏實；在社會和家庭中，它也扮演著協助和諧的角色。再次，更多的薪資常能贏得社會尊重，滿足自尊需求；有時，薪資更是社會地位的象徵，能提昇自我價值感，而表現自我成就。

然而，有些研究顯示，金錢的激勵效果尙需依個人對金錢的看法和工作性質而定。對管理階層而言，薪資並不是強有力的激勵因素；蓋管理階層多爲具高成就動機的人，比較關心工作是否能提供個人滿足；但也不是全然不重視薪資待遇，而是他們的薪資本已是很高了。但對一般生產工人而言，由於其待遇較低，成就動機也低，以致比較重視薪資的追求，故薪資乃成爲一項重要的激勵來源。此外，個人對金錢的看法也可能影響其受激勵的程度。對於那些經常缺錢用的人，金錢的激勵效果比富有的人爲大。蓋貧窮的人較希望立即收到金錢，而富有的人則否；一般貧窮的個人較著重於低層需求的基本滿足，而富有的人則熱衷於高層次需求的追求。不過，高成就需求的個人有時之所以追求金錢的滿足，往往是因爲對枯燥工作的一種補償心理。因此，他想在犧牲的枯燥生活中，由工作所獲得的報償而得到滿足。至於低成就動機的人，則直接希望從工作中獲得薪資的報償。

再就相對觀點而言，一般人若需有更多的金錢去滿足低層次需求，而不能用來滿足高層級的需求，則他對薪資的要求不高；但若少量的金錢即可用來滿足低層級的需求，且需用更多的金錢來滿足高層級需求，則其所要求的薪資將更高。由此觀之，當金錢用來滿足更高層級需求時，由於花費更大，故常使人要求更高的薪資報酬。

總之，薪資制度的推行是相當複雜的。工作士氣和績效的改善，實有賴極多變數的配合，其非僅依賴薪資的提高而已。蓋人的慾望是無窮的，只靠薪資的調整，很難長久地維持其激勵效果。舉凡工作位置、勞工關係以及組織氣氛等，都是很重要的變數。對管理階層來說，激勵是要作多方面的探討與配合的，工作豐富化即是一個例子。

二、工作豐富化

激勵員工工作動機的另一種方法，可能是工作豐富化。所謂工作豐富化，乃衍生自赫茨堡的兩個因素論而來，其係指工作最富變化，個人擔負的責任最大，個人最有發展的機會。它不僅對工作的橫切面加以擴大而已，且擴展了工作的垂直面；亦即提昇工作層次，擴大員工對工作的計畫、執行、控制和評估的參與機會，並加重其職權和責任。

實施工作豐富化的目的，乃在讓員工擁有完整的工作，較大的獨立自主性與責任感；且工作有了回饋，可以評估和改善自己的工作表現。據此，可提昇員工工作滿足感，降低離職率和缺勤率，從而提昇生產力。此外，工作豐富化擴大了個人的成就和認知，具有更多挑戰性和回應，並賦予個人更多昇遷與成長的機會。

基本上，工作豐富化乃在增加工作廣度和深度。所謂工作廣度（job range），是指執行工作活動的數量而言；而工作深度（job depth），是指對工作的自主權、責任，和自由選擇權與控制權而言。然而，工作豐富化仍需對工作單位的界限劃分清楚，否則員工將無所適從，而降低其工作績效。不過，在劃分工作界限的同時，應將許多相關性工作合併，由個人獨立完成，如此才能有「該工作為我個人所獨立完成」的成就感。此乃為工作單位的建構。

其次，為實施工作豐富化，管理者必須慢慢地把工作責任移交給員工，直到他能完全掌握時為止，此種過程乃工作單位的控制。所謂工作單位的控制，就是要員工自己訂定工作目標，決定工作時限，並完成自己的工作目標。

在實施工作豐富化的過程中，工作結果的回饋乃是相當重要的。工作結果的回饋，是要讓員工知道自己努力的結果，由自己作檢查。如此可瞭解工作缺點，研究改進工作的方法，並作適切的修正與調整。員工作自我檢視時，必須每天記錄工作產量和品質，並繪出統計圖表，來比較其成果和缺失，據以獲知產量的高低與品質的好壞。如此自可省掉管理者的考查工作。

不過，工作豐富化的實施，其先決條件必須員工本身具有高度的成長需求，才有成功的可能性。惟根據研究顯示，許多員工並不是高度成長動機的人；且工作豐富化往往剝奪員工自由交談的機會，以致不易推行。

總之，激勵員工的途徑甚多，其除了要因應組織的環境外，尙需兼顧人性的需求。員工的人性需求與組織目標和科學技術及經濟因素，對管理來說都具有同等重要性。管理者不應純就工作觀點，要求員工有良好的工作表現；更重要的乃為瞭解員工的工作立場，適當地運用激勵手段，才能發揮員工的潛能，眞正為組織目標而努力。

第11章 領導行為

領導行爲是企業管理的重心之一，任何組織若缺乏有效的領導，則不易展現經營效率。因此，領導行爲是自有人類社會以來，即已存在的古老課題。學者對領導行爲的研究，可謂多如牛毛；但有關領導的完整理論，卻是不可多得。此乃因領導所牽涉的因素甚爲複雜，非爲一項通則所可概括。本章只擇其要者，論列領導的意義，領導產生的權力基礎，以及影響領導的特質論、行爲論、情境論等觀點，然後研討有效領導的途徑。

第一節　領導的意義

領導是一項人言人殊的課題，早期學者對「領導」一詞的涵義，較偏向於靜態的解說，甚而將領導與管理不分。今日學者採取比較動態的觀點來分析「領導」，把領導看作是一種影響力，而不是一種強制力。一家企業組織是否能群策群力以竟事功，領導的作用甚是重要。然而，何謂領導？所謂領導（leadership），是指一種行爲及其影響作用而言，亦即是一種能引導他人或一群人朝向某種目標邁進的影響力。它是一種改變他人行爲的力量，但促使他人行爲的改變，並不是出自於強迫的，而是某種推力使之自然改變的。因此，領導是自然改變他人行爲的力量。領導與權力是不相同的，權力是一種強迫的力量；不過，權力卻也可能是領導的一種推力。

依此，領導是激發他人去達成特定目標的影響歷程。就組織心理的觀點而言，領導是一方面由組織賦予個人統御其部屬，用以完成組織目標的權力；另一方面則爲把組織視爲一個社會心理體系，而由領導者產生一種行爲的影響力，用以激發團體成員努力於組織目標的達成。前者係依組織正式結構產生的領導，是一種正式領導；後者則爲依非正式結構產生的領導，屬於一種非正式領導。易言之，領導具有兩方面的作用，一爲完成組織正式目標，一則爲表現群體交互影響，如**表11-1**所示。

史達迪爾（Ralph M. Stogdill）即認爲：領導是對一個有組織性的團體，致力於其目標的設定與達成等活動時，施予影響的過程。該定義顯現領導的三項要素，爲：⑴必須有一個組織性的團體；⑵必須有共同的目標；⑶是一種影響活動。貝尼斯（Warren G. Bennis）強調領導乃是「一位權力代表人引導部屬，使其遵循一定方法去行事的過程。」該定義有五項因素：領導人、屬員、引導行爲、方法、過程，強調領導的影響關係，以及環境條件的運作。

貝爾勒（Alex Bavelas）則注意領導行爲，認爲領導是協助團體作抉擇使能達成其目標，領導權包含著消滅不確定的作用。這個概念即是說，領導者的行爲能爲團體建立起從前所未經確知的情況，一經領導者在組織中擬具出目標，他就能執行這些領導活動，使得其他人追隨其行動。

湯納本（R. Tannenbaum）與馬沙里克（F. Massarik）曾就領導與影響系統的關係之觀點，陳述領導是「依情況而運作，並透

表11-1　領導的兩種作用

類別	權力架構	權力基礎	功能目標
正式領導	正式組織結構	・合法權力 ・獎賞權力 ・懲罰權力	完成組織目標
非正式領導	非正式組織結構	・參照權力 ・專家權力	達成群體互動

過溝通的過程，而邁向一個特定目標或多重目標的達成之一種個人影響。領導總是包含著根據領導者（影響者）去影響追隨者（被影響者）的行爲之企圖。」換言之，最能滿足團體內個人需求的人，才是眞正的領導者。

菲德勒（Fred E. Fiedler）則指出，一個領導者乃是「在團體中具有指令與協調相關工作的團體活動的任務；或者是在缺乏指派領導人的情況下，能擔當基本責任於實現團體功能的個人。」該定義強調領導是：(1)一種過程；(2)一種地位集群。不過，它重視「一種過程」，遠甚「一種地位集群」；且「任務指向的團體活動」似乎表示領導與管理是同義詞。惟事實上，管理比領導更具有較寬廣的基本功能。

領導是管理的一部分，但並不是全部。一個管理者除了需要去領導之外，尙需從事計劃與組織等活動；而領導者則僅止希望獲取他人的遵從。領導是勸說他人去尋求確定目標的能力，它是使一個團體凝結在一起，同時激發團體走向目標的激勵因素。除非領導者對人們運用激勵權力，並引導他們走向目標；否則其他管理活動如規劃、組織與決策等，終將靜止。此種涵義強調領導角色，乃在發掘行爲的反應，隱含著達成團體目標的人爲能力。

當然，領導並不是單方面領導者的行爲，而是領導者和被領導者在某些情境下交互作用的結果。因此，領導亦可視爲一種人際互動的過程，只是領導者影響被領導者較多，而被領導者影響領導者較少而已。此在各種領導理論出現後，已爲各個學者所共同接受的觀念。

總之，領導就是以各種方法去影響別人，使其往一定方向行動的能力。在今日組織中，有積極平衡性性格的個人才可能是領導者；而未具平衡性性格的個人，則不可能帶動別人從事適當活動。質言之，影響企圖失敗，則表示領導無效，領導者就會喪失領導能力，此時自無領導之可言。

第二節　領導的權力基礎

領導既是個人對他人或團體所擁有的影響力，則它必以某些權力為基礎；惟學者對權力的看法，則人言人殊。艾茨歐里（A. Etzioni）認為權力有三種類型：外在權力（physical power）、物質權力（material power）、象徵權力（symbolic power）。賽蒙（Herbert A. Simon）把權力關係分為四種：信任權力（authority of confidence）、認同權力（authority of identification）、制裁權力（authority of sanctions）、合法權力（authority of legitimacy）。本節首先就早期傳統及其後所衍生的個別看法，說明各種權力理論；然後討論韋伯以及佛蘭西與雷文的理論，以供參考。

一、早期及其後的各個論點

領導權力來源的說法，本就眾說紛紜；早期對權力的看法，都以本位立場各據一方。當組織開始形成之初，一般都認為權力是由上而下的，此在專制政治體制尤然；隨著民主思想的開放，乃認為權力應是由下層人員容允（permissive）而得的；其後經過若干修正，又有了其他的論點出現。由此，有關領導權力的個別理論乃應運而生，其時對權力來源的主張都本於獨立的看法，而各自建立起其論點，最主要的可分為下列幾種看法，茲分述如下（如表11-2）：

表 11-2　早期各個權力來源的看法

理論類型	內容來源
形式職權論	權力來自組織的頂層
接受職權論	權力來自組織的底層
情勢職權論	權力來自緊迫的情勢
知識職權論	權力來自專業的知識

(一) 形式職權論

形式職權論（formal theory of authority），是指一位領導人的權力乃係來自於組織的頂層。不管此種領導人是如何來的，他所擁有的權力是因為他居於組織的頂端，這是組織權力來源的最早看法，也是組織層級理論的傳統看法。站在組織統合的立場而言，此種權力來源應是最具正當性和合法性的。因此，此種看法在早期人類有了組織即已存在，及至今日組織學者仍無法否定組織權力來自頂層的說法。是故，形式職權論乃是傳統學者所共認的理論，也是一般組織普遍存在的事實。

(二) 接受職權論

接受職權論（acceptance theory of authority），主張領導人之所以具有權力，乃是因為部屬接受他權力的運用而來；若部屬不接受領導者的權力，則其權力是無法存在的，至少也被大打折扣。此種權力學說乃為行政組織學家巴納德所極力提倡的。他認為組織領導者的權力，應是由下而上的，而非為由上而下的。蓋組織底層若拒絕接受權力，則領導者自無權力可言，故權力應是部屬容允而得的。

(三) 情勢職權論

所謂情勢職權論（authority of the situation），是指權力的來源係始自於緊迫的情勢。當組織或任何情境處於緊迫的狀態下，行為者可當機立斷以處理其緊急的情況，由是他乃擁有當時的權力；而當此種緊急情況消失後，他所擁有的權力立即消失；但也可能因他有過的經驗，而再衍生其後續所產生的權力。不過，此種個人權力在性質上是由情勢所促成的，因此他當時確擁有一份指揮權。大凡在危機情勢下，而必須立即採取行動的狀況，都能促使在場者行使權力，此種權力是不必經過正式授權的。

（四）知識職權論

所謂知識職權論（authority of the knowledge），乃是指權力的來源係因某人擁有專業知識之故。此即某人具有專業技術能力，而擁有指揮他人的權力。在今日社會中，由於分工專業化的結果，擁有專業知識權力者日衆；而其他缺乏某項專業知能者，只有聽從指揮的份。所謂「知識即權力」「知識就是力量」，正是此種情況的寫照。因此，擁有豐富知識的個人，乃能成為領導者。因為專業知識具有引導他人的作用，甚而為他人謀取利益，故而能成為權力的來源。

顯然地，權力的來源不止於一種。然而，由於上面的論述正足以說明權力是一種動態的概念，隨之而來的領導權也必須以動態的觀點而加以正視。亦即領導權的產生，絕不僅限於組織正式層級所賦予的意義，有時也必須從組織的底層或其他方面去探討，方不致產生偏頗的現象。

二、韋伯的理論

德國社會學家韋伯（Max Weber）把權力（power）稱為「權威」或「職權」（authority），他認為權力是控制別人行為的能力（the ability），而權威則是控制別人行為的權利（the right）。他把權威分為三種基本類型：法理權威（legal / rational authority)、感召權威(charismatic authority)和傳統權威(traditional authority),如表11-3。

(一)法理權威

法理權威或可譯爲合法合理權威,它既不是反應某人的特質而來,也不是完全依賴傳統的文化結構而生,而是來自於一個理性的系統,亦即由法令、規則和條例體系所界定的。某人之所以擁有權力,係依法定程序而來,是依據組織體制的合法合理性而生。因此,決定個人擁有權威的因素,是職位或職務,而不是佔有該項職位的個人。法理權威是屬於法治的,而不是人治的;權威的執行只限於公務,也就是在技術上或功能上的地位。在法理權威下,領導者只能在法定情況下行使權力,而他所執行的是一個理性體系所賦予的職責。

(二)感召權威

感召權威或可稱之爲神性權威或魅力權威,其乃來自於個人天生的稟異才能,也就是一種近乎超人或超自然的稟賦才能。此種權威的取得是依靠領導者個人的魔力性質,使他的追隨者自願去服從他的命令,人們追隨他的原因是出自於個人崇拜,而不是由於法律規章的約束。韋伯曾說:「感召領袖只有藉著展現他對

表11-3　韋伯的權力來源理論

權威類型	來源
法理權威	・權威來自法定規章的合法程序 ・權威來自理性體系的職位或職務
感召權威	・權威來自個人的稟賦才能 ・權威來自領導者個人的魅力特質
傳統權威	・權威來自於世襲的職位 ・權威來自於傳統的文化價值

生命的力量，才能獲致與保持權威。他若想成爲一位先知，就必須讓奇蹟出現；若想成爲一位司令官，就必須有英雄事蹟。」就影響力的觀點而言，感召權威概念遠超過權威概念，因感召權威的形成乃依據個人特質而來，具有強固的地位特性。由於感召領袖有獨特特質，故不易找到繼任人選；也由於這個原因，感召權威常不穩定，且無法持久。

（三）傳統權威

傳統權威介於法理權威和感召權威之間。傳統權威的職位通常是世襲的，而人們也覺得必須對佔有該職位者忠誠。此種權威的來源最初通常是始於感召權威的建立，或接受政治體制而生，或由宗教信仰而來，而後逐漸形成傳統的文化價值，使得傳統權威得以傳遞下去。在傳統社會中，人們經常認爲，習以爲常的事就是神聖不可侵犯的。凡是具有傳統權威的個人，就是基於人們對這種文化價值的認同，以致獲得他人的追隨與服從。

以上這三種權威可能會彼此重疊。在法理權威下所產生的領導者，可能擁有相當的傳統權威，而且本身也具有感召權威。而在傳統權威下的領導者，也可能有某些法理權威或個人的感召權威。同樣地，出自於個人感召權威的領導者，也可能衍生出法理權威或建立起傳統權威。不過，在此模型下，這種權威有可能以某一種權威爲主要的憑藉。

三、佛蘭西與雷文的理論

佛蘭西（John R. P. French）與雷文（Bertram Raven）認爲：權力是指某個人對他人所能發揮的控制力。顯然地，在某個社會團體中，某人具有權力即是他擁有控制能力之故。依此，他們認爲權力的來源有五：即報償權力（reward power）、強迫權力（coercive power）、合法權力（legitimate power）、參照權力（referent power）、專家權力（expert power），如表 11-4。

（一）報償權力

所謂報償權力或可稱之爲報酬權力或獎賞權力，是指某人能提供給予他人多少獎勵的能力而言。在報償權力下，領導者掌握了對下屬的獎賞權力，以致增強了他所具有的影響力。如果下屬能按照領導者的意思去做事，將可獲得正面的報償。這些報償可能是金錢，如加薪是；也可能是非金錢的，如讚賞、記功等是。領導者所擁有的報償權力，不僅和他所能給予獎勵數量之多寡有關，且和他所能支配獎勵範圍的大小有關。因此，領導者報償權力的大小，除了係依其在工作範圍內，能給付多少薪資的獎勵能力而定之外；尙須依憑他在組織內能否變更此一工作範圍，或對屬員晉升的機會，提供強有力的影響之可能性而定。

（二）強迫權力

強迫權力或可稱爲強制權力或懲罰權力，係指領導者具有某些足以令他人接受其命令，以免遭受到痛苦或損失的權力。亦即領導者具有懲罰屬員的影響力，此與報償權力爲一體之兩面。此種權力會使部屬體會或知覺到不順從主管的意志，將招致懲罰。

表 11-4　佛蘭西和雷文的權力來源理論

權力類型	來源	類屬
報償權力	權力來自於領導者擁有獎賞的能力和權限	正式權力
強迫權力	權力來自於領導者擁有懲罰的權限程度與強度	正式權力
合法權力	權力來自於領導者擁有合法的職位與職務	正式權力
參照權力	權力來自於部屬對領導者認同的程度	非正式權力
專家權力	權力來自於某些人是否具有專業知識而爲人所肯定的程度	非正式權力

在組織中，領導者的強迫權力，有申誡、記過、調職、減薪、降級和解僱等方式。強迫權力的大小，依當事人違反權力者意志的程度，以及權力者所能施加懲罰的強度而定；此常與獎賞權力交互運用，以求達到屬員服從的目的。

（三）合法權力

合法權力係衍生於組織內部的規範與文化價值，且是依據組織的合法職務而來的權力。一位主管若經由法定程序任命，則他所具有的權力即屬於合法權力。由於主管擁有合法權力，故部屬認爲聽命於主管乃是理所當然之事，以致主管乃得以影響其下屬的行爲。不過，此種合法權力常依據獎賞和懲罰權力爲其基礎，始能發生作用。此種權力亦可指定某人代行權力，而另一些人則有接受該權力運作的義務，此乃因它是合法的泉源。

（四）參照權力

參照權力是基於影響者與被影響者的認同關係而來，故又稱爲歸屬權力或認同權力。此即爲領導者擁有某些特質，而爲被領導者所認同，以致產生共同的歸屬感與一致感。此種歸屬感的形成，乃是因爲領導者被認爲具有一定的吸引力，且是希望的來源之故。此種權力往往是領導權的眞正來源，因爲它是基於「被治者同意」的原則而來的。

（五）專家權力

專家權力是指某人因擁有專長、專門技能和專業知識，而具有影響他人行爲的力量而言。此種專家常受到他人的尊敬和順從，此有助於工作的順利推行。專家權力的強度須視影響者在專門知能領域上，受別人所敬重的程度以及依據某些標準所衡量的水準而定。一個人在這些範圍內受到肯定，往往更具領導權，尤其是在今日分工愈爲精細的社會中，專家權力愈爲廣泛。組織中具有專門知識與技巧的專家，以其擁有的才能與技術，而形成對他人極大的影響力。

上述這五種領導權力的基礎中，前三者與正式組織有關，是屬於組織權力，它是正式組織的主管所專有。但一位管理者也不能忽略來自於個人特質的參照權力和專家權力，此兩者一般是屬於個人的，是一種非正式權力的基礎；但其影響力不下於正式權力的基礎。此即爲有效的管理實應兼俱爲有效的領導者之故。

第三節　領導的特質論

有效的領導除了要瞭解領導權力的來源及其運用之外，尙須探討有關領導效能的理論，這些理論大致上可包括特質論（trait theory）、行爲論（behavioral theory）與情境論（situational theory）等。本節先探討特質論，如**表 11-5** 所示；以後各節將分別討論行爲論和情境論。所謂領導的特質論，乃認爲領導權的形成或成功的領導，係基於領導者具有某些特殊特質之故，這些是非領導者比較欠缺的。這些特質包括心理特質，如主動性、忍耐、毅力、熱忱、洞察力、判斷力等；社會特質，如同情心、社會成熟性、良好人際關係能力、關懷心、道德心等；生理特質，如身高、體重、儀表堂堂、健壯等；以及其他特質，如具自我管理能力、有人性觀、豐富的知識、勤勉等是。

事實上，有關領導者特質的探討甚多，一般都認爲領導者之所以爲領導者，乃是他具有令人折服的一些突出特質，如自信、具有較高的智慧……等。由於各個學者研究的對象、範圍等都各有不同，致常得到不同的結論。如貝尼斯（Warren Bennis）認

表 11-5　成功領導者的某些特質

特質類型	內涵
心理特質	主動、忍耐、毅力、熱忱、洞察力、判斷力、坦誠、開放、客觀、智慧、敏銳性、自信心、反應力、幽默感、勇敢、具創造力、正直、具成就感、自我實現感、果斷力、樂觀、內在動機、情緒平穩、自我控制力、自我察覺能力、成熟人格、具強烈權力慾望
社會特質	同情心、社會成熟性、關懷心、道德心、得到信賴、良好人際關係能力、解決衝突能力、支配性、協調能力、領導力、說服力、社交能力、具犧牲精神
生理特質	身高略高、體重、儀表堂皇、身體健康、體格強壯、具活力、具運動能力、旺盛的精力
其他特質	豐富的知識、勤勉、能作自我管理、具人性觀、督導能力、高度工作水準、良好工作習慣、進取心、具魅力、負責、敬業、有完成工作任務的能力

爲：一九九〇年代的領導人必須具備下列特質：關懷的心、體認意義的能力、能得到信賴、能作自我的管理。

此外，吉謝里（Edwin E. Ghiselli）則認爲領導者的特質，至少要有督導能力、相當的智能、成就慾望、自信、自我實現慾望以及果斷力等。一個人需具有上述六項特質，才能成爲有效的領導者。戴維斯（Keith Davis）則認爲成功的領導者，都具有四大特質：知識、社會成熟性、內在動機與成就驅力，以及良好的人群關係態度等。

由上述可知，領導者的特質甚多，常因學者看法的不同而有極大差異。事實上，這些領導特質是可欲的，但卻不是最重要的。有些學者常認爲這些特質的顯現，往往是在個人已成爲領導者之後才出現的，並不是在個人尚未成爲領導者之前就已測知的。即使這些特質的存在是事實，但領導者與被領導者之間也不能存有太大的差異，否則反而會因地位的懸殊而阻斷了其間的溝通。

另外，特質論只重視領導者的特質，忽略了領導者與被領導者的地位與作用，領導者能否發揮其效能，有時須視被領導者的對象而定。又領導者的特質之內容極其繁雜，常因情境的不同而有所差異，致很難確定何種特質，才是眞正成功的領導因素。是故，特質論所顯現的結果相當不一致。近來許多研究領導理論的學者已逐漸捨棄特質論的說法，而轉向研究其他理論。

第四節　領導的行為論

所謂領導的行爲論，乃認爲領導的效能是取決於領導者的行爲，而不是他具有那些特質。換言之，行爲論乃是以領導者的行爲類型或風格爲主，而把重點放在他於執行管理工作上所做的事爲基礎。當然，這些行爲論到目前爲止，仍沒有一套「放諸四海而皆準」的法則。且其所用的名詞雖異，但所涉及的內容實具有相當的一致性。

一、連續性領導論

湯納本和許密特（Robert Tannenbaum & Warren Schmidt）以領導者所作的決策，來建立以領導者爲中心到以員工爲中心的兩個極端之連續性光譜，而產生了許多不同的領導方式，如**圖 11-1** 所示。

在連續性光譜的最右端，領導者採取參與式的管理，和部屬共享決策權力，允許部屬擁有最大的自主權；此時部屬具有最大

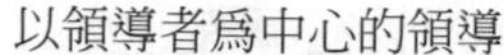
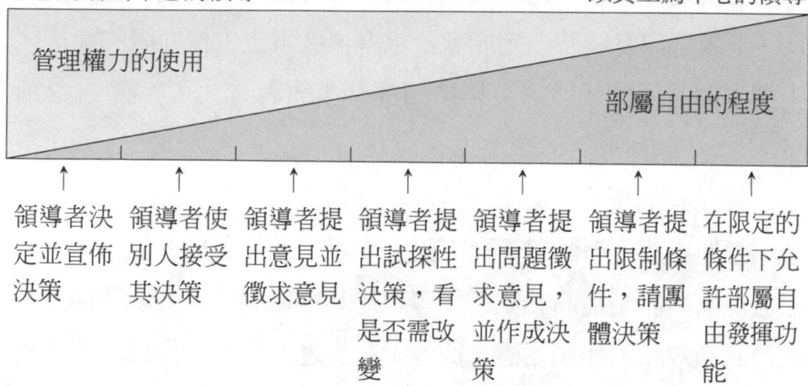

圖 11-1　連續性領導光譜

的自由活動範圍，享有充分的決策權力。

相反地，在最左端，領導者所採取的是威權式的領導，由他一個人獨攬大權，獨斷專行；部屬享有的影響力最小，自由活動範圍極其有限。至於在這兩者中間，又有各種不同程度的領導方式，其可依領導者本身能力、部屬能力以及所要實現目標的不同，而選擇最合適的領導方式。

二、兩個層面理論

在一九四五年，一群俄亥俄州立大學（Ohio State University）的學者，對領導問題進行研究之後，提出所謂兩個層面的領導，一為體恤（consideration），一為體制（initiating structure）。所謂體恤，乃是領導者會給予部屬相當的信任和尊重，重視部屬的感受；領導者能表現出關心部屬的地位、福利、工作滿足感和舒適感。高度體恤的領導者會幫助部屬解決個人問題，友善而易接近，且對部屬一視同仁。所謂體制，就是領導者對部屬的地位、角色、工作任務、工作方式和工作關係等，都訂定一些規章和程序，且將之結構化。高度體制的領導者會指定成員從事特定的工作，要求工作者維持一定的績效水準，並限定工作期限的達成。上述兩個層面的組合，可構成四種基本領導方式，如**圖 11-2** 所示。

該理論的學者試圖研究該等領導方式和績效指標，如缺席率、意外事故、申訴以及員工流動率等之間的關係。根據研究結果發現，高體制且高體恤的領導者比其他領導者，更能使部屬有較高的績效和工作滿足感。此外，在生產方面，工作技巧的評等結果和體制呈正性相關，而與體恤程度呈 負性相關。但在非生產部門內，此種關係則相反。不過，高體制低體恤的領導方式，對高度缺席率、意外事故、申訴、流動率等具有決定性的影響。雖然，其他研究未必支持上述結論，但它已激起愈多有系統的研究。

三、以工作或員工為導向的理論

從一九四七年以來，李克（Rensis Likert）和一群密西根大學的社會學者，對產業界、醫院和政府的領導人所作的研究，將領導者分為兩種基本類型，即為以工作為導向的（job-oriented）和以員工為導向的（employee-oriented）兩種。前者較強調工作

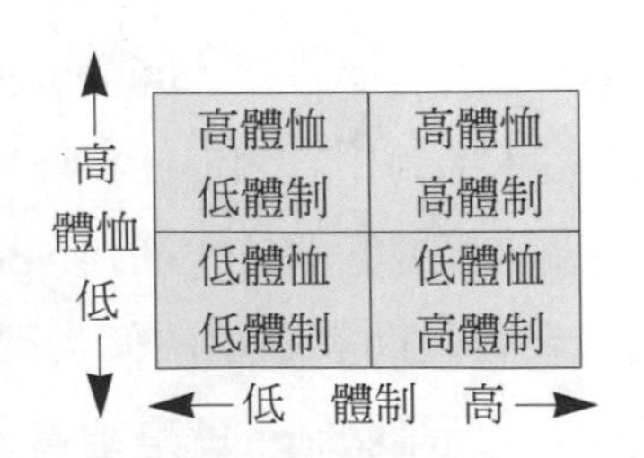

圖 11-2　俄亥俄大學的領導行為座標

技術和作業層面，關心工作目標的達成，成員只是達成團體目標的工具而已；故而較著重工作分配結構化、嚴密監督、運用誘因激勵生產、依照程序測定生產。後者較注重人際關係，重視部屬的人性需求、建立有效的工作群體、接受員工的個別差異、給予員工充分自由裁量權，並與之作充分的溝通，如**表 11-6**。

經過研究結果顯示，大多數生產力較高的群體，多屬於採用「以員工爲中心」的領導者；而生產力較低的單位，多屬於採用「以工作爲中心」的領導者。此外，在一般性監督和嚴密監督的單位之間，也以「員工爲中心」的領導，其生產力較高。蓋大部分員工都喜歡以員工爲中心的領導，其監督較爲溫和，故管理者宜多發展以員工爲中心的領導觀念。

四、管理座標理論

白萊克和摩通（Robert R. Blake & Jane S. Mouton）依人員關心（concern for people）和生產關心（concern for production）爲座標，將領導分爲八十一種型態的組合，其中以五種型態爲最基本，如**圖 11-3**所示。

表 11-6　以工作或員工為導向領導的差異

類別	特性	效果
以工作爲導向	・著重工作分配結構化 ・嚴密監督 ・運用誘因激勵生產 ・依程序測定生產	・一般生產力較低 ・員工較不具滿足感 ・配以適當激勵，有助生產力提昇
以員工爲導向	・重視部屬的人性觀點 ・建立有效的工作群體 ・給予員工自由裁量權 ・與員工作充分溝通	・一般生產力較高 ・管理過分鬆懈，生產力會慢慢降低 ・員工較具滿足感

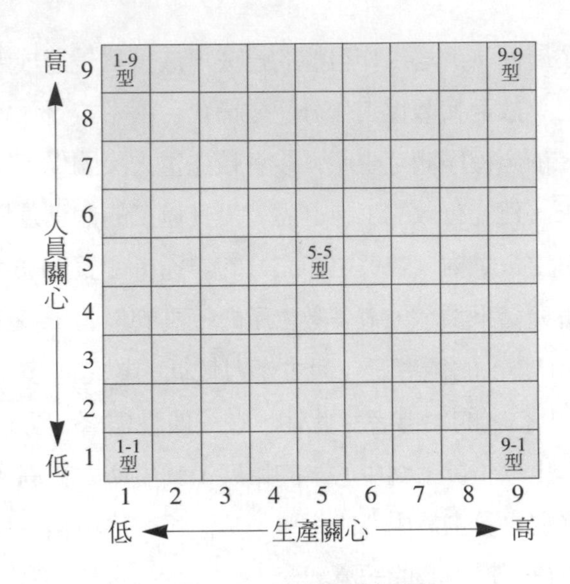

圖 11-3　管理座標圖

一一型管理：表示對人員和生產關心都是最低，這種領導者只求確保飯碗，得過且過，爲消極型逃避責任專家。

一九型管理：表示對人員作最大的關懷，但對生產的關心最低。對人性最尊重，但忽略工作目標。

九一型管理：表示對人員關心最低，對生產關心最高。忽略人性價值和尊嚴，一切以生產效率爲最高目標。

五五型管理：表示對人員和生產的關心，均取其中間值，以差不多主義來解決問題，對人員和生產都未盡最大的努力。

九九型管理：表示對人員和生產都表現最高度的關心，認爲組織目標和人員需求皆可同等達成，可藉人員溝通與合作來達成組織目標。

白氏等的研究，以九九型領導爲最理想。只有對組織成員與工作作最高的關心，才能使領導成功，此爲領導者所應具備的基本觀點，也是領導者所應努力的方向。當然，此爲最理想的領導類型，但在實務上很難做到，大部分的領導者都在兩種極端組合的中間。

第五節　領導的情境論

另外一項討論領導內容和效能的理論，即為領導的情境論。所謂領導情境論，乃是領導方式的運用需評估各種情境因素，以提高領導效能。依此種論點而言，領導的成功與否，並非全是選擇何種方式為佳的問題，而是要瞭解各種環境的狀況，從而選擇適宜的領導方式。有關情境論可以下列三種為代表：

一、權變理論

權變理論（contingency theory），或稱為情境理論（situational theory），乃是由費德勒（Fred Fiedler）所發展出來的。他認為影響有效領導的因素有三：　領導者的地位權力；　工作任務的結構；　領導者與部屬的關係。

（一）地位權力

是指領導者在正式組織中所擁有的權位而言。通常領導者在組織中的指揮權力，係依他所扮演的角色為組織和部屬所同意的程度而定。

（二）任務結構

是指工作內容是否按部就班、有組織、有步驟而言。一個以任務結構為中心的團體之成就，是領導有效與否的一種測量。在良好的、例行的結構中，領導較不需有創作性的處理；而不良結構、含混的情況，則容許相當的處理餘地，但領導工作較為困難。

（三）個人關係

地位權力與任務結構為正式組織所決定；而領導者與部屬間的個人關係，則為領導者與部屬的人格特質所決定。它是指下屬對領導者信任和忠誠的程度。

在上述三者的連接關係中，每種情況都各自分為兩類，以致有八種組合，如**圖 11-4** 所示。

在圖 11-4 第一欄中，領導者與部屬的關係良好，工作任務有組織性，領導者很有權力，此時宜採用「以工作為主」的領導方式。第四欄則表示，領導者與部屬的關係良好，但工作任務沒有結構，而領導者的權力很弱時，則宜採用「以人員為主」的領導方式。該模式指出，在相對最有利如第一、二、三欄，和相對最不利第七、八欄的情況下，直接採用控制式的領導方式最有效；而在中間程度如第四至六欄的情況下，則以參與式領導最成功。

然而，事實上一種有效的領導方式，如果應用於另一種不同

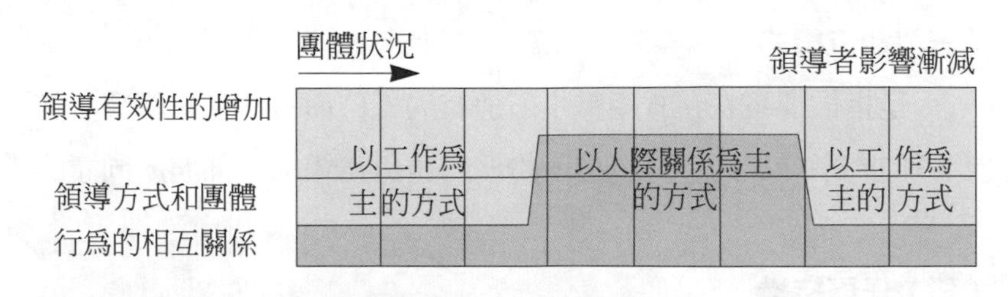

領導者與部屬的關係	良好				不好			
任務結構	有組織		無組織		有組織		無組織	
地位權力	強	弱	強	弱	強	弱	強	弱
	1	2	3	4	5	6	7	8

圖 11-4　地位權力、任務結構、個人關係與有效領導的組合

的領導情境時，常可能變爲無效。不過，根據費德勒的模式，可修改其領導狀況。如領導者處於「與部屬關係良好，工作沒組織性，領導者沒權力」的狀況下，需要參與式的領導；惟領導者不能適應此種方式，則他可改變其權力，增強其權力，卒能採用「以工作爲主」的領導方式。

二、路徑目標理論

路徑目標理論（path-goal theory）乃爲一九七四年由豪斯和米契爾（Robert J. House & Terence Mitchell）所提出，其與前章激勵的期望理論有相通之處。該理論認爲領導行爲對部屬的 工作動機； 工作滿足感； 對領導者的接受與否等，都是有影響的。換言之，領導行爲乃是引導著部屬，爲達成工作目標所應走的路徑，故謂之路徑目標理論。

依據此一理論，則領導者行爲是否能爲部屬所接受，端在於部屬是否視領導行爲爲目前或未來需求滿足的來源而定。易言之，若領導者的行爲能滿足部屬的需求，或能爲部屬提供工作績效的指導、支援和獎酬時，則能激勵部屬工作，提供作爲部屬需求滿足的來源。此一觀點用於領導行爲的解釋上，正類似於期望理論之運用於激勵上。

該理論認爲，領導者行爲可產生群體績效和部屬的滿足感；惟實際上績效和滿足程度的高低，常因群體工作任務的結構化情況而異。一般而言，若結構化很高的話，由於達成任務的路徑已很清楚，則領導方式宜偏重人際關係，以減少人員因結構化工作所帶來的枯燥單調感、挫折感和其所引發的不滿。相反地，若工作結構化很低，則因其路徑不很清晰明確，此時需要領導者多致力於工作上的協助與要求。至於專斷式的領導在結構化和非結構化中，都不易有助於工作績效和員工滿足感，故宜少採用之。總之，路徑目標理論乃在說明隨著不同的情境，宜採用各自適宜的領導方式。

三、三個層面理論

三個層面理論（three dimensional theory）乃為雷定（W. J. Reddin）和赫胥與布蘭查（Paul Hersey & Kenneth H. Blanchard）等所分別研究發展出來的。該理論基本上認定了三個層面，即：⑴任務導向（task-oriented）；⑵關係導向（relationship oriented）；和⑶領導效能（leadership effectiveness）等，影響了領導行為。

任務導向和關係導向類似於前述的「以工作為中心」和「以員工為中心」、「生產關心」和「人員關心」等。任務導向乃為領導者組合和限定了部屬的角色、職責以及指揮工作流程等；而關係導向則為領導者可能透過支持、敏銳性以及便利性，以維持與部屬的良好關係。此兩種向度乃構成了三個層面中的基本型態，如圖 11-5 中間所示。

由於領導者的有效性，乃取決於其領導風格和情境的相互關係，故有效性層面尚須增加任務導向和關係導向所構成的層面。當領導者的風格在特定情境中是適宜的時，則該領導風格是有效的；而當它不適宜時，則是無效的。有效和無效的風格，乃代表連續性光譜的兩端，至於有效性只是一種程度的問題而已。其程度由＋1到＋4分別代表有效的高低程度，而－1到－4分別代表無效的高低程度，其如圖 11-5 所示。

該理論顯示，每位領導者在不同情境中，變換領導風格的能力各有不同。具有彈性的領導者，在許多情境中都可能是有效

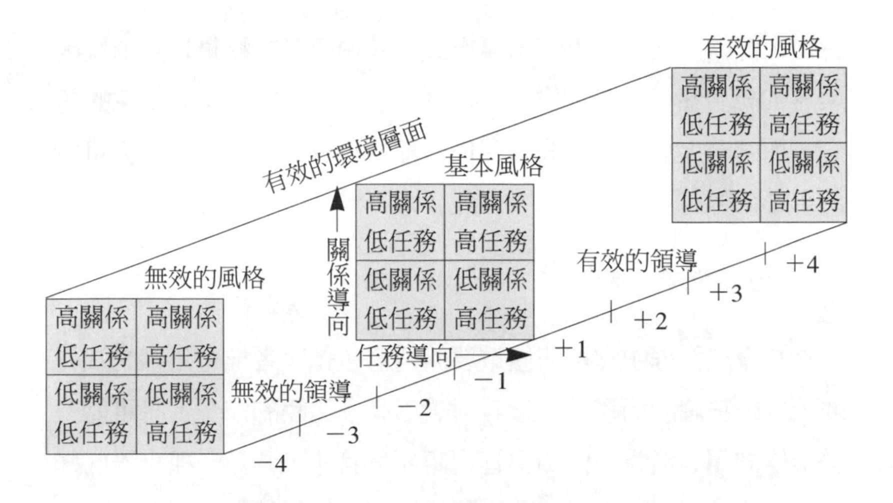

圖 11-5　三個層面領導理論圖

的。不過，在結構性、例行性、簡單性和建構性的工作流程等情況下，領導的彈性與否並不重要；而在非結構性、非例行性、重大環境變遷和流動性等工作情境中，領導的彈性化卻是相當重要的。

總之，三個層面理論已隱含有情境因素在內。一種領導方式的有效與否，乃取決於所使用的情境；用得對，就是有效的領導方式；用得不對，便是無效的領導方式。是故，沒有一套領導方式能不因應情境因素的，三個層面理論便是其中之一。

第六節　有效領導的運用

前面各節已討論了有關領導效能的各種理論，用以說明何種情境適用何種領導方式。惟領導是否有效，是受到領導者本身的特質、行為、其所採用的領導方式、被領導者的特質以及情境因素等的綜合影響。因此，探討領導的有效性必須有全盤性的概念，即使吾人無法確知領導究係一種角色或一種過程，但仍可指出影響領導有效性的因素，管理者宜審愼加以運用之。

一、培養正確知覺

知覺在領導中常扮演極重要的角色，領導者惟有正確的知覺才能做好正確的領導。主管若對員工有了錯誤的知覺，將可能喪失最佳的領導機會。例如主管視庸才為良才，乃是一種錯誤的知覺，可能延誤了事機，導致錯誤的決策；相反地，主管把良才視為庸才，必不能締造良好的行政效率。因此，管理者知覺的正確性是非常重要的，此對領導效能有決定性的影響。在各種領導的情境中，知覺的正確性絕對是必要的。

二、健全領導風格

領導者的領導風格，對領導效能能極具影響作用。而領導風格常與領導者的出身背景、人格特性和工作經驗有關。一位在關係導向成功過的領導者，可能仍會繼續使用此種領導風格；而一位不太信賴他人，且以任務導向為尙的領導者，仍將使用專制式的領導風格。不過，管理者的領導風格仍可能會改變的。當管理者所偏好的領導風格是無效的時，他會改變原來的風格。但對極其固執或極為堅持其偏好的領導者，則很難改變其領導風格。

三、適應部屬需求

管理者所採用的領導風格是否成功，有時也會受到部屬需求的左右。蓋領導乃是一種相互分享的過程。一位只執著於自己領導風格的管理者，有時是很不容易成功的。惟有能適應部屬需求的領導者，才能取得部屬的合作，且做好領導的工作。所謂適應部屬的需求，就是能斟酌部屬的才能、喜好、經驗……等，而作適宜的領導。如領導一群技術純熟者，最好採參與式的領導；而對缺乏經驗者，則只有建構其工作任務，採取以工作爲中心的領導方式了。

四、符合主管期望

有效的領導必須能符合主管的期望，才不致遭遇阻力。若上級主管偏好以工作爲中心的領導，則管理者也只好採取相似的領導途徑。由於主管具有各種不同的權力基礎，故而遷就他的期望是相當重要的。例如，許多公司爲改善基層主管的人群關係技能，都會派遣他們去參加相關的研習會；但一旦他們將受訓所學的領導技巧，運用於實際工作場合上，卻是窒礙難行的。其最主要的原因，乃爲該主管的長官仍採用以任務爲取向的領導方式之故。

五、滿足同僚期望

管理者與其他管理者的相互關係，有時也會影響其領導效能。這些同僚關係可用交換管理理念、意見、經驗和意見等，來達成相互支援的效果。由於同僚的支持和鼓勵，可以改善自己的領導方式。在選擇和修正領導風格上，同僚的意見正可提供比較的參考，同時也可視爲領導風格資訊的重要來源。

六、瞭解眞正任務

領導工作必有一定的工作目標，爲了達成此一目標，管理者可能隨時要修正其領導風格。因此，對工作任務的瞭解，有助於其善用領導風格。當工作任務可能是非常結構化時，管理者就必須指示其工作程序、方法，此時就必須採用以工作爲中心的領導方式。至於，工作任務是非結構性的時，其工作目標不容易界定，則管理者必須努力爲員工開闢路徑和目標。是故，瞭解眞正工作任務，才能正確地選擇適當的領導風格。

總之，領導者要使領導成功，必須隨時診斷自我和整個領導環境，以便發展適當的領導能力。領導者隨時都必須準備採用新的管理風格、新的領導方法以及瞭解新的競爭實務與程序，以求能適應環境的變遷。

第 12 章

意見溝通

1

意見溝通的涵義

2

意見溝通的過程

3

常見的溝通方式

4

意見溝通的障礙

5

有效溝通的途徑

在組織中，人與人之間的瞭解必須依靠溝通始能達成。任何組織若無溝通的存在，則其目標必無法完成。因此，意見溝通是企業管理上必須重視的一大課題。當然，溝通若只是一種意見的傳達，那是不夠的；它必須使有互動關係的人員之間能夠得到充分的瞭解，缺乏相互瞭解的溝通，仍不能算是眞正的溝通。因此，意見溝通必須同時包括意見的傳達與瞭解的過程。本章首先將討論溝通的涵義、過程、方式，然後探討可能遭遇的阻礙，以及有效溝通的途徑。

第一節　意見溝通的涵義

意見溝通（communication）一詞的原始涵義，乃有告知、散佈消息的意思。其字源爲拉丁文communis，原指爲「共同化」。此乃意味著：在溝通過程中，溝通者意圖建立與被溝通者之間的共同瞭解，並採取相同的態度之謂。因此，意見溝通不僅是一種傳達訊息的行動或動作而已，它也包括尋求意見的共同瞭解。在本質上，意見溝通就是一種意見交流。換言之，意見溝通就是「人員彼此間訊息傳達和相互瞭解」的過程。

芬克與皮索（F. E. Funk & D. T. Piersol）即認爲：所謂意見溝通就是所有傳遞訊息、態度、觀念與意見的程序，並經由這些程序提供共同瞭解與協議的基礎。拉斯威爾（H. D. Lasswell）也認爲：意見溝通是「什麼人說什麼，經由什麼路線傳至什麼人，而達成什麼效果」的問題。

此外，布朗（C. G. Brown）界定意見溝通爲「將觀念或思想由一個人傳遞至另一個人的程序，其主旨是使接受溝通的人獲得思想上的瞭解。」詹生等（Richard A. Johnson & Others）的看法：「意見溝通是牽涉一位傳達者與一位接受者的系統，並且具有回饋控制的作用。」

戴維斯更進一步解釋：「意見溝通是將某人的訊息和瞭解，傳達給他人的一種程序。意見溝通永遠涉及兩個人，即傳達者和接受者。一個人是無法進行溝通的，必有另一個接受者，才能完成溝通的過程。」因此，意見溝通必須有「傳達者」、「接受者」和「所預期的反應與回饋」。

綜合上述觀點，則意見溝通必屬於兩個人以上的互動；沒有此種互動，就不存在著所謂的溝通。甚且要成功地達成溝通，不僅要傳達意思和訊息，而且還需要瞭解才行，如**圖 12-1**。因此，意見溝通是雙向的，而不是單向的。單向的溝通只是一種意見表達或政令宣導或宣傳，只有雙向的互動或回饋才是真正的意見溝通。

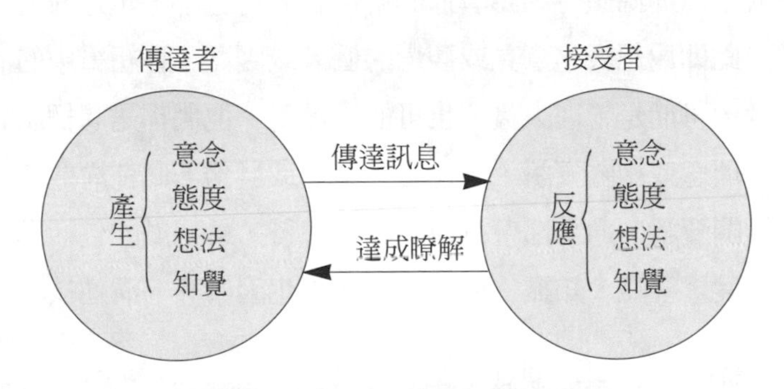

圖 12-1　真正的意見溝通

第二節　意見溝通的過程

當意見溝通在進行之前，必須先有意圖，才能轉換成訊息，然後再傳達出去。訊息在由源頭（傳訊者）傳給受訊者當中，尙需要經過對訊息的轉換與適當的媒介，以及對訊息的解釋與瞭解，才能眞正完全溝通的過程。因此，溝通的過程實包括源頭（source）、編碼（encoding）、訊息（message）、管道（channel）、譯碼（decoding）、接受者（receiver）、回饋（feedback）等步驟；惟在整個過程中難免有一些雜音（noise），而構成干擾；如**圖12-2**所示。除干擾一項容於後面討論之外，本節將先研討其餘步驟如下：

一、源頭

所謂溝通源頭，即爲溝通的傳達者或傳遞者，也是溝通的發動者，此即爲想表達意見或觀念的個人或團體。在組織中的溝通傳達者，可能是管理人員，也可能是員工。他們都是想把訊息、意識、理念或相關資訊，傳達給某個人或群體。此種溝通者所傳達的相關資訊，通常都帶有他基本的特質，最明顯的包括溝通技巧、態度、經驗、知識、環境和社會文化因素等。溝通技巧是指

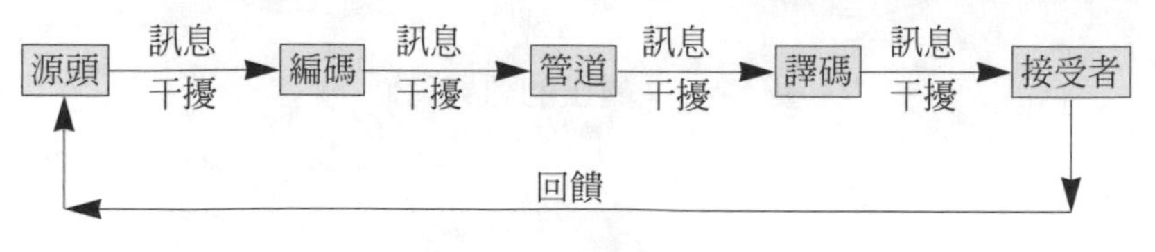

圖12-2　溝通的過程

傳達者的發音、所用字彙、說話的結構、思考能力、談吐能力，以及姿勢、面部表情等。態度則代表傳達者的個性、信心、對所欲傳達主題的信念等。經驗可改善溝通技巧，以作良好的正確溝通。知識是指對傳達主題的瞭解程度，以及對接受者接受能力的判斷。凡此種種都會影響溝通的有效性。此外，個人無法自外於社會系統，他的溝通正可反應出個人的社會文化與環境的地位；個人的社會地位、團體習慣與社會背景不同，其傳達方式與行爲亦異。

二、編碼

所謂編碼，也可稱之爲表示作用，是指溝通者將其理念或所擁有的資訊，轉化爲一套有系統的符號之過程，此即在顯現溝通者的意念或目標。編碼的結果，就是在形成訊息，此可包括口頭上的或非口頭上的。溝通者的目標，就是想要他人瞭解其理念、瞭解他人的理念、接受彼此的理念，並產生與溝通者意思一致的行動。凡是編碼愈爲正確，則溝通愈爲有效；否則，溝通將失敗，甚或產生誤解。

三、訊息

訊息即爲溝通內容，就是溝通傳達者所要表達的態度、觀念、需要、意見等，可經由口頭或書面或肢體表現出來。訊息是實際溝通的產物，如說出的語辭、寫出的文句、繪出的圖形、面部的表情、手勢、姿勢等均屬之。訊息內容主要涉及三項問題：

1.爲所使用的符號，如語言、音樂、圖形、手勢、文字、藝術等。

2.為內容的安排，即將雜亂無章的觀念按所欲傳達的目的加以組合，如文字語詞的先後順序、傳達層次、起承轉接等是。

3.為內容的取捨，即訊息為雙方所瞭解的程度，凡瞭解程度愈高，則溝通愈正確而有效，其干擾性也愈降低，故溝通時宜多考慮取材用字。

四、管道

溝通管道也就是溝通媒介，它是訊息傳達的工具，為傳達者與接受者之間的連結體，主要包括面對面的溝通、電話、電腦傳訊、團體會議、備忘錄、報表、各種視聽工具等；而以景物、聲響、味覺、嗅覺、光波等來表達。當個人欲表達某種意見時，必須仰賴溝通媒介，始能傳遞其訊息。溝通傳達者有了溝通需要時，將他所希望與對方共享的訊息或感覺，製成各種記號直接傳達，或用各種表情、姿態表現出來，其所憑著的身體各器官、各種視聽工具就是溝通媒介。根據心理學的研究，不管溝通的媒介是什麼，都會產生下列情形：

1.意見溝通所用的方式愈多，效果愈強，此乃因視聽並用而產生增強作用的結果。

2.感官的感覺愈直接，其刺激與反應也愈強。

3.所用傳達的方式愈多，強度愈深，而接收者愈少，溝通效果愈大。

4.溝通媒介會影響溝通方式，也會影響接收者的態度。

五、接受者

溝通的接受者就是意見溝通的對象，它可能是個人或團體。溝通的接受者會受溝通的技巧、態度、經驗及社會文化系統等的影響。接受者的個人特質與團體關係，亦能決定其接受溝通與否，或瞭解溝通的能力。個人之間若存有心理距離，必然排斥意見溝通。且若群體關係良好，個人接受群體的規範，亦較易接受群體內的溝通。此外，溝通若能適應接受者，則溝通成功的機率也較大。

六、譯碼

譯碼或稱解碼，又稱爲收受作用，乃爲接受者瞭解和接受訊息內容的程度或過程。通常接受者會依據他過去的經驗和參考架構（framework of reference），來詮釋或接受該訊息。凡是接受者收受的訊息和溝通者的意識愈一致，則表示收受作用愈準確，其間的溝通就愈有效；否則，將產生溝通的障礙。

七、回饋

任何溝通若無法得到回饋，就不能算是溝通。不僅如此，溝通還應能得到所期欲的反應，才是眞正的溝通。溝通的目的就是希望能得到所期望的反應，反應是意見溝通過程的最後步驟。當然，反應可能改變成爲第二循環的訊息源流，使原來的傳達者變成接受者，則可使溝通傳達者知道訊息是否被接受，或作正確的解釋，甚而使原傳達者修正溝通的方式與內容。

總之，溝通就是在將人的感觸、意見、態度、情緒等表達出來，透過某些媒介或工具，而得到共同瞭解的過程。管理者在作溝通時，必須注意影響到溝通的所有要素，隨時注意誰在溝通，表達什麼思想、觀念和意見，透過何種管道，以何種方式對待什麼人，而希望得到什麼效果，才能做好溝通的工作。

第三節　常見的溝通方式

意見溝通的類型與方式甚多，其乃依溝通的目的、方向、性質、時機、對象、隸屬關係等而定，此非本章所能完全探討。本節僅就一般最常見的基本溝通方式，將之分爲口語溝通（oral communication）、書面溝通（written communication）和非口語溝通（nonverbal communication）等，分述如下：

一、口語溝通

口語溝通是傳遞訊息的主要方式，如演說、一對一的交談、團體討論、謠言、耳語的傳播等，都是最常見的口語溝通方式。在日常生活中，人與人的交往大多依靠口語溝通，因此使用口語溝通宜採用大家都易懂、通俗而能瞭解的語句，最能達到溝通的效果。此外，採用口語溝通甚爲方便，談話時必須採客觀的態度和誠懇的語氣，比較能爲人所接受。這些都是口語溝通的要領。

口語溝通的優點，是：

1.能夠迅速地傳達訊息，並收到立即回應的效果，可說是既簡單又方便的溝通方式。
2.當訊息收受者有不清楚的訊息時，可給傳遞者作說明或修正的機會。

3.當面的口語溝通，可用語調、手勢和面部表情加以輔助，有助於溝通理念的清晰。
4.口語溝通有較多解釋和說明的機會，故比書面溝通具有影響力和說服力。

但口語溝通也有一些缺點，爲：

1.訊息經過一堆人或組織的層層輾轉，可能造成扭曲的現象。
2.口語溝通的內容可能因語調或態度的差異而被曲解。
3.口語溝通可能因個人體會或詮釋的不同，而與原意相去甚遠。
4.口語溝通的訊息不經由記錄而容易散失。

二、書面溝通

書面溝通是以文字書寫的方式所進行的溝通，最常見的有信件、備忘錄、組織刊物、電子郵件、傳眞函、佈告欄以及其他以文字或符號所書寫的文件等均屬之。書面溝通的要領，首先爲文書內容要力求簡單明瞭，文字不宜太多而能清楚地表達。其次，文字要使用易懂的文句，避免艱澀的語詞。再者，在用語上宜力求清晰而具體，避免含糊不清的詞彙。最後，文詞宜保持懇切，避免冷峻的語言。凡此才能達到書面溝通的目的。

書面溝通的優點，是：

1.由於有統一的文書，可避免謠言耳語的傳播，而能得到正確訊息的傳送。
2.書面的傳送有記錄可查，利於長久保存，一旦發生疑義可有具體的查證憑據。

3.由於是書面傳播，在用詞上比口語更爲小心，易達成眞正溝通的目的。

4.文字溝通較爲嚴謹明確，比較合乎邏輯。

5.由於有文字記載，有助於學習和記憶。

不過，書面溝通也有一些缺點，即：

1.一旦文書上有疑點，難以立即澄清或補充資料，以致延誤對誤解解說的機會。

2.文字溝通比較花費時間，增加成本的耗費，較不經濟。

3.由於個人主觀看法的差異，使書面溝通容易被人斷章取義，甚至故意曲解。

三、非口語溝通

非口語溝通就是肢體語言的溝通方式。在某些情況下，非口語溝通也能單獨傳遞訊息。此種溝通方式甚多，如目光眼神、一顰一笑、身體移動、手勢、微笑、頷首、蹙眉、搔頭、拍額、拍手、頓足……等，都是一種傳遞訊息的方式。非口語溝通主要包括身體移動、面部表情、身體距離，以及語調的抑揚頓挫等，如**表12-1**。這些都屬於肢體語言的一部分。

一般而言，人類每項身體動作都含有一定的意義，微笑多表心情愉快，搖頭多表否定的意思，這些都是很容易會意的事。然而，有些細微的動作必須相互親近的人才能體會的，這是群體內成員的共同語言，絕非局外人所能心領神會的。不過，當肢體語言所表現的動作能與口語連結時，將會使訊息的表達更爲完整。

表 12-1　肢體溝通的方式

基本類型	可能的表達方式		
身體移動及身體距離	・身體前傾	・向前走	・插手
	・身體歪斜	・向後退	・抖腳
	・身體後仰	・橫跨步	・向後靠
	・聳肩	・打手勢	・不斷變換姿勢
	・搔頭	・靠近	・雙手交叉胸前
	・搔耳	・保持距離	・雙手放在背後
	・拍手	・面向說話者	・手插口袋
	・拍額	・背對說話者	・兩手不斷晃動
	・拍後腦	・鬆弛的姿勢	・比手劃腳
	・頓足	・拍對方肩膀	・搖指遠方
面部表情及頭部動作	・目光接觸	・低頭	・哀傷的表情
	・微笑	・甩頭	・悲悽的表情
	・大笑	・頭部傾斜	・僵硬的表情
	・蹙額	・上下打量	・遙望
	・皺眉	・注視他處	・直視
	・擠眉	・毫無表情	・斜視
	・點頭	・嚴肅的表情	・嚎哭
	・搖頭	・愉悅的表情	・低泣
	・仰頭	・冷漠的表情	・啜唇
語調及音質	・輕鬆的語調	・小聲	・尖銳
	・講話速度快慢	・太快	・高亢
	・音調的揚長	・太慢	・低沈
	・音調的抑頓	・結巴	・音質的幽雅
	・大聲	・聲音顫抖	・音質的拙劣
其他	・咬指頭	・把玩原子筆	・喝水和飲料
	・拉扯衣服	・玩弄頭髮	・嚼東西

就身體動作（body movement）而言，聳肩表示不在乎，眨眼表示親密，自拍後腦表示健忘。就面部表情（facial expression）來說，一張鐵青的臉和一張微笑的臉，各代表著不同的意義。

就身體距離（physical distance）而言，何種距離才是適當的，須依各種文化而定。在歐美文化中，保持相當的距離是一種禮貌；若靠得太近，可能被視爲具有侵犯的意圖；若距離太遠，則可能被視爲沒興趣談話或不太開心。但在南美洲和中東地區，近距離的談話則表示親密。

不過，非口語的運用必須更加謹愼。在溝通時，有時口語的表達常與非口語的表現相互矛盾。例如，對方可能在談話中滔滔不絕，但卻頻頻看錶，此即意味著他想結束談話。又如有些人嘴裡不斷表示對你的信任，但在肢體上卻表現「不信任」的感覺，這是非口語溝通的缺點。然而，非口語溝通若能和口語溝通並用，有時也能使訊息傳達的涵義更爲完整。此外，有些溝通不方便採用口語或書面溝通時，非口語溝通則具有替代的作用。

第四節　意見溝通的障礙

意見溝通是一種相當複雜的過程，在此過程中有時無法產生預期的效果，其主要乃爲來自於對溝通的干擾，此即爲溝通的訊息隨時會遭到扭曲之故。易言之，溝通訊息常因傳達者或接受者的主觀人格，或傳達過程與溝通媒介等客觀因素的干擾，而引發溝通上的問題。由於此種干擾幾乎存在於整個溝通過程中，故探討溝通障礙宜從整個溝通系統著手。

一、過濾作用

在溝通過程中，過濾作用（filteriing）是時常發生的事。所謂過濾作用，是指在溝通過程中，訊息的傳達者或某些中介人士會操控、保留或修改訊息，致使眞正的訊息發生質變或量變的現象，此常妨礙溝通的有效性，甚至發生誤解。這種情形在組織的上行溝通中，尤其容易發生。當一項訊息逐級而上時，爲免上級主管被太多訊息所淹沒，其中間人士不免將訊息濃縮或合成，這就導致了過濾作用。一般而言，訊息受到過濾的程度，主要決定於組織層級的數目。凡是組織層級愈多的高聳式結構，其訊息受到過濾的機會也愈大。

二、選擇性知覺

在溝通過程中，選擇性知覺（selective perception）可能阻礙溝通的有效性。所謂選擇性知覺，是指訊息接受者在溝通過程中，可能會基於自己的期望、目標、需求、動機、經驗、背景或其他人格特質，而作選擇性的收受訊息之謂。事實上，不僅訊息收受者在解碼時，會作選擇性知覺；甚且訊息的傳達者在編碼時，也會把自己的期望等加諸在訊息上。不僅如此，個人常有一種傾向，即喜歡聽取或傳達自己想聽的訊息之習性和取向，而忽略了不想聽或不想傳達的訊息，以致使得眞正的訊息無法傳達，而造成溝通上的困擾。

三、不穩定情緒

在溝通過程中，穩定的情緒狀態有助於溝通；而不穩定的情緒絕對會妨害溝通。蓋個人在情緒穩定與否的狀態下接受訊息，往往會影響他對訊息的理解程度。同樣的訊息對個人來說，在生氣或高興的狀態下，其感受必不相同。極端不穩定的情緒，如得意的歡呼或失意的沮喪，很容易使訊息的傳送或收受失眞，而形成溝通上的誤解；甚而加上外在環境的擁護或同情，往往造成錯誤的知覺。因此，在這些情況下的溝通，常常會拋棄理性及客觀的思考，取而代之的是情緒性的判斷。

四、含混的語意

意見溝通最主要的工具，乃是語文。惟語文的文法結構和所要表達的涵義，常有一些距離，以致很難使溝通的雙方產生一致的見解。語文雖爲溝通的主要工具，但它僅是代表事物的符號，其代表性甚爲有限；加以語文排列上的順序，偶爾會造成語意上的混亂；且由於內容的不明確，接受者領會不同，解釋各異，終而招致誤解。甚至於相同的文字，對不同的個人而言，各有其不同的意義。不同的年齡、專業領域、地理區域、組織層級、社會地位、教育程度與文化背景等，都會影響到對語言的使用和對字義的理解，這些都會造成溝通上的困難。

五、時間的壓力

在溝通時，若有需要迅速回應的時間壓力，可能造成分心或誤解，終而形成溝通的失效。蓋緊急的情勢無法對問題作深入的探討，將導致極少或膚淺的溝通，以致時間壓力往往形成溝通的阻礙。一般而言，有比較充裕的溝通時間，則可對溝通的內容和過程，作充分的意見交流，並尋求相互的瞭解，此則有助於雙方尋求共識，並獲得同理心。相反地，太少的時間只能作皮毛式的探討，甚或無法對容易引發誤解的語詞多作解說，如此將使溝通難有成功的機會。再者，由於時間的壓力使得一方或雙方不能耐心的聆聽，且讓對方誤以爲未得到應有的尊重，如此必使溝通容易失敗。

六、資訊負荷過重

今日社會號稱爲資訊爆炸的時代，每個人每天所收受到的訊息已經到了難以處理的地步，因此過多的資訊往往造成一些困擾。就企業組織而言，過多的資訊常使管理者爲資訊和數據所淹沒，而無多餘的精力或時間去適當地吸收或處理資訊，並對這些資訊作適當的反應。就組織溝通的立場而言，過多的資訊就需要有愈多的溝通，如此將形成沈重的負擔。因此，資訊負荷過重乃是一種溝通上的阻礙。此外，資訊過多很難使人集中意志於溝通上，而造成分心，此亦有礙於溝通上的相互瞭解。

七、缺乏有效回饋

意見溝通的障礙之一，就是缺乏有效的回饋。一項完整的溝通必須要有回饋的過程，才能稱得上是溝通；否則也只能算是一種訊息的傳播而已。蓋一般訊息的回饋，可用來確定雙方是否對訊息有一致性的瞭解。如果缺乏對訊息的回饋，則溝通者將無法知覺與瞭解到接受者的反應，而進一步提供更詳盡而完整的訊息；且接受者也可能因接受到不正確或錯誤的訊息，而採取了不當的行爲。因此，缺乏有效的訊息回饋，將導致溝通的失敗。

總之，阻礙有效溝通的因素甚多，絕非本節所能完全概括的。此外，上述各項因素有些是彼此相關，甚而是相互因果、相生相成的，如時間的壓力可能引起知覺的偏離；又如不穩定的情緒可能造成選擇性知覺，而選擇性知覺又回過頭來影響情緒的穩定性。凡此都是吾人探討溝通障礙時所必須瞭解。

第五節　有效溝通的途徑

有效的溝通對企業管理的成功運作，是相當重要的。因此，促進有效的溝通大部分是管理人員的責任。他們不但要隨時注意所期望去傳達的訊息，且要能設法作自我的瞭解，更要尋求對他人的瞭解，甚或設法被瞭解。凡此都有賴於作有效的溝通，惟有如此，任何溝通始有成功的可能。管理者爲促進有效的溝通，必須從多方面著手，其途徑不外乎：

一、規劃資訊流向

規劃資訊流向，乃在確保管理者能得到最適當的資訊，使不必要的資訊得以過濾；並減少過多的資訊，得以免除溝通負荷過高的障礙。規劃資訊的目的，乃在控制所有溝通的品質與數量。此種理念係依管理的例外原理（exception principle）而來，它乃指凡是偏離重大政策與程序的事項，都需要管理者寄予高度的關注。依此，則管理者可在需要溝通時，才進行溝通的工作，免得浪費太多的時間和精力，卻無法得到溝通的效果。當然，此乃需建立在平時即已有良好溝通氣氛的前提之下。同時，組織在平日亦宜防止資訊被作不當的過濾。

二、培養同理心

溝通乃在尋求共同的瞭解與心心相印的效果，因此培養同理心乃是意見溝通的重要條件之一。所謂同理心（empathy），就是有爲他人設身處地設想，並能料定他人的觀點和情感的能力。此種能力是接受者導向的（receiver-oriented），而不是溝通者導向的（communicator-oriented）。溝通的成敗與否，既取決於接受者所接受的程度如何，則同理心自然要置於接受者的位置上，且充分考慮接受者的立場，以求眞正的訊息能爲接受者所瞭解和收受。因此，在主管和部屬作意見溝通時，培養同理心是相當重要的要素，它可減少各項有效溝通的障礙。

三、健全完整人格

健全而完整的人格，乃是良好人際溝通的基礎。一個具有完整人格的個人，多樂於與人溝通。但在組織之中，由於地位上或心理上的因素，常阻礙了人際間的溝通。爲了克服這方面所造成的溝通障礙，則健全員工完整的人格是必要的。雖然組織不免有層級之分，但這是遂行組織工作任務所必要的，此不應是形成心理因素的障礙；只要管理者能採取開誠佈公的態度，不存有自傲的心理，並能協助員工革除溝通上的心理障礙，教導員工培養積極的人生觀，且能容納各種不同的意見，則在溝通時必能減少或消除溝通的阻力。否則，員工一旦有了封閉性人格，常心存自卑，必阻礙與他人溝通的誠意。

四、控制自我情緒

不穩定的情緒是意見溝通的殺手，人類情緒的變化可能會對訊息的涵義，作極大差異的解讀。因此，保持理性、客觀而穩定的情緒，乃是有效溝通的不二法門。當人們在情緒激動的時刻，不僅對接受到的訊息會加以扭曲或故意歪曲，而且也很難清楚而正確地表達想傳達的訊息。因此，在情緒不穩定時，不宜從事溝通的行動。如果一定要作溝通時，至少須控制自己的情緒，以保持平和的狀態，才能使溝通順利進行。因爲有了平和理性的情緒，個人才可能聆聽他人的說詞，並作理性的判斷；而自己也能發表妥善的言詞，得到他人的認同與回饋。

五、善用溝通語言

複雜而難懂的語言乃是意見溝通的主要障礙，即使是專業術語同樣會造成溝通上的困擾。當主管運用難懂的術語時，將造成部屬對其概念轉化的困難。一般人之所以運用專業術語，乃在便於在專業團體內溝通，並凸顯該團體成員的地位；但對外在團體的人員來說，反而形成溝通上的困擾。蓋溝通既在尋求相互瞭解，而運用專業術語，將無以產生溝通的效果。因此，語言溝通的運用必須顧及所要溝通的對象，顧及它對各個對象所可能產生的影響；亦即對各種不同個性或領域的人員，只能運用適合於他們的詞彙。

六、作有效的聆聽

在溝通時，只作聽取是不夠的，傾聽才足以促進眞正的瞭解。有效的聆聽對組織和人際溝通是很重要的，它可使演講者有一種受尊重的感覺，容易產生共鳴。曾有學者提出所謂「良好聆聽的十誡」，就是暫緩說話、讓說話者有安適感、暗示說話者你想聆聽、集中注意力、具同理心、忍耐、控制脾氣、寬厚對待爭議和批評、問問題以及暫緩說話。暫緩說話既是第一誡，也是最後一誡。這些對一位管理者是很有用的。當然，這其中尤以決定去聆聽爲最重要，除非決定去聆聽，否則溝通是無效的。

七、利用直接回饋

回饋是有效溝通的要素，它提供了接受者反應的通路，使溝通者能得知其訊息是否已被接收到，或已產生了所期望的反應。在面對面的溝通過程中，是最可能作直接回饋的。然而，在下行溝通中，由於接受者回饋的機會不多，以後常發生許多不正確的情況。此時爲確保重要政策的不被曲解，必須多推行上行溝通，或設計組織內部的雙向溝通，以利用直接的回饋，而達到溝通的效果，且避免誤解。

八、重視非正式傳聞

非正式傳聞有時是有用的，有時是無用的，但它是非正式溝通的產物。非正式傳聞往往比正式溝通來得快速，而且有效。因此，非正式傳聞是不可忽視的。在基本上，非正式傳聞是一種面對面的溝通，具有極大的伸縮性。對管理階層來說，傳聞有時是一種有效的溝通工具。由於它是面對面的溝通，故可能對接受者有強烈的影響力。由於它能滿足許多心理上的需求，故是不可避免的，管理者應設法去運用它，至少亦應確保它的準確性。

九、追蹤溝通後果

追蹤溝通的目的，乃在確定溝通是否得到所預期的目標，對方是否眞正瞭解所傳達的訊息。更重要的，追蹤乃在確保溝通者的理念不被誤解，因爲在溝通過程中隨時都有被誤解的可能。基本上，追蹤乃是溝通的後續行動，其乃在檢驗溝通接受者是否能心領神會或誤會眞正訊息的意義。所謂意義（meaning），就是接受者內心的想法。如某些通告可能已爲舊有員工所長期瞭解，而視爲善意；但對新進員工則可能解釋爲負面的，此時則有賴於追蹤以得知其想法。

總之，有效溝通乃是管理者的主要責任，其可能影響組織各項作業的是否順利進行。管理者宜注意溝通的內容、媒介與技巧等，且尋求與溝通對象之間的同理心，當可得到所期欲的反應，如此才是成功而有效的溝通。

第13章
壓力管理

1
壓力的意義
2
壓力的來源
3
壓力所形成的不良影響
4
紓解個人壓力的方法
5
組織紓解壓力的方法

在企業經營上，不管是管理階層或員工都不免有一些壓力存在。適度的壓力可調劑單調的生活，督促自己力爭上游，增進組織效能；然而過度的壓力，則會引發許多後遺症。因此，壓力的問題受到很多企業管理學者和實務人員的注意，以致有了「壓力管理」的出現。一般而言，壓力的來源甚多，但大多數係來自於工作，此乃爲求生存之故。在工作上，個人或爲求取更高的薪資，或基於責任的驅促，而自我設定某些標準，惟一旦受制於能力或時間，往往就產生了壓力。當然，企業組織也常要求個人在某一定時間或範圍內完成其目標，這也會爲個人帶來壓力。

個人一旦有了壓力，就必須設法加以紓解。因爲壓力往往帶來許多身心上的疾病，而在工作上產生了所謂的「職業倦怠症」。此不僅傷害到個人未來的發展與成長，也爲組織帶來不利的影響，妨害工作效率與目標的達成。因此，壓力需要管理，乃是事屬必然的。本章首先將說明何謂壓力，分析其成因及可能造成對個人或組織的不良影響，並研討紓解壓力的方法。

第一節　壓力的意義

壓力既是存在的，然則何謂壓力？壓力本係物理學上的名詞，意指物體受到拉擠的力量。對人類而言，凡是因某些因素而在心理上或精神上有了威脅感、壓迫感和恐懼感，就造成了所謂的壓力。亦即任何足以干擾心理上或生理上平衡力量的內在反應，均屬於壓力。此乃是一種對外在事物和情境，或者是對自己內在設定目標與期望，所產生的調適性反應。因此，吾人可將壓力視爲個人面對環境改變和自己期望，所形成的生理和心理調適狀態。

就心理學的歷程而言，壓力是一種刺激與反應的連結過程，亦即是一種生理變化和心理感受的過程，此種過程基本上包括四項步驟：(1)刺激出現；(2)感受刺激；(3)認知威脅；和(4)行爲反應，如**圖 13-1** 所示。刺激的出現即爲壓力的來源，此種來源大致上有兩方面：一爲個體的外在環境，一爲個體的內在心理歷程；前者如別人對個體的期望或要求，後者如自己的期望或目標均屬之；這些都是壓力產生的第一步驟。當刺激出現時，不管它是來自於外在的或是內在的，個體必須開始感覺到刺激的存在，此時才會構成所謂的壓力；否則，即使是有了刺激，而仍無視其存在，亦無以構成所謂的壓力，此即爲壓力歷程的第二步驟。

當個體已感受到刺激，而此種刺激已構成身心上的威脅，則個體即已認知了威脅的存在，此則爲壓力歷程的第三步驟。所謂認知，乃是受到個體價值觀、需求和動機等因素所左右。如果個體所感受到的刺激，與個人價值觀、需求和動機等有所扞格，則個體便感受到了威脅，而產生了威脅的認知，於是便有了壓力感或威脅感。

壓力的最後步驟，乃是行爲反應。當個體因感受和認知到危險的威脅時，就產生了心理上或情緒上的問題。實質上，威脅的認知不僅會在心理上發生變化，也可能造成生理上的問題。此

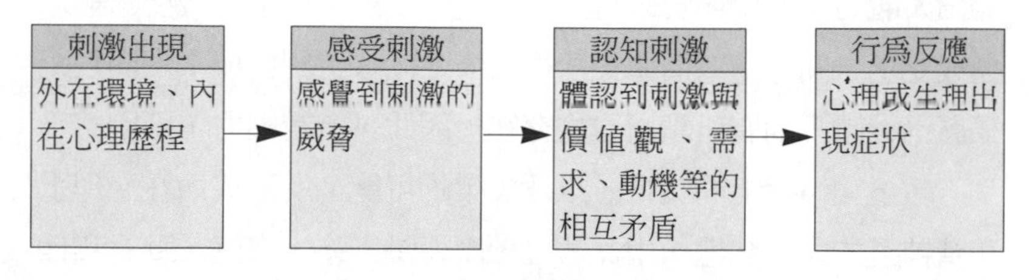

圖 13-1　壓力產生的過程

時，個體不但會出現焦慮、挫折、緊張、失眠等心理疾病，而且也會出現哮喘、高血壓、胃腸潰瘍、心臟病等生理疾病。凡是個體所承受的壓力，倘其強度過大、時間過久，上述情況將愈爲嚴重。易言之，壓力對個人的成長、發展和身心健康等，均有影響。因此，壓力管理乃成爲個人在組織生活中不可分割的一部分。

當然，壓力也非全然是不好的。適度的壓力常有助於提昇個人生活的效能與學習的表現。個人訂定更高成就的壓力，往往能發揮正向的功能。一個完全缺乏壓力的工作情境，是無法激發員工工作動力的。是故，壓力是個人相當主觀的概念，每個人感受壓力的程度並不相同。以同一件事爲準，對某人來說可能是一種壓力，對他人來說卻不是壓力。壓力常因人、因事、因時、因地而異。

第二節　壓力的來源

在日常生活或工作中，壓力是無時無刻不存在的。它乃係個人與環境互動所造成的，個人若感受到環境中存在著威脅，壓力就產生了。在企業組織中，倘若員工感受到某些要求，或工作超過個人能力，或所需資源有某種限度；或員工認定達成要求與未達成要求之間、期望價值與所得報償之間、獎酬與成本之間差距顯屬過大時，則有所謂壓力的存在。因此，所謂壓力，即因感受到心理上和情緒上的威脅，以及失業的可能，所形成內在心理上和精神上的緊張狀態。由此觀之，壓力是工作、家庭、社會和個人因素綜合的結果。壓力形成的原因甚多，吾人僅就企業管理立場分析其主要來源如**表 13-1**。

一、職位不適當

員工在組織中最主要的壓力，乃為職位的不適當。所謂職位的不適當，是指人與事的無法配合；亦即員工不具有所任職位的技能或能力，或員工對所任職位沒有全力發揮技能或能力的機會。此可透過工作再設計，以調整適當的職位或工作內涵；或以員工訓練和發展，來培育其完成工作任務之能力。否則，員工長久地處於不適當的職位上，將使員工無法勝任該項職位，而造成情緒的不穩定或混亂，這對員工來說是一種戕害。此外，不適當的職位分配，對組織的效率也有不良的影響，其可能阻滯工作流程或人事安排，甚而造成一種損害。

二、期望衝突

個人在組織中工作，都存有自己的期望和意願，然而此種期望有時常與他人的期望相衝突。首先，個人在正式組織中可能與組織目標相衝突。此即為正式組織對員工期望的行為，與員工本身期望的行為背道而馳之故。此種相悖的期望，當然會形成員工的壓力。再者，個人為尋求與非正式群體需求的一致，有時亦可能成為非正式群體的一員；但有時非正式群體對員工所期望的行為，與員工本身所期望的行為，也會因衝突而造成員工的心理壓

表 13-1　壓力產生的來源

‧職位不適當	‧責任恐懼
‧期望相衝突	‧環境不佳
‧角色模糊	‧關係不良
‧負荷超載	‧員工疏離

力。此外，同一員工若兼受兩位或多位主管的強大影響，將不知所從而形成壓力。凡此都是個人與他人期望相衝突而形成的壓力。

三、角色模糊

個人在組織中必然要扮演某種或一些角色。所謂角色，是指個人據有某種地位而表現的行為。當個人在扮演一種角色，而對應如何遂行其職位，有不確定及不明確之感時，則壓力就產生了。又員工對所期望於其所任職位者，有不明確及不確定之感時，也會產生緊張的壓力。另外，員工對職位績效與可能獲致的效果之間關係，有不明確及不確定感時，亦常感受到壓力。凡此，都是因角色的模糊不清，而產生對個人的壓力。

四、負荷超載

個人若所任工作的要求，超過了個人能力所能承擔者，即稱之為負荷超載。負荷超載的產生，有時是因為職位的不適當，有時則為個人能力不足以勝任其職位。凡此都可能造成對個人的壓力。此外，個人所擔任的職務，若因時間的緊急性，則常造成時間的壓力，這也是一種過重的負荷。通常身為主管的個人必須利用有限的資源，或因資訊的缺乏，而必須作決策時，最容易遭遇到此種情況。此種過重的負荷，即常構成心理上的極大壓力。

五、責任恐懼

員工若對所擔任的職務不能勝任，也會有恐懼感的產生。通常，此種情況乃為員工恐懼工作績效不良或容易失敗，而構成心理上的壓力。此外，若員工的抱負水準或期望水準太高，也會構成若干壓力。由於員工所訂標準太高，致有高成就的壓力。若一旦無法勝任，則此種壓力將愈爲加重。由於員工的工作是處於組織之中，故其工作亦負有對其他同仁的責任。上述各種情況都可能使員工因恐懼而產生壓力。

六、環境不佳

工作環境所造成對員工的壓力者甚多，諸如照明不足、溫度及噪音管制不當等均屬之。此外，工作場所不整潔與擁擠，都會造成員工精神上的壓力。至於，所任職務要求過苛，產生不必要的工作速度問題、社會孤立問題，都會形成員工的職業倦怠，而有力不從心之感。就企業機構而言，舉凡機器設計及維護制度欠佳，也會對員工構成壓力。因此，良好的機器設計與維護制度，將有助於員工紓解其壓力。再者，組織對員工需建立一套完整的工作時間與假期制度。倘組織對員工所任職位要求工作時間過長，或工作時間欠規律，則員工必感受到無限的壓力。

七、關係不良

根據心理學家的研究顯示，良好的人際關係有助於組織內部的和諧與團隊精神的發揮。員工處於此種工作氣氛當中，必感到輕鬆愉快。否則，若員工在處理有關對上級主管、同階層同事或部屬的工作關係方面深感困擾，則必構成壓力。因此，組織應多安排或給予員工交往的機會，培養輕鬆而和諧的工作氣氛。當然，有些員工亦可能因本身因素而難以適應群體作業，此時就應施予諮商輔導或教育訓練，庶可減輕其工作壓力，而適應群體生活。

八、員工疏離

員工的疏離感通常係因個人需求與組織目標的不能融合，或組織管理的不當，以及員工的社會互動關係受到限制，或缺乏參與有關決策的機會等所造成的。此種疏離往往使員工和組織之間的距離愈爲疏遠。若以上所述各種情況的差異性愈大，則更容易產生不確定感，如此惡性循環的結果，又引發更大的疏離，終而構成對員工更大的壓力。

總之，造成員工壓力的因素甚多，且各項因素之間常互爲因果。且這些因素尙包括個人的因素，如個人特性與成長經驗、生理缺陷、自我目標和期望等；以及家庭因素，如親子和諧關係、家庭社經地位等均是。但這些並非本章所研討的範圍。只是在企業管理上，要紓解員工的壓力，必須作全面性的探討，且宜作多方面的整合，才能達成紓解壓力的效果。

第三節　壓力所形成的不良影響

在企業組織中，一旦有了壓力，常對個人或組織造成若干不良的影響。對個人來說，適度的壓力固可促使個人努力於工作目標的完成，達成一定的工作水準與自我要求。惟過度的壓力常使個人產生焦慮感、壓迫感，甚至造成了生理上的疾病。對組織而言，適度的壓力也可能促進員工間的團結與合作精神，以完成組織目標。然而，過多的壓力可能形成內部的摩擦與衝突、作業的遲滯、工作力的喪失、效率的降低以及成本的增加。茲分述如下，並如**表 13-2** 所示。

表13-2　壓力的影響

對象	結果
個人方面	‧心理不適應 ‧生理的失調 ‧職業倦怠症
組織方面	‧員工缺勤 ‧形成衝突 ‧生產損失 ‧增加成本

一、個人方面

個人一旦遭遇到過度的壓力，常會導致某些疾病或問題。吾人可就三方面來討論之。

（一）心理不適應

從心理學的觀點而言，過度或拖延過久的壓力會造成情緒上的問題，諸如情緒失去控制，會破壞和諧的人際關係與社會關係。至於個人心理上的傷害，如注意力不集中、記憶衰退或喪失、睡眠的不足、食慾不振、動機喪失、心情鬱悶，以及其他相關能力的喪失。這些心理上的不適應將影響個人的成長與發展，導致工作的不順遂與人際關係的失和，甚至擴大到對組織產生不利的結果。

此外，心理上的不適應往往會造成個人生活的不便，因此很受到一般心理學家的重視。在個人生活的歷程中，個人心理往往影響其生活；而心理的不適應常比較容易感受到生活或工作上的壓力；且壓力又形成心理上的不適應，如此則不適應與壓力乃互為因果。是故，壓力與心理的不適應都是要同時予以注意，並力求克服的。一般而言，心理上較不適應的個人，其情緒較不穩定、缺乏自信心，且易感受到自己的生活受制於外界的力量，而將之歸諸於命運的捉弄。此即爲所謂的外控者（externals），此種人較難適應壓力。

（二）生理的失調

當個人感受到壓力的存在，首先在心理上造成焦慮、緊張與壓迫感；而此種情緒一旦無法紓解，或壓抑過多、過久，將產生生理上的失調或疾病。此乃爲「心理影響生理」的原則。根據生理學家的研究，過多的壓力將影響內分泌腺的分泌，其在生理上立即顯現的症狀是口乾舌燥、掌心出汗、呼吸急促、心跳加快、血壓升高，甚至是頭昏眼花，而導致生理的失衡，終至產生生理上的疾病。因此，壓力是生理疾病的來源，殆無疑義。

一般與工作壓力有關的生理疾病，包括緊張與偏頭痛、心臟病、高血壓、胸部、頸部、下背部的肌肉緊張、胃炎、消化不良、胃潰瘍、腹瀉、便秘、氣喘、風濕、關節炎以及一些月經失調和性的失能等，都是過度壓力的結果。這些生理疾病將影響員工的出勤率，造成曠職、怠工怠職、降低生產力、增加成本。當然，上述現象又可能造成心理上的壓力，如此循環不已，將產生更多更複雜的問題。

（三）職業倦怠症

組織員工面對壓力所產生的反應之一，乃爲倦怠（burn-out）。所謂倦怠，乃是由於個人面對壓力所形成的生理或心理之疲勞狀態，其不僅可用於說明員工對壓力的適應，亦可用以說明員工對有關工作及人際關係的適應。員工一旦有了倦怠感，常表現如下行爲：將倦怠歸因於他人、他事或環境；對工作提出尖銳的批評，屢以病痛爲由疏於工作；在工作中胡思亂想或打瞌睡；經常遲到早退；時與工作夥伴爭論或不合作；以及在工作中孤獨自處等均屬之。

倦怠乃是出自於壓力，以及其他和工作有關的因素或個人因素。此種壓力乃是經常性與長久性的。凡是個人有一種缺乏保障的感覺，或處於競爭過於強烈的狀態，或與他人發生衝突，以及處於不確定的情境下而造成壓力時，都會形成職業倦怠症。當員工在工作上有了職業倦怠症，除了表現前述行爲之外，尚會顯現一些現象，諸如缺席率增加、降低生產力以及容易在職位上犯錯等是。

總之，壓力會造成個人心理上的焦慮、緊張和不安，連帶地將影響個人的生理，而形成生理的失調與疾病。在個人生活和工作當中，壓力會形成疲勞的感覺，終而形成職業倦怠症。因此，個人一旦有了壓力，必須設法紓解。然而，誠如前節所言，個人的壓力固有來自於個人因素者，然亦有源自於組織因素者。是故，壓力實亦影響了組織，而造成組織管理上的若干問題。

二、組織方面

在組織中，適當的壓力有時會促成內部的團結，用以增進工作效率；但過度的壓力往往是弊多於利的。諸如缺勤率和流動率增加，產量和品質的降低，內部的摩擦與不和諧增多，而原料浪費了，且生產成本也提高了。凡此都會影響組織效率。

（一）員工缺勤

員工在工作上，由於壓力過大的最直接反應，乃是缺席率的增加與出勤率的降低。此時，員工會假借其他理由請假，託病藉以逃避過重的壓力。此對於採取消極性工作態度的員工，尤然。一位對人生持積極態度的員工將勇於面對事實，克服一切的困難，故而能面對壓力的挑戰。然而，一位退縮的員工則容易持消極態度，迴避組織爲他所設定的標準。一般而言，不論組織所賦予給個人壓力的大小如何，常因個人感受程度的大小而有所不同。不過，過大的壓力對任何人來說，都可能持逃避的態度與行爲，以致其出勤的意願會因此而降低。

（二）摩擦衝突

員工在過度的壓力下，常不易集中精神於工作上，此不僅會使自己的判斷力大打折扣，且在極度情緒化和憤怒的情況下，極易攻擊其他同事，造成許多摩擦與衝突。因此，過度的壓力往往是組織內部衝突的來源之一。即以部門爲例，若兩個相互依賴的部門，因其中一個部門對其他部門構成壓力，而後者無法因應此種壓力時，往往會造成雙方的不和，終至引發了其間的摩擦與衝突。組織內部的個人之間，亦然。是故，壓力有時會構成組織內部的摩擦和衝突。

（三）生產損失

個人有了工作壓力，其所產生的倦怠與個人的問題，將會爲組織帶來生產數量和工作品質的降低。員工壓力或許不是產量降低的直接原因，但壓力對品質的影響卻是很大的。在工作場所中，時間的壓力往往造成許多失誤，諸如產品品質檢驗的不確實即是。就公務或服務機構而言，對員工的壓力將擾亂其工作情緒，很難提昇其服務品質。因此，就廣義而言，生產的損失並不限於產品的數量，也不限於企業產品的生產，更涵蓋著品質的降低，以及服務品質的喪失。

（四）增加成本

員工由於工作壓力所帶來的成本，將水漲船高，包括生產和意外事故給付，都是個人問題帶到工作場所的直接結果。低度工作士氣、員工更多的摩擦、主管與部屬間更多的困擾，以及更多的不滿等，都是因員工有了壓力所造成的。由於失能、退休和死亡等員工訓練的永久損失，都與員工個人有了困擾有關。對一個有困擾的員工，組織是很難對其加以測量的，但其眞實成本卻與員工困擾有關。一家企業機構擁有太多具煩惱的員工，不但是企業的損失，且將損害其公共形象。

總之，員工有了過度的壓力，不僅會形成個人的困擾，而且對組織也可能造成不利的影響，組織管理者不能不重視其對組織所產生的不良後果。

第四節　紓解個人壓力的方法

壓力既是存在的，則吾人應尋求解決壓力的方法。通常，壓力不僅是個人的，而且也是屬於組織的。因此，壓力的紓解主要固然要依靠個人持續地努力，尤其要組織來協助個人。此乃因大部分的壓力都來自於工作，其有賴組織施行某些措施以爲因應。就個人來說，很多壓力都是因爲個人對周遭環境加以設限，再加上個人責任的驅使，以及個人的抱負水準和期望水準所造成的。爲了督促自我的進步，個人設定一些壓力，實有助於自我的成長與某些目標的達成。但在同時，個人亦宜設法排除某些壓力，以便在達成個人目標的同時，能減輕或紓解一些不利的壓力。個人紓解壓力的方法甚多，大致可分析如下（如表 13-3）：

一、適度運動

個人一旦有了壓力，作適度的運動是最可行的方式。運動可紓解人體肌肉的緊張，亦可使個人的精神得以獲得舒展的機會。

表 13-3　個人紓解壓力的方法

・適度運動	・保持鬆弛
・調節飲食	・生物回饋
・充足睡眠	・自發訓練
・休閒活動	・施行靜坐

一個人在作運動時，並不一定要拘於某種形式，只要能達成實質的運動效果均屬之。例如：做做體操、伸伸腰、踢踢腿、作深呼吸……等，都屬於一種運動。當然，運動隨著個人的興趣、體力、年齡、性別……等，而有所差異。有人需跑步才夠得上是運動，有人則以游泳、健行、爬山、打球……等方式來作運動。無論運動的種類為何，只要個人認為某項運動能滿足自己的興趣與體力，就能達到紓解壓力的效果。

二、調節飲食

個人紓解壓力的方法，除可作適度的運動之外，尚須注意調節飲食。為了某些健康的理由，很多專家認為個人不宜吃太酸辣而刺激的食物，而宜多食用清淡的食物，如此自可減緩某些緊張的壓力。然而，這也可能因個人體質或嗜好而有所差異。例如，雖然在禁煙運動當中，對於某些熬夜或已養成習慣的個人，偶爾抽抽煙，有時也可紓解一下情緒。再者，根據心理學家的研究，當個人在遭遇到挫折或有了焦慮情緒時，常不斷地吃東西，乃屬於一種補償作用，此可紓解若干壓力。此外，在個人遇到壓力時，喝一杯水有時也有紓解情緒的作用。凡此都是一種調節飲食，以紓解壓力的方法。

三、充足睡眠

當個人在遭遇到壓力時，若不想作運動，可以睡眠方式來紓解壓力。充足的睡眠可暫時遺忘緊張焦慮的情緒，此乃爲暫時性遺忘。惟在睡眠過後，仍然要面對壓力的情境。不過，有了充分的睡眠，至少可暫時減緩緊張焦慮的情緒，有時仍可達到紓解壓力的效果。根據心理學的研究顯示，當個人在受到挫折時，睡眠即爲一種精神的鬆弛劑。因此，睡眠亦不失爲一種紓解壓力的方法。

四、休閒活動

參加休閒活動也是一種紓解壓力的方法。休閒活動是目前社會甚爲流行的風氣。由於現代人工作忙碌緊張，甚多人士以露營、登山、健行、參加各種公益活動，來紓解緊張的生活壓力。有些人則以參加某些俱樂部、KTV唱遊活動，或閱讀書報、雜誌、聽聽音樂等不費體力或精神的方式，來消遣度日，以紓解因工作所造成的壓力。凡此活動都有益於身心之健康，而減緩生活緊張所帶來的壓力。

五、保持鬆弛

所謂保持鬆弛反應（relaxation response），係指有關肌肉活動之訓練，其乃爲在遭遇到壓力時，一方面實施深呼吸，一方面將身體肌肉作短時的鬆弛之謂。個人若不想作任何活動，可採取此種方式，即以冥想的方式將某部分肌肉放鬆，如此亦可達成紓解壓力的目的。當個人處於鬆弛狀態時，其情緒自然穩定平靜，不再有憂慮煩惱，不必想任何工作，則較長久保持鬆弛，自可減輕緊張的壓力。

六、生物回饋

所謂生物性回饋（biofeedback），係指利用特殊的測試儀器設備，觀察個人各部肌肉的鬆弛程度。此類專門儀器，可供人學習如何將肌肉作緊張和鬆弛的活動；其後經過一段期間的學習，即可不用儀器而能自行活動。此對於不懂得放鬆自己或精神容易緊張的個人，甚有助益。一般而言，此乃爲用來協助病人，以養成鬆弛壓力的習慣。

七、自發訓練

所謂自發訓練（autogenetic training），與所謂的自我催眠（self-hypnosis）相近，係自行集中精神，控制本身的生理活動之謂。自發性訓練一般亦可用來協助精神容易緊張的個人，以幫助其控制自我的活動。此亦不失爲自我紓解壓力的方法。

八、施行靜坐

所謂靜坐（meditation），乃於靜坐中將注意力集中於己身的呼吸，而別無身外之任何雜念之謂。其亦爲鬆弛身心的方法。當個人面臨極大的壓力，而有充裕的時間時，可實施靜坐。惟靜坐需有專家之指導，庶能免於走火入魔之境地，且靜坐須有較長的時間，並能每日持續不斷地練習，此對沒有太多空閒的人較不易實施。

總之，壓力既存在於個人，則紓解壓力的方法惟有賴個人，依自己的能力、體質、興趣、時間……等，而選用不同的方式。只要這些方法都能符合個人的意願，則可達到紓解壓力的效果。

第五節　組織紓解壓力的方法

壓力固屬於個人的問題，然其影響組織甚鉅，組織管理者不可等閒視之。一般組織紓解員工壓力的方法甚多，其所可運用的措施，如調整職位、舉辦訓練、進行溝通、諮商教育、健全制度、適當獎酬，甚而可將職位作重新設計，以進行工作豐富化，藉以提高員工的動機與興趣，降低各種壓力，如**表13-4**。

一、調整職位

所謂調整職位，乃是將員工更換其工作或調職之謂。就人力資源管理立場而言，員工之所以產生壓力，最主要乃爲所任職位不適應或個人能力不足所引起的。是故，實施職位調整乃爲最適切的方法之一。職位的調整可包括平調、昇遷和降調。其中可實施平調，以不同的工作性質來吸引員工的興趣。當然，在實施調動之時，最好能徵詢員工的意見，以求能符合其興趣與能力；若是昇遷，則以員工有良好績效和重大貢獻之後施行之。至於降調，乃爲除非員工有重大過失，否則不宜輕易行之，蓋此將可能造成更大的壓力與困擾。質言之，調整職位須以合乎員工的興趣與能力爲原則。

表13-4　組織紓解壓力的方法

‧調整職位	‧健全制度
‧舉辦訓練	‧適當獎酬
‧進行溝通	‧職位再設計
‧諮商教育	‧其他方式

二、舉辦訓練

舉辦員工訓練，可培養職位所需的特殊技能，建立及發展員工角色的技能，提昇員工的全面能力和心態，增進員工處理問題的自信心，培養員工的人際關係技能，促進工作群體凝聚力與團隊精神，更可協助員工訂定職業生涯計畫。因此，員工訓練可紓解員工因職位不適、期望衝突、角色負荷超載、恐懼責任、工作關係不良以及員工疏離等所造成的壓力。一般組織施行教育訓練，乃爲最常使用的方法之一。

三、進行溝通

組織可制訂明確的組織角色說明，用以界定員工職位的層面及期望，使員工瞭解如何扮演其角色。此可紓解期望衝突和角色模糊所造成的壓力。再者，在工作環境方面，組織可協助員工瞭解工作程序設計的意義，並使員工能適應整體程序的需要。在工作關係方面，要想紓解員工的壓力，可辦理各種員工諮商，建立群體間更佳的溝通實務，協助員工瞭解組織中主管與部屬相處之道。此外，增進組織中上行與下行溝通和參與管理，提供員工參與機會，辦理員工諮商，都可降低可能引發衝突情勢的各項誤解，紓解員工的疏離感，以免造成壓力。

四、諮商教育

組織舉辦員工諮商，在消極方面，可協助員工處理有關行爲層面的困擾，諸如孤獨感等是。此外，員工諮商將協助員工瞭解以及克服恐懼感和憂慮感。它亦有助於員工因應人格衝突、社會孤立等因素。在積極方面，員工諮商則可協助員工能以建設性的方式，來因應本身的感受。諮商的實施，可聘請諮商員對員工問題作充分的評估，以提供作診斷的參考。

五、健全制度

組織本身欲紓解員工的壓力，必須先健全其本身的人事制度，諸如改進人事甄選制度，選用適任人員；並依其專長與興趣任用，庶可達到適才適所之境界。此外，組織可推行員工援助方案，以降低員工的缺勤率、工作上的意外事故與壓力和不滿的產生。組織有了員工協助方案，就可降低意外醫療的費用、生病和意外的補貼，以及交通往返費用等，因而紓解了員工的壓力。

六、適當獎酬

組織欲紓解員工之壓力，應修改員工給付的方法與給付的時間；並使獎勵工資制度能直接配合員工的需要與期望。根據激勵的期望理論而言，員工若不能得到其所期望的獎酬，將導致不滿而影響其努力工作的意願。此種不滿和績效的降低，將造成員工的壓力。因此，適當的獎酬有助紓解這方面的壓力。事實上，所謂獎酬的適當，應合乎公平合理的境地；惟有公平合理的獎酬，方不致造成競爭與衝突，才能有效紓解壓力和緊張。

七、職位再設計

組織將職位再設計，可紓解員工因職位的不適當、期望的衝突、角色負荷超載、工作環境不良以及員工疏離等所造成的壓力。就職位不適當與員工疏離方面而言，組織可推行工作豐富化方案，以激發員工的動機。在期望相衝突方面，組織可實施彈性上班制度及辦理職位分擔制度，俾分別針對造成衝突的原因尋求解決。在角色負荷超載方面，則可改善工作場地、場地佈置與工作程序。在工作環境方面，則可改變工作的物理環境與工作規定的細節，例如實施職位輪調、更改工作時間、實施休息、休假等制度。凡此皆可減輕工作所帶來的壓力。

總之，所有的壓力並非要完全消除的。有些壓力只要是員工所能夠負荷的，有時亦能產生正面的效果，其端視管理技巧與個人的修養而定。此外，組織尚可實施員工福利計畫，諸如作定期的健康檢查、各項診療、改善飲食、偵測與控制過度的緊張、舉辦壓力管理研討會等，並能多鼓勵，少責備，多溝通，少壓迫，則將有助於員工紓解其壓力。

第14章
挫折管理

1
挫折的意義
2
挫折的來源
3
心理衝突
4
挫折的反應
5
挫折的管理肆應

凡是人類都有慾望，而在滿足個人慾望的過程中，都難免會產生挫折。員工在組織中工作，亦然。一般員工無論在工作情境中或人際相處關係中，都不免會遇到挫折。員工一旦有了挫折，有時會奮發向上，解決挫折問題；有時則會意志消沈，喪失鬥志，這完全取決於個人對挫折的認知。就一般情況而言，大部分人都無法忍受挫折，以致挫折常是心理疾病的根源。因此，組織管理者必須探討產生挫折的原因，協助員工消除挫折的來源。

就企業組織而言，挫折行為也是阻滯目標達成的主要因素。組織中如果有太多的挫折情境，即表示組織本身的不健全，至少也是制度的不上軌道，或管理上出現了不少缺失。在這些情況下，管理者就必須隨時檢討造成挫折情境的因素，安排合理的工作環境，避免給予員工過多的挫折。蓋挫折不僅影響員工個人行為，也左右其工作行為，甚而造成人際關係的破壞，卒而降低工作品質與效率。因此，滿足員工需求與達成組織目標，必須從消除挫折行為與健全正常的心理狀態做起。

第一節　挫折的意義

挫折是個人在追求自我目標的過程中，受到阻礙的狀態。一般而言，個人行為大多由內在動機所引起，並在動機的支配下，朝向某種固定目標進行，直到動機獲致滿足時為止。然而，在個體活動過程中，個人不見得能完全如意。所謂「人生不如意事，十之八九」，可是挫折隨處可生。不過，挫折（frustration）一詞含有兩種意義：一為指阻礙個體動機性活動的情境而言；另一則指個體動機受阻後，所產生的情緒紛擾狀態而言。前者乃為刺激情境，後者則屬個體反應。此處所指乃為個體從事有目的的活動時，在環境中受到障礙或干擾，致使動機不能獲致滿足的狀態而言。

人類的一般活動，大部分是依循例行常規而進行的。當個體為了謀求某種目標而受到阻礙，終至無能應付，致使其動機不能獲得滿足的情緒狀態，即稱之為挫折。美國心理學家羅山茨維（Saul Rosenzweig）說：「當有機體在尋求需要的滿足過程中，若遇到了一些難以克服的妨礙時，就產生了挫折。」當然，此乃取決於個人對挫折的認知，由於此種認知方法的不同，個人心理感受也有很大差異。是故，挫折實為一種主觀的感受，對某人來說是一種挫折，對另一個人也許並不構成挫折，此實牽涉到挫折忍受力的問題。

當個體遭遇到挫折時，若能經得起挫折，不致造成心理上的不良適應，此即稱為挫折忍受力或容忍力（frustration tolerance）。換言之，所謂挫折忍受力，係指個人在遭遇到挫折時，有免於行為失常的能力；亦即指個人有經得起打擊或經得起挫折的能力。挫折忍受力和個人的人格，有極密切的關係。若個人的挫折忍受力極低，則即使些微的打擊，仍可能造成個人人格的失常或分裂；相反地，若個人挫折忍受力極高，則挫折對其行為當不致發生影響。質言之，能忍受挫折打擊的個人，將可維持其人格的統整，是良好適應或心理健康的標示。一位心理健康或有良好適應能力的個人，將會隨時在日常生活中體驗挫折的涵義，如此自可面對現實的生活環境。

通常成人行為和幼兒行為最大不同處，乃在成人懂得如何犧牲目前瞬間的快樂或忍受短暫的痛苦，用以換取未來更大的快樂或免除永久的痛苦；但幼兒則否。依據心理分析學派的看法，成人常受快樂與現實原則（pleasure and reality principles）的支配，懂得需求滿足的限制，且常寓自由於紀律之中。此種成人挫折忍受力與個人習慣或態度一樣，都是可經由學習而獲得的。因此，個體自幼年時起，父母或教師即應教導幼兒或兒童接受與忍受挫折的打擊，且能提供適度的挫折情境，以鍛鍊其挫折忍受力，培養更完善的人格。

一位挫折忍受力極強的個人，對挫折環境會常常抱著樂觀的心理，並持著積極的態度，採取較合理性的做法，去解決困難問題，以便最後能實現自我的理想。相反地，一位挫折忍受力極低的個人，常會經不住挫折的阻撓與壓力的重擔，且會產生不恰當的反應，長久以往將導致人格的分裂或破碎，則其自我防衛較強。站在管理者的立場而言，管理者必須能瞭解引發挫折的情境，及挫折可能產生對工作的影響；並協助員工培養挫折忍受力，以增進其解決問題的能力。

第二節　挫折的來源

在人生的過程中，挫折既是難免的，則產生挫折的根源必是無時無刻不存在的。一般而言，挫折乃係來自於客觀的挫折情境，然後再經過個人主觀的認定而產生的。若有了造成挫折的因素，而個體並不認爲它是一種挫折，則挫折將無由產生。因此，挫折其實是一種連續的心理過程，但它確是來自於挫折的情境。大致言之，挫折情境可分爲兩大類：一爲外在情境因素，另一爲個人內在因素，如**表 14-1** 所示。

表14-1　挫折來源分析

主要因素	細分因素
外在情境因素	・自然環境（如天候、時間等） ・社會環境（如政治、經濟、種族、宗教、家庭、風俗習慣等）
個人內在因素	・個人條件（如能力不足、期望過高、生理缺陷等） ・心理衝突（如內在動機或目標的衝突等）

一、外在情境因素

所謂外在情境因素，是指存在於個體所處環境之中，而足以引發個體感受或知覺到挫折的因素而言。這些因素有來自於自然環境者，也有源自於社會環境者。自然環境的因素，乃是指空間或時間的限制，致使個體動機不能獲致滿足的因素，如天候的限制使得個人無法參加戶外活動，或時間的急促使個人無法實現所預訂的目標均屬之。此種自然環境因素的限制，往往很難克服，以致常形成挫折的來源。

此外，所謂社會環境因素，則指個人在所處的社會生活中，所遭受到人爲因素之限制而言。其中包括一切政治的、經濟的、種族的、宗教的、家庭的，以及一切風俗習慣的影響在內。例如，一些政治上的禁忌常箝制了個人的思想，經濟資源的有限性限制了個人的遠大計畫，宗教、風俗習慣約束了某些活動等，均足以造成個人挫折的來源。再如初生嬰兒不能求飽食，必須依賴成人的照顧，而一旦成人予以延宕，即造成嬰兒的挫折行爲。凡此種種，均是挫折的來源。

二、個人內在因素

所謂個人內在因素，係指由於個人的因素而引發對自我的挫折之意。如個人能力不足、生理缺陷、容貌限制或期望過高，而無法達成他人或自己所訂的目標或期望，此時自然會構成所謂的挫折。此外，心理衝突也是造成內在挫折的原因。個人一旦處於心理衝突的狀態下，則常因多目標或動機的相互扞格而造成心理壓力；甚且因只能有一項動機或目標得以實現，以致產生了挫折感。此將另列專節討論之。

總之，挫折的來源甚多，它可能來自於自然環境，也可能始自於自我的心理認知；但外在客觀因素常受到個人主觀因素的影響。如挫折有時可能導引個人產生了創造力，增進解決問題的能力，反而造就了個人的成就感，此時挫折就不成其爲挫折了。因此，挫折感其實就是一種主觀的心理認知或感受。

第三節　心理衝突

誠如前節所言，衝突是造成挫折的原因之一。當個體在有目的的活動中，常因多目標而產生了兩個或兩個以上的動機，若這些動機無法同時得到滿足，甚或相互排斥，就會產生衝突的心理現象，此又稱爲心理衝突（mental conflict）。衝突在近代人格心理學上是個很重要的概念，嚴重的衝突爲人格異常與心理疾病的重要原因。它可能混亂、遲延、疲勞一個人的身心，迫使個人作出許多適應不良的反應。太大的挫折會引發心理上的痛苦、情緒上的困擾、行爲上的偏差，甚而導致身心上的疾病。此即爲相互矛盾的反應，互為競爭的結果。

然而，心理衝突常有多種不同的型態，其中最常見的情況如**表14-2**所示，並列述如下。

一、雙趨衝突

所謂雙趨衝突（approach-approach conflict），係指個體在進行有目的的活動時，兩個並存的目標對個體具有相等的正向吸引力或相同強度的動機，使得個體無法作抉擇，而在心理上產生了衝突。雙趨衝突的產生，主要是因為兩個目的物對個人具有同樣的吸引力之故；亦即兩個目的物對個體引發了同樣強烈的動機。假如個體對兩種目的物有了強弱不同的動機，則個體自然會選擇強者而放棄弱者，則無所謂雙趨衝突的存在了。我國諺語有云：「魚與熊掌，不可兼得」，即為雙趨衝突的例證。

二、雙避衝突

所謂雙避衝突（avoidance-avoidance conflict），是指個體在

表14-2　心理衝突的類型

種類	性質	個體表現形式
雙趨衝突	兩個動機或目標都是可欲的，亦即為個體所喜歡或令個體愉悅的	個體只能選取其一，但很難選擇
雙避衝突	兩個動機或目標都是不可欲的，亦即為個體所不喜歡或令個體痛苦的	個體只能逃避其一，但很難選擇
趨避衝突	兩個動機或目標同時存在，但一個是可欲的或令個體愉悅的，另一個則為不可欲的或痛苦的	個體一方面要選取其一，一方面又必須逃避另一，但無法作抉擇

有目的的活動或動機的過程中，有兩個目標同時對個人具有威脅性，但卻無法解脫，此時將引發個人內在的心理衝突。雙避衝突的產生，乃為兩個目的物對個人都具有同樣的威脅，以致個人都想逃避，卻無法同時逃脫。但如迫於情勢，個人必須接受其一，始能避免另一，則在作抉擇時便會遭遇到雙避的心理困擾。若說雙趨衝突是屬於「兩利相權，取其重」，則雙避衝突就是屬於「兩害相權，取其輕」了。雙趨衝突的兩個目的物，對個人來說都是可欲的；而雙避衝突的兩個目的物，對個人來說則是不可欲的。

三、趨避衝突

心理衝突的另一種情境，就是趨避衝突（approach-avoidance conflict）。在此種情境下，個體對單一目標同時具有趨近與躲避兩種動機，此時就產生了所謂的趨避心理衝突。一般常言「既好之又惡之，既趨之又避之」，即是一種趨避衝突的矛盾心理。易言之，個體處於一種兼具正向吸引與逆向排拒的環境中，為了希望能實現某種理想，常必須付出相當的痛苦代價，這就是趨避衝突的情境。趨避衝突之所以令人困擾，乃是因為它可能促成「進退維谷」的心境之故。此種情況，在日常生活中是屢見不鮮的，且也是最難解決的。其如兒童對父母的既愛又恨，就是一種鮮明的例子。

總之，心理衝突是造成個體挫折行為的原因之一，而衝突和挫折又構成了個人的心理壓力，此三者常互為因果。因此，近代管理學者無不對上述三者分別加以探討。本章專節討論心理衝突問題，乃意在凸顯內在衝突與外在衝突的差異。有關外在衝突問題，將於下一章研討之。

第四節　挫折的反應

個人在日常生活或工作中，不管原因為何，隨時都可能遭遇到挫折。不過，個人對挫折的看法與反應，常隨著個人與環境的不同，而發生極大的差異。一般言之，挫折行為的反應，不外乎積極的適應與消極的防衛兩方面，如**表14-3**所示。

一、積極的適應

誠如前述，一個具有挫折忍受力的個人，在遭遇到挫折時，

表14-3　挫折的反應方式

挫折的反應	反應方式
積極適應	・挫折忍受力（frustration tolerance） ・解決問題（problem solving）
消極防衛	・攻擊（aggression） ・退縮（regression） ・冷漠（apathy） ・固著（fixation） ・屈從（resignation） ・否定（negativism） ・壓抑（repression） ・退卻（withdrawal） ・幻想（fantasy） ・理由化（rationalization） ・投射作用（projection） ・補償作用（compensation） ・昇華作用（sublimation） ・替代作用（displacement）

常能採取較積極的反應方式，此即為一種積極的適應。挫折對這種人來說，可能產生積極而富有建設性的意義。亦即富有挫折忍受力的個體在遇到挫折時，常能面對現實環境，以排除任何困難，而尋求解決問題。當個人能採取積極適應的態度，以解決問題後，可能會增強自我信心，鍛鍊自己克服困難問題的意志。在此種情況下，挫折有時亦可改變一個人努力的方向，使他在某些方面取得成就，這就是所謂的「化悲憤為力量」。此種個人替代性的努力，正是積極性適應的原動力。

二、消極的防衛

積極適應乃為應付挫折的良好方式，然而有時個人常無法對挫折作適當的正面反應，且為維護自我尊嚴與人格統整和身價，而消極地在生活環境與經驗中，習慣性地學會某些應付挫折的方式。這些適應方式基本上是防衛性的，一般通稱之為防衛機制、防衛機構、防衛機轉、防衛方式或防衛作用（defensive mechanism）。消極的防衛方式對客觀地解決困難問題，雖於事無補，然亦不失為一種權宜之計，以調和自我與環境間的矛盾。一般最常見的防衛方式如下：

（一）攻擊

當個人在遭遇到挫折時，常會引發憤怒的情緒反應，而表現出攻擊性（aggression）的行為。此種攻擊性行為可以是直接的攻擊，也可能為間接的攻擊。直接攻擊乃為對產生挫折的主體，作直接的反應。間接攻擊或稱轉向攻擊，則可能發生在下列兩種情況：其一是當個人察覺到對某人或事物無法作直接攻擊時，而把憤怒的情緒發洩到其他的人或事物上；其二是引發挫折的來源曖昧不明，而無明顯的對象可資攻擊時，也會發生轉向攻擊。不過，通常攻擊的主要對象，乃是阻礙個人滿足其動機的人、事、物，然後才是周遭的人、事、物。至於攻擊的方式，可為身體上的肢體動作，也可能是口頭上的言詞，也可能僅止於表現在面部的表情或動作上。然而，一般攻擊行為很少表現在實際行動上，而以口頭的辱罵居多。在管理上，組織若施以高壓政策，實施不合理的措施，員工常懾於處分或解職，而多採取間接的口頭抱怨或造謠生事，以作為攻擊的手段。

（二）退縮

退縮（regression）是指個人在遭遇到挫折時，既不敢面對現實問題，又無能設法尋求其他代替途徑，因而退避到困難較少、比較安全或容易獲致滿足的情境而言。退縮可說是回歸到較原始的一種反應傾向，以致形成一種反成熟的倒退現象。此即表現出個體幼稚期的習慣與行為方式，而運用幼稚簡單的方式，來尋求解決所遭遇到的挫折問題。成人一旦有了退縮行為，自然就建立起一種幻想的境界，來尋求自我滿足與安慰，而缺乏責任感。退縮的另一徵象，乃是易感受他人的暗示，盲目追隨他人；凡事畏縮不前，缺乏自信，喪失理智；且對客觀環境缺乏判斷力、創造力與適應力。在組織中，上級人員的退縮行為是：不敢授權，遇事敏感，易接受下屬的奉承，無法鑑別部屬的是與非。下級人員的退縮現象，則為：不接受責任、盲目效忠與服從、惡作劇、常告病請假、易聽信謠言、無理由的惶恐、盲目追隨他人、情感易失控制等。

（三）冷漠

當個人在遭遇到挫折，而無由採取攻擊行動時，除了可能採取退縮方式之外，尚可能以冷漠（apathy）的態度應付。此乃因個人無以攻擊導致挫折的對象，或可能因攻擊而引發更多、更大的困難問題或痛苦，於是乃改採退避的自我防衛方式之故。所謂冷漠，乃是個人對挫折情境採用漠不關心的反應方式；惟這只是一種表象，事實上個人可能更爲關心，只是無解決該問題的能力而已。因此，當個體在受到挫折而無能解決問題時，在心理上將產生重大的壓力，難免有絕望無助的感覺，甚至於喪失了一切信心和勇氣；此時採取事不關己的冷漠態度，正是維持自我價值與尊嚴的絕佳方式。

(四) 固著

固著（fixation）是說一個人在遭遇到挫折時，由於受到緊張情緒的困擾，始終採用同一種非建設性的刻板行爲作重複性的反應。此種現象正足以說明個體缺乏適應環境的可變性，容易犯上同樣錯誤而無法改正；即使環境改變，已有的刻板反應方式仍盲目地繼續出現，不肯接受新觀念，一味地反抗他人的約束或糾正。造成此種現象的原因，厥來自於個人的態度。態度是一個人對客觀事物的主觀觀點。凡主觀觀點能適應於環境者，行爲即呈現易變性，以達到目標爲中心；若主觀觀點不能適應於環境者，其行爲便呈固著現象。固著是一種變態行爲，一經形成很難改變。在組織中，員工一旦有了固著行爲，常不肯接受他人的指導，而盲目排斥革新，實有賴於作心理上的特殊輔導。

(五) 屈從

當個人在遭遇到挫折時，常表現出自暴自棄的行爲傾向，此稱之爲屈從（resignation）。其乃因個人在追求目標時，遇到阻礙而無法達成時，雖經過長期的努力而所有途徑皆被阻塞，以致無法克服，很容易失掉成功的信心。於是，個人乃表現出灰心失望，但爲了避免痛苦，乾脆遇事不聞不問，隨其自然，終於陷入消極、被動的深淵。有了這種行爲的人，常在情緒與意見上呈現冷漠的現象。在組織中，這種人多失掉改善環境的信心，完全服從上級的要求，對現行的一切措施，都予以容忍。凡事得過且過，不求上進，以致喪失生氣，陷入呆滯狀態。

（六）否定

否定（negativism）是指個人在長期遭受到挫折後，失掉信心，形成一種否定、消極的態度。一個人若長期地未被接納，可能會對任何事物都抱持消極態度。此種成見一旦形成，就不容易與人合作。否定與屈從一樣，都是長期挫折後的行爲反應。然而，屈從爲消極性的順從，而否定則爲消極性的反對。否定可說是故意唱反調，爲反對而反對，提不出適當解決問題的方法，而一味地採取阻礙行動。在組織裡，抱持否定態度的人常不肯尋求諒解，也不與別人合作；凡事都持反對意見，很容易影響團體士氣。

（七）壓抑

壓抑（repression）是個人有意把受挫折的事物忘掉，以避免痛苦。易言之，個人有意把受挫折時的痛苦經驗，在認知的聯想上排除於意識之外，故壓抑又稱爲動機性遺忘。事實上，這些經驗並未消失，反而被壓抑成潛意識狀態，對個人行爲的影響更大。依據心理分析學派的看法，壓抑作用係由不愉快或痛苦經驗所生的焦慮所引起。當個人的意識控制力薄弱時，潛意識就支配著個人的行動。「夢」就是個人在入睡時，意識作用鬆弛，而使得受壓抑的潛意識乘隙表現出來的。其他，如日常生活中偶爾信口失言、動作失態與記憶錯誤，均爲壓抑的結果。因此，壓抑在知覺上的特性，是分外地警覺與防衛，警覺可增加吾人感覺的敏銳性，而防衛則拒絕承認客觀不利因素的存在。一般組織員工表現的壓抑反應，乃爲漠視事實、放棄責任，容易接受暗示與聽信無端的謠言。

（八）退卻

退卻（withdrawal）是個人在遭遇到挫折時，於心理上或實質上完全採取逃避性的活動。退卻與退縮不同，退卻是完全逃避的；而退縮則爲行爲的退化，回復到幼稚的原始行爲方式。換言之，退卻有種逃避現實的意味。在組織中，持有退卻行爲的員工都儘量設法逃避困難工作，不願與人相處，喜歡遺世而孤立。

（九）幻想

幻想（fantasy）就是個人在遭受到挫折時，陷入一種想像的境界，以非現實的方式來應付挫折或解決問題。幻想又稱爲白日夢（daydreaming），而個人因挫折而臨時脫離現實，在由自己想像而構成的夢幻似的情境中尋求滿足。幻想在日常生活中偶爾爲之，並非失常。它可使人暫時脫離現實，並使個人的挫折情緒得到緩衝，有助於培養挫折忍受力，並提高個人對未來的希望；但幻想並不能實際解決問題，在幻想過後仍須去面對現實，以應付挫折。否則如一味耽迷於幻想，非但於事無補，且在習慣養成後，將有礙於日常生活的適應。一般常持幻想的人，容易流於浮誇不實，妄自尊大。

（十）理由化

當個人在遭受到挫折時，總喜歡找尋一些理由加以搪塞，以維持其自尊的防衛方式，稱之爲理由化（rationalization）。個人平時在達不到目標時，爲了減免因挫折所生焦慮的痛苦，總對自己的所作所爲，給予一種合理的解釋。從行爲動機的層次來看，理由化固可能是一種自圓其說的「好理由」，卻未必是「眞理由」，只不過是解釋的幌子而已。所謂「酸葡萄」心理與「甜檸檬」心理，即各是一種自我解嘲的最佳方式。在組織中，一般人尋求理由化的原因，無非是強調個人的好惡，或是基於事實的需要，或是援例辦理，以求達到他推卸責任的目的。我國諺語：「文過飾非」，即是理由化的最佳例證。

其他，諸如投射作用（projection）、補償作用（compensation）、昇華作用（sublimation）、替代作用（displacement）等，有時都可轉移受挫折的目標，或逃避現實的壓迫，以求維持自我的安定。

第五節　挫折的管理肆應

員工若有太多的挫折行爲，是一種不正常的現象，對組織來說具有危險性，管理人員必須設法加以改善。通常對挫折行爲的處理，並沒有一定的法則可循，蓋任何方法都無法適用於各種情況。惟處理挫折行爲必須從各種情況中，尋求出比較適當而合理的解決途徑。當然，在管理過程中能先預防挫折行爲的發生，是最好的途徑，所謂「預防勝於治療」即是。一般預防與處理挫折行爲的方法，可歸納如次：

一、改善工作環境

挫折行爲很多是工作環境不當所引起，因此處理挫折行爲的最有效方法，乃爲改善工作環境。一個人處於良好的環境中，常能得到潛移默化、變化氣質的效果。當然，所謂環境並不單指物質環境而言，實涵蓋著精神與社會環境。譬如人際相處之道，即屬於社會環境。改善環境的措施，並不是管理階層的個別責任，而是全體人員的共同責任，因此相當不易付諸實施。惟管理人員可運用管理手段，來達成環境變遷的效果。例如，推行健全的升遷制度，使應獲升遷的人員能夠升遷，即可改變他的態度，消除挫折行爲。

誠然，爲求改善員工的挫折行爲，必先確定引起員工挫折行爲的眞正原因，然後再行變換環境，才能獲致效果。一般管理者往往對挫折行爲存有成見，一味地採用責備、懲罰的措施，而不去探求員工何以有此種挫折行爲的原因，以致處理不當，形成更大的困擾。因此，管理者對挫折行爲的一般態度，應是包容的，擴大自己的心胸，運用良好的領導態度。

二、發洩不滿情緒

根據精神病學的研究，挫折乃是精神疾病形成的原因，個人一旦遇到挫折，應使其發洩出來。組織管理者應安排使員工有適當發洩情緒的場所，則可避免員工對挫折行爲的壓抑，造成更嚴重的弊害。所謂情感發洩，就是給予受挫折員工以發洩情感的機會，使其內心的壓力與悶氣，得以充分傾吐，以使其挫折感在無形中消失。

情感發洩的作用，乃在創造一種情境，使受挫折的人得以宣洩淤積的情感。蓋挫折使人產生緊張的情緒，以致喪失理性、容易衝動，使行爲失去控制的現象。情感發洩可說是一種對挫折的治療方法，使受挫折的人返回理性的自我。有關情感發洩的作法，管理者可安排一種團體遊戲，使一群受挫折員工彼此自由交談，由於同病相憐的關係，能彼此道出內心的痛苦。另一種可能的方式，乃爲設定一些假人假物，讓受挫折的員工自由攻擊，以發抒其悶氣。

三、施行角色扮演

角色扮演（role-playing），是美國心理學家墨里諾（I. L. Moreno）所創。意旨爲編製一齣心理短劇，影射問題事實的本身，使受挫折者扮演個別角色，將個人的態度與情感，在模擬的劇情中充分地表達出來。角色扮演可使每位員工有機會瞭解或體驗他人的立場、觀點、態度與情感，進而培養出爲他人設想的情操與設身處地的胸懷。個人藉著角色扮演，除了得以瞭解他人的困難與痛苦之外，尙可發洩自己的挫折情緒，舒暢自我身心，改善自己對挫折的看法。

四、抱持寬容心胸

挫折行爲乃爲行爲者基於內心的鬱悶，而產生的一種自衛行爲。管理者應當諒解此種無理的行爲，並對他的人格予以同情。蓋人類往往對身受攻擊的行爲，予以反擊。身爲一位主管以其個人地位之崇高，須有高度容忍的雅量。在處理部屬的挫折行爲時，切忌感情用事；對部屬的無禮與攻擊行爲，應力求化解，並瞭解其眞正的原因，才能平心靜氣地化於無形。在考慮或處理問題前，宜先控制自己的情緒，避免激動的態度，始能對部屬的挫折行爲有充分的瞭解。如主管人員以反擊的方式處理，只會使問題更爲嚴重。

五、實施積極勸誡

挫折行爲在人類活動的過程中，是普遍存在的現象。挫折問題的產生，多始於誤會。不甚嚴重的問題，常因時間而自行消失；而嚴重的問題必須設法加以解決，否則容易招致嚴重的後果。主管人員在處理員工挫折行爲時，除了予以容忍外，亦宜提出一些積極性的建議，使員工瞭解問題所在，自行調整其可能引起挫折行爲的困擾。如此不但可協助員工疏導其憤懣情緒，更可避免員工或主管與員工間的隔膜與裂隙。此非但在消極地處理既存的挫折行爲，更在進一步積極地杜絕挫折行爲的發生。

六、善用獎賞懲罰

管理人員在運用各種方式處理挫折行爲時，似亦可用「論功行賞，以過行罰」的方式，來導引員工行爲。蓋「賞罰分明」亦是管理的手段之一。惟在運用獎賞措施時，固可公開爲之，以激發員工的正當行爲；但在使用懲罰手段時，宜以非公開的方式行之，避免傷害到員工的自尊心，形成更大的挫折行爲。懲罰手段的實施，應只限於對員工不當行爲的一種小小刺激，使其瞭解行爲的不當而已，並不是管理的最終目標。因此，在管理過程中，管理者宜隨時以獎賞的方式配合之。即使是一點讚賞，亦可滿足員工的自我尊嚴與價值。是故，管理者相機地運用適當的賞罰方法，可激發受挫折者採用正常的行爲，放棄不當的行爲。

總之，挫折行爲不是一件容易處理的問題，蓋挫折的產生相當複雜。它有來自員工內在心靈的，也有源於外在環境的；且每個人對挫折的體驗不同，有些事對某人來說是極大的挫折，有些則否；又某些事對某人是挫折，對他人來說則否。因此，管理者必須多方觀察與探討，才能針對其癥結，採取適當的管理措施。當然，挫折行爲並非全然是壞事，員工個人也必須培養挫折忍受力，切忌把工作外的挫折，帶到工作場所去感染其他同儕的情緒，此爲職業道德上應有的素養。此外，管理者與員工都應同心協力培養積極的人生觀，而把消除挫折情境視爲共同的責任。

第15章 衝突管理

1
衝突的意義
2
衝突的成因
3
衝突的衍生
4
衝突的評價
5
衝突的管理

人類社會都不免有衝突的存在，此種衝突常存在於有組織的社會群體或人際之間。惟一般人都不喜歡「衝突」，因為他們認為衝突會傷害到人際間的和諧，阻礙組織的團結與發展，故常尋求避免衝突、預防衝突。然而，衝突是可避免的嗎？甚而是可預防的嗎？無可否認的，衝突會造成一些不便或困擾；但有時衝突也並非一無是處，其端賴吾人在如何處理它、適應它。顯然地，衝突的原因乃係基於不同的地位、知覺、價值、信念、目標之故，此等差異正是衝突的來源。人們處於相互依賴而又相互扞格的環境中，自然難以避免衝突的存在。此種衝突固非全然有害，但也帶來若干困擾。因此，管理階層必須及時掌握它。本章即將針對衝突的特性、成因、衍生過程，以及其正負價值作一說明，然後提出一些因應之道。

第一節　衝突的意義

所謂衝突，係指一方欲求實現其利益，而相對於另一方的利益，以致顯現出對立狀態或行為而言。當一方認知到已產生了挫折，或即將產生挫折時，則衝突即已開始。此種挫折的實體，可為個人、團體、組織，甚至於國家。至於個人的內在衝突，不是本章所要討論的範圍。本章的探討僅涵蓋個人、團體等實體的衝突。然則，何謂衝突？雷尼（Austin Ranney）對衝突的界定是：人類為了達成不同的目標，和滿足相對利益，所形成的某種形式之鬥爭。此一定義強調目標與利益兩個概念，指出人們在追求不同目標與利益的過程中，所發生的一種鬥爭形式，很扼要地說明人們為何發生衝突的原因。

至於李特勒（Joseph A. Litterer）對衝突的界說，也符合本章的題旨。他說：「衝突是指在某種特定情況下，某人或團體知覺到與他人或其他團體交互行爲的過程中，會有相當損失的結果發生，從而相互對峙或爭執的一種交互行爲。」該定義顯示：⑴衝突是人際間或團體間的一種交互行爲；⑵衝突是指兩個人或更多人相互敵對的爭執或傾軋。當個人或團體知覺到他人或其他團體的行動，構成對自己的相當損害時，衝突立即產生。惟事實上，此種損害是相對性的。蓋當雙方交互行爲時，必有一方會覺得自己多得或少得了一些。此時，覺得少得的一方不免產生心理上的不平衡，終至採取敵對的態度與行動。這就是一種衝突。

此外，史密斯（Clagett G. Smith）對衝突的解釋更爲直截了當。根據史氏的見解，認爲「在本質上，衝突乃指參與者在不同的條件下，實作或目標不相容的一種情況。」他把衝突看作是一種情況，此種情況是由於參與者在各方面顯示出差異，而致不能取得和諧關係所造成的。史氏利用此一定義，研究組織上下層級之間的衝突，此與李特勒所指涉的並不完全相同，但同樣能顯示出外在衝突的本質。

柯瑟（Lewis A. Coser）則自整個社會層面，來討論社會關係或社會團體中的衝突。柯氏認爲「社會衝突是對稀少的身分、地位、權力和資源的要求，以及對價值的爭奪。在要求與爭奪中，敵對者的目的是要去解除、傷害或消滅他們的敵手。」換言之，衝突乃是在一般活動中，成員彼此間或團體間無法協調一致地工作的一種分裂狀態。另外，雷茲（H. Joseph Reitz）則把衝突認爲是「兩個人或團體無法在一起工作，於是阻礙或擾亂不正常活動」的過程。顯然地，雷氏把衝突看作是一種阻礙或擾亂行爲，它是一種分裂性的活動，嚴重地阻礙了正常作業活動。我國社會學家龍冠海教授認爲：衝突是兩個或兩個以上的人或團體之直接的和公開的鬥爭，彼此表現敵對的態度。此一界說強調直接和公開的鬥爭，但事實上衝突尚有間接和隱含的意義存在。蓋有些衝突可能不是外表可看得出來的。

張金鑑教授即認爲：衝突是兩個以上的個人或團體角色，以及兩個以上的個人或團體人格，因情感、意識、目標、利益的不一致，而引起彼此間的思想矛盾、語文攻訕、權利爭奪及行爲鬥爭。衝突活動或爲直接的、或爲間接的、或是明爭、或爲暗鬥。

總之，衝突是兩個以上的個人或團體，基於不同的目標、利益、認知或價值，而在心理上或行爲上直接或間接、公開或暗地相互對峙、爭仗、競爭或鬥爭的一種狀態。

第二節　衝突的成因

在組織中，造成衝突的原因甚多，其至少包括下列因素：

一、活動的互依性

當兩個人或團體，其活動具有相互依賴性時，則多少會形成衝突。此種衝突的形式包括同樣依賴某個人或團體、需與某個人或團體聯合，以及需要一致的意見等，都會引起時間壓力的衝突，或彼此的緊張。另一方面，此種互依性也可能在爭奪有限的資源，包括金錢、人力及設備，因爲這些資源都是有限的。此種依靠同樣資源的程度愈增加，衝突也就隨之增多。

二、資源的有限性

部分的衝突係肇始於共同資源的分配，而此種資源都是有限的。個人或團體爲競爭這些資源，乃相互競爭或彼此衝突。此種資源包括人力資源或物質資源。人力資源方面，如想增加人手，一旦所求不遂，常引發衝突。此外，物質資源的爭奪，常因一方的贏取，而造成另一方的損失，也極易引起衝突。此種彼此共用資源愈有限，則其間的衝突就愈易發生。

三、目標的差異性

凡是目標不同的各個人或團體之間，有了交互行爲的關係，就有形成衝突的可能。此種目標差異所形成衝突的原因，乃爲共同依賴有限資源、競爭性的獎勵系統、個人目標的差異，以及對組織目標的主觀認識。當共同資源充裕，及各個單位都獨立時，則目標差異不會引發衝突；只有資源用罄，共同依賴程度增加，則目標差異才會形成衝突。此外，競爭性的獎勵系統，雖可激發員工的努力，但也會造成個人間或團體間的衝突。再者，個人目標的不同，也會形成各自的小團體，而帶動其間的衝突。而此種衝突部分係基於各個團體對整體目標的主觀解釋。凡此都是形成衝突的原因。

四、知覺的分歧性

個人或團體間的衝突，部分是由於知覺的歧異所造成的。近代由於組織分工專業化的結果，常發展各自的溝通系統，以致個人或團體常有一套自己的消息來源。由是每個人或團體對消息的知覺和看法，都各不相同。準此，各個人或團體對現實世界的知覺或看法不一，常會形成衝突。此外，個人對時間眼界不同，隨著個人所從事的工作性質之差異，以及職位上的不同，卒而形成衝突的來源。當然，目標的差異也會造成知覺上的差異。凡此都足以形成未來衝突的潛勢。

五、專業的區隔性

在今日社會中，最常見到的乃是專業化的問題。此種專業化帶來了許多專家或專業人員，這些專才在組織中，常基於某些原因而受到拒絕或壓制，以致形成許多衝突問題。由於各個專業在其自己領域內鑽研的結果，常發展出一套自己的行爲準則與行事規範，以致不爲他人所瞭解，所謂「隔行如隔山」，即是此種情況的寫照。因此，不同的工作性質與專業化，不僅已爲個人間或團體間種下衝突的潛因，甚且在多方面的接觸上，無法溝通其觀念，而擴大或增強了衝突行爲。

六、地位的層次性

在組織中，不論是個人或團體在地位層次上，不免有倚重倚輕的現象。例如，在技術單位和生產單位之間，管理階層不免重視技術而輕忽生產，以致造成不平則鳴的現象。此種地位的不調和，常出現在個人或團體交互行爲所產生的壓力之中，以致形成不必要的紛擾與衝突。因此，此種個人或團體地位層次上的差異，常產生或增強其間的衝突。

總之，衝突的來源甚多，非本文所能概括。然而，一般來說，許多衝突都不僅在爭奪稀少的資源，追求並不一致的目標；而且常因不同的工作性質、資源分配的不平均、專業性質的隔閡、以及地位上有層次性的差異，而形成知覺上的分歧，卒而形成或增強了個人間或團體間的衝突。此種衝突有來自於人為因素者，有肇始於組織結構者，亦有始於工作性質者，更有源於事實的爭論者。凡此都有賴吾人作更深一層的探討。

第三節　衝突的衍生

個人間或團體間一旦基於某些不調和的情況，往往會逐漸衍生為衝突。其過程可分為下列各階段（**圖15-1**所示）：

一、潛在衝突階段

在此階段中，衝突的基本情勢已成，只是尚未為人所認知。此乃因個人或團體常處於不同情境中，而潛伏著衝突的暗流。諸如彼此活動的相互依賴，爭奪稀少的資源，或次級目標的對立，都可能形成衝突的根源。凡活動愈具有互依性，且爭奪稀少的資源，或次級目標差異性愈大，則其間衝突的潛勢也就愈大；反之，則愈小。然而，在衝突的衍生過程中，此種衝突潛勢即使已存在，但仍然未為可能衝突的雙方所知覺到；除非其已演進到下一個階段。

二、認知衝突階段

此階段乃為雙方當事人或某一方，已發現了衝突的肇因。此

潛在衝突 → 認知衝突 → 感受衝突 → 呈現衝突 → 衝突善後

圖15-1　衝突衍生及發展過程

時，可能發生衝突的一方或雙方，在情感上常會認定己方沒有錯，而所有的問題都是對方的錯；惟此種認定僅限於有此種認知而已。易言之，當雙方或一方感受到有了衝突的發生，其會採取選擇性的知覺，選取有利於己方的說詞，而對對方採取不利的知覺。蓋人在處於緊急情況下，偶有喪失理智的情形，看不見自己的缺點，否定別人的優點；此種現象會造成自我的優越感，而衍生對他人或團體的歧視，卒而演變爲衝突。

三、感受衝突階段

此階段乃爲雙方當事人已開始呈現緊張狀態，只是尚未有鬥爭的手段而已。此時，可能衝突的雙方都有先入爲主的成見，尤其是與他人或團體發生衝突時，各方都會誇大存在其間的差異。此種彼此的曲解，將因溝通的減少而更形加深。若雙方不得已而交往，則只會加強原有的刻板印象而已，對彼此關係的改善不會有太大助益。因此，感受到衝突的個人或團體都會以爲足夠瞭解對方；實則，他們並不瞭解，以致常形成強烈的敵視態度，採取倒果爲因的評價，更形成認知上的曲解。

四、呈現衝突階段

此乃爲已採取鬥爭手段的時期；即雙方當事人的行爲，已由局外人發現爲衝突的事例。此種衝突的形成，依嚴重的到緩和的，可分爲戰爭、仇鬥、決鬥、拳鬥、口角、辯論、訴訟等方式。當然，此種衝突可爲直接的或間接的，也可以是公開的或非公開的。然而，不管衝突的直接與否，它可能僅止於態度上的，也可表現在外顯行爲上。不過，大多數的衝突很少演變爲強烈的攻擊行動；但給予綽號、刻板化等具有敵意的行爲，較爲普遍。

甚至於消極抵制、仇視鬥爭都是普遍存在的，只是比較不易顯現或察覺而已。吾人必須盡力去注意與觀察，才能避免其間衝突的惡化。

五、衝突善後階段

此時衝突事件已經解決，或一方已為他方所壓制，而宣告結束。但其可能重新顯現新情勢，或展開更有效的合作，或種下另一場更嚴重的衝突因子。個人或團體間一旦發生衝突，不管對個人或團體來說，都是不幸的。有些學者常認為衝突是組織崩潰或管理失敗的前兆，因此一般都想尋求解決衝突。事實上，衝突很難用解決的方式，以致有些學者認為：使用「解決」二字，不如採用「管理」一詞，較可避免由於望文生義所造成的誤解。

總之，所有的衝突事件都必然要經過上述各個階段，只是引發衝突的兩造，卻不一定都同時處於同一階段；例如，一方可能仍處於認知衝突階段，另一方卻已升至感受衝突的階段。然而，眞正的衝突事件都必然會經過這樣的階段，殆無疑義。

第四節　衝突的評價

衝突一旦發生，常會衍生一些問題。一般學者研究衝突，類多注意其負面功能，而忽略了其正面價值。無可否認的，衝突之所以引人注意，大部分原因乃為它具有破壞力，影響組織的和諧合作關係。惟衝突固有負面功能，亦有其正面價值；此種正負價值在所有的組織中皆然。本節即將對衝突作一評價如次（如表15-1）。

表15-1　衝突的評價

正面功能	‧增進穩定認同 ‧培養適應彈性 ‧排遣焦慮情緒 ‧刺激創新變革 ‧提供分析診斷
負面困擾	‧增加彼此仇視 ‧破壞均衡穩定 ‧引發焦慮情緒 ‧阻滯創造行爲 ‧阻塞意見溝通 ‧阻礙總體目標

一、衝突的正面功能

衝突是有負功能的，惟它與合作、競爭、順應等同爲人類互動的社會過程。衝突有時是有建設性的。霍萊特（Mary P. Follet）認爲：衝突既是不可避免的，有時是一種健康的跡象，或是一種進步的標示，且對個人精神上的發展是有助益的。另外，阿吉里士（Chris Argyris）也主張：少許的衝突對一個有能力或成熟個人的人格發展，是有幫助的。因此，衝突至少具有如下價值：

（一）增進穩定認同

衝突若破壞了組織的穩定性，則此種衝突是具有負功能的；反之，則具有積極性功能。就團體而言，一個團體若與其他團體相互衝突，是可增進團體內部凝結力的。此時成員會對團體本身更爲忠誠，袪除內在差異。因此，衝突可促使團體內部更爲團結，是一個關係穩定和團結力量的指標。對個人而言，當個人與他人衝突過後，常可冷靜下來反省自己，學習一種新關係，所謂

「不打不相識」即爲明證。

（二）培養適應彈性

衝突可能培養雙方的適應能力，增進應變的彈性。衝突有時可提高成員的協調意識，鼓勵成員的參與活動，並活潑成員的溝通意識，進而強化溝通途徑，造成溝通系統與權力系統的重新建構。衝突對社會系統的價值，是因爲它產生了變遷，使制度免於過度僵化。是故，如果缺乏衝突，組織會顯得硬繃繃的，成員在每一方面都像產品一樣的整齊劃一。讓人員面對衝突，往往是新陳代謝的催化劑。衝突就如同身體上的病痛一樣，它是有了麻煩的徵兆。壓制衝突，是剝奪了自我調節與穩定成長的機會。因此，衝突可促進適應環境的能力。

（三）排遣焦慮情緒

當個人在感受到壓力時，難免會產生焦慮，此常造成彼此間的衝突。然而，衝突正可提供排遣情緒的途徑。由於環境中的某些因素，常激起人們表現攻擊性衝突，而在衝突過程中得到紓解。衝突既是不可避免的，故在心理觀點上，似乎也是一種需要。蓋其對人類情緒有一種發洩作用，使其不致蔽塞，而造成精神上的困擾，甚而危害到健康。顯然地，少許的衝突對一個有能力或成熟個人的人格發展是有幫助的。只是從長遠而論，這卻不是一種妥善的計策。

（四）刺激創新變革

衝突在某些情況下，具有創新功能。雖然衝突常被人視爲壞事，必欲去之而後快，以致不斷地設法減少緊張，去除衝突。但它也提供了創造革新的動力，造成社會變遷的可能性。所謂創造性，是指產生新奇有用構想的價值。當個人處於衝突狀態下，會產生新奇的構想，以應付緊急的危機。此時是具有建設性的。誠然，由於大家看法的不一致，而使得人際衝突變成創造力的來源，及創新的原動力。因此，衝突可刺激創新性的變革，殆無疑義。

（五）提供分析診斷

衝突之所以發生，乃是因爲有了問題的存在之故。因此，衝突可視爲診斷問題弊病的根源，其有如醫生之診斷人體器官腐壞、發燒，而找出病根一樣，其可提供分析、診斷及評價問題的參考。是故，衝突實可作爲管理上合理分析的基礎，而引以爲決策的重要依據。一般而言，只要有人存在的地方，必有衝突；即使是表面的和諧，亦不表示沒有衝突的存在；而有了衝突，才容易發現眞正的問題所在。因此，吾人很難否定衝突具有分析與診斷問題的功能。

總之，衝突是有某些正面功能的。由於衝突可使成員體驗到團結忠誠的重要性，此有助於組織的穩定認同。同時，在衝突的環境中，個人可能學會了適應的能力，產生凝聚作用，然後加以分析、診斷。此外，衝突也可排遣某些情緒。凡此都是衝突的正面價值。然而，衝突有時是弊多於利的，容下節繼續討論之。

二、衝突的負面困擾

衝突有時固會有一些功能，但站在組織的立場，它畢竟不是一件好事。大部分的人都寧可希望組織是和諧一致的。即使事實往往異於期望，他們也會盡力去減少衝突、解決衝突或消滅衝突。不管是組織學者或管理者，大多認爲衝突會造成組織的不和諧，而把它視爲一種特別的或怪異不正常的病態。這意味著：衝突是有害的，它會造成仇視、和諧關係的破壞、工作效率的降低、引發焦慮情緒、阻礙創造與意見溝通等是。

（一）增加彼此仇視

衝突在解決之後，有時固可化解彼此異見；但在衝突過程中，則可能破壞穩定，造成彼此的仇視。大多數人都認爲衝突是具有破壞性的，其中之一乃是冷戰、熱戰地持續下去。此種情況常破壞彼此的情感，形成分裂狀態。於是醜化對方，惡意攻訐的現象，乃紛紛出籠。甚至於採用暴力的方式，則雙方的敵意與攻擊性都會增強。站在組織管理的立場，顯然不願見到此種情況的發生。蓋分裂性的仇視，是有害於組織效率和生產力的。

（二）破壞均衡穩定

均衡穩定是一種能契合個人目標、非正式組織、工作任務與正式組織的情勢。然而，一旦個人或團體間發生了衝突，則會破壞原有情勢的均衡穩定。此種衝突足以損害組織的和諧關係，並改變組織運作的過程，使得組織系統無法發揮功能。另外，衝突刺激了人員的衝動情緒，減少理性思考的控制能力，產生對組織系統認同的瓦解或改變，甚至於否定了原有的結構、制度和規章，難免要破壞其原有組合與既得利益。準此，衝突常造成組織的不安和緊張的壓力。

（三）引發焦慮情緒

在衝突的過程中，有時固可發洩人員的不滿情緒；然而衝突的產生卻足以引發焦慮情緒。根據心理學家的解釋，焦慮是一種情緒，它是許多病態行爲的根源。焦慮既是一種痛苦的情緒，且容易引起緊張，則必影響行爲。且衝突常引發更嚴重的誤解，甚至形成更多的紛擾，破壞整體的合作性，凡此都可能產生更多的焦慮情緒。

（四）阻滯創造行為

衝突有時固可激發創造性，以應付外力的威脅；但在大多數情況下，常妨礙創造行爲。蓋衝突會造成壓力與高度焦慮，此往往導致低度的創造性。當個人或團體處於衝突的狀態下，不但會產生恐懼、焦慮與防衛性；且行爲會變得嚴密拘謹。此種氣氛將會妨害到創造行爲。蓋創新和創造都是一種風險，而衝突只會強調失敗的後果，因而抑制了新構想的提出。況且，個人或團體處在衝突的情況下，將沒有時間和精力來作創造，或提出新構想的準備與孕育工作。

（五）阻塞意見溝通

當個人間或團體間一旦遇到了衝突，雙方的訊息即被阻塞，且無法協調。當衝突發生時，個人都會堅守自己的一套信念，此乃爲他方所無法理解的。不但如此，衝突的雙方不僅不易接納對方的意見，甚而故意歪曲對方的見解。這種形態的敵對和衝突，只會歪曲和妨礙有效的溝通，致使其間的差異更加擴大。因此，衝突可能引發意見溝通的阻塞，乃是無庸置疑 。

（六）阻礙總體目標

無論是個人間或團體間的衝突，都會阻礙整體目標的達成。此時，各個人或團體都會致力於自我目標的達成，而採取行動阻礙其他個人或團體的目標，這對總體目標是有害的。蓋總體目標是由各個團體或個人的次級目標所構成的；而次級目標的相互干擾，適足以妨害總體目標的達成。因此，衝突之會阻礙總體目標的達成，殆無疑義。

總之，一般衝突都是不被喜歡的。畢竟，它是破壞性多於建設性的。一般人都比較能接受合作情境的，而認爲合作是一種祥和的氣氛，不會破壞組織的團結性；而衝突的情況則恰恰相反。由於衝突的破壞性甚多，以致常被看作是一種壞事。當然，衝突也反映了一種促進競爭，提高注意和努力的承諾，此時是有益的。但是無法控制的衝突，卻是危險和有害的。因此，吾人必須尋求適當的管理措施。

第五節　衝突的管理

衝突是無可避免的，且不見得是組織崩潰或管理失敗的前兆。惟衝突是一種資產，也是一項負債，其端賴管理人如何去面對它而定。一般學者或管理人員都主張要解決衝突，只是使用「解決」二字，不如採用「管理」一詞。蓋衝突並不是要如何去消除它，而應是如何去處理它。管理者要處理衝突，可自衝突問題的解決、不良後果的降低，以及衝突行爲的預防三方面著手。

一、衝突問題的解決

衝突之所以要解決，乃取決於它對組織是否會產生不良作用而定；一項不具破壞性或經特意設計的衝突，當然不必解決；惟具有破壞性的衝突，就必須設法加以解決。所謂解決，不只是消滅衝突、減少衝突，還包括將破壞性改造成所期欲的目標。其途徑可包括下列方式：

（一）尋求問題解決

衝突之所以會發生，乃爲在兩者中間產生了問題。所謂問題，是指達成目標途中的障礙而言。當衝突的雙方都各自在追求其目標時，難免會相互干擾或阻礙，如爭奪共同有限的資源，則容易導致衝突。因此，採用問題解決的方式，乃是要相互衝突的雙方面對共同的問題。首先，必須讓雙方同意彼此的目標，或將目標共享。假如雙方都同意了目標，則開始蒐集資料和訊息，以提出可行的解決方案，並研究及評價各個方案的優劣，直到雙方都滿意、問題已解決爲止。此種方法爲大多數學者所倡議。

（二）採用勸誡說服

當衝突發生時，要雙方同意對方的目標是不容易的。此時就必須找出更高層目標，設法說服對方。勸誡說服乃是針對雙方目標的差異，希望一方放棄己見，不再堅持自我目標，而改以更高層目標或整體目標爲重。在採用勸誡說服時，說服力的大小乃取決於彼此共同同意目標的條件。勸說是要使衝突停止，藉著與雙方的溝通和觀察，來協助他們面對差異所在，並找尋共同的問題。

（三）進行諮商協議

當衝突的雙方都不同意對方的目標，且找不到更高層目標時，則必須採用諮商協議的方式。如果無法使用勸誡說服及訴諸理性的方式，則可代之以妥協、威脅、虛張聲勢、下賭注以及一方付出代價等方式行之。通常，所謂諮商協議是指雙方同意交易的過程，且都各有所得，亦各有所失。當一方作重大讓步後，另一方要提供若干報償給對方，以酬傭對方讓步的損失。因此，諮商協議是解決衝突的可行方法。

（四）強行政治解決

當衝突的雙方在諮商時，都採用強硬態度，而不稍作讓步，協議就無法達成。此時，只有尋求第三者的支持，尤其是有力的第三者的介入。當然，此種方式也可能演變爲更激烈的衝突。因此，組織管理者在採用政治解決途徑時，常透過聯合小組的方式，尋求支持的力量來解決衝突問題，以維持組織的正常運作。

一般而言，組織管理者較喜歡採用分析性的態度來解決衝突，而不希望採取非分析性的作法。蓋採用諮商協議或政治解決等非分析性作法，不啻等於承認雙方目標的一成不變，且有很大的歧異，這對組織設計及管理的合理性有很大的傷害。因此，解決衝突最好能採用問題解決或勸誡說服的方式，避免運用諮商協議和政治解決的途徑。

二、不良後果的降低

誠如前述，衝突是人類社會的自然現象。吾人若想竭盡心力去解決它，是不可能的。即使舊的衝突問題解決了，新的衝突仍不免再生。因此，管理者在無法完全解決衝突時，只有盡力去降低衝突所產生的不良後果，至少亦應限制衝突的擴張。有關降低衝突的不良後果，可採取如下措施：

（一）樹立共同敵人

當衝突發生時，管理者可在雙方之上假設一個共同敵人，使其轉移注意力於較高層次，以對付共同的威脅。首先，必須使雙方瞭解共同威脅的存在，且是無法逃避或躲開的；其次，必須使他們瞭解，爲了應付外來的威脅，雙方通力合作要比單方的努力要有效得多。亦即使雙方體認到：只有共同擊潰新敵人，雙方才有生存的可能。在雙方經過了一次合作的經驗之後，多少可增進彼此的友誼，謀求共同的眞誠合作之可能。

（二）設置更高目標

要使相互仇視的雙方化解其間的衝突，有時可設計一套較高層次目標，使其共同設立新工作，謀求相互的合作。其條件爲：⑴該目標對雙方都具有吸引力；⑵要達成該目標，必須雙方都能相互合作，沒有任何一方可獨立完成；⑶該目標是能夠被達成的。惟利用較高層次的目標，來降低衝突，並不是一件容易的事。組織管理者必須運用高度的想像力，謹愼地控制資源，以設計出一套合乎「吸引力強」、「必須通力合作」，以及「可達成的」等三項效標的高層次目標。此與樹立共同敵人具有異曲同工之妙。

(三)設法思想交流

衝突有時是起自於誤解，因此若能促使雙方相互交往，或可減低其間的衝突。然而，個人間或團體間一旦有了衝突，要促使其間相互交往，並不是一件容易的事。蓋其間往往因誤解，而有知覺偏差的現象。管理者可利用整體環境的改善，來分散雙方對衝突的注意力，以產生短暫的效果。當然，要衝突雙方的思想交流，其先決條件乃爲雙方都要有相互接納的誠意。蓋眞正的意見溝通，需要相互信任與相互支援的氣氛。

(四)實施教育訓練

實施教育訓練的目的，是要衝突的雙方瞭解周遭的環境，以避免不必要的紛爭。教育訓練的實施，就是要邀請雙方來探討相互的關係和觀感，並灌輸整體性、合作性的利害關係，且讓他們表明對自己和對對方的態度。此可說是一種社會化的訓練方法，期以發展出適當的態度、價值觀與行爲。蓋教育訓練是一種長期性的工作，是要組織花費相當人力資源與物質資源的。

(五)實施角色扮演

降低衝突的方式之一，乃是實施角色扮演。所謂角色扮演，就是製造一種情境，而要某個成員扮演他人的人格特性之角色，用以溝通彼此的情感、觀念，體驗他人的困境。經過角色扮演之後，不但可瞭解對方的困難與痛苦，尙可發洩自我的不滿情緒，進而培養良好的積極態度，減少相互的憤懣與不平，從而降低衝突的可能性與不良後果。

當然，上述方法並不是萬靈藥，有些措施只是暫時性的，只望能有助於衝突的削減，並不能永久地解決問題。蓋其先決條件，乃是問題的解決要衝突的雙方有出自於內心的誠意，彼此承認問題的存在，並願意接受解決方案，以解除其緊張情勢與不良後果。然而，有些人認爲捐棄成見之後，反而有害於自身，以致不願合作，這就是衝突不易解決的原因之一。

三、衝突行爲的預防

衝突既是存在，且是不易解決的，則管理上當尋求防患未然的措施。蓋衝突的解決只是消極的方法，爲治標之道；預防才是積極的舉措，是治本的良方，亦即所謂「預防勝於治療」。因此，一般組織管理者寧可多作事先的預防措施，力求避免衝突的出現，進而尋求合作的途徑。吾人擬提出一些步驟，以爲參考。

（一）確立清晰目標

衝突有時是起自於目標的不一致；而目標的不一致，有時是由於整體目標的不明確。因此，管理者設立特定而清晰的目標，可免除一些含糊不清的情境，避免衝突的發生。通常要建立清晰目標，可實施目標管理，以使員工爲該目標而努力，不致有模稜兩可的現象，員工的焦慮感也可消除。如此不僅可降低相互依賴性，且可避免其間衝突的潛勢。

（二）強調整體效率

有些衝突乃是出自於專業性質的不同。組織管理者爲了預防因專業性質不同與目標差異所造成的衝突，可強調組織的整體效率，以及各個人或團體對此貢獻的重要性。當然，組織內的個人或團體都各有專職，各有所司；然而，仍應以整體效率爲基本前提。惟有如此，各個人或團體才能捐棄成見，相互合作，如此方能有助於預防衝突。

（三）避免輸贏情境

組織為了追求效率，有時會鼓勵其成員或團體相互競爭，甚而以獎金激發員工努力工作；但此舉極易造成相互的衝突。在某些情況下，管理策略的運用是無可厚非的。但站在預防衝突的立場而言，至少要避免過分地強調輸贏得失，即使萬不得已，亦應以理性為基礎，訂定公平的競爭原則與公正的獎勵制度；且應強調全體協力以提高組織效率，由全體成員來共享，以避免引發為相互衝突的來源。

（四）實施輪調制度

組織為了預防衝突，有時可實施工作輪調制度，將人員互調，以促進彼此間的瞭解。蓋工作輪調制度的實施，可使人員增進不同領域的工作經驗，擴大其視野，使其見識不致囿於固定部門，而能孕育出整體目標的一致性觀念。因此，管理者可重建組織的制度結構，實施工作輪調，以避免其間的衝突，而引發組織的緊張壓力。

（五）培養組織意識

預防衝突的方法之一，乃是建立一個共同的心理團體，培養整個組織的意識，產生組織內部成員的心理結合。組織管理者必須提供成員交互行為的機會，則個人間或團體間的衝突或可因交互瞭解，而消弭於無形。當然，組織意識的建立相當不易。此有賴管理者在平時多加注意，諸如推行民主管理，培養互信氣氛，採用人性領導，推行激勵制度，激發工作熱誠等人群關係技巧的運用，都有助於組織意識的培養。

總之，衝突是人類社會的自然現象，凡是有人存在的地方必有衝突的存在。在組織中，組織的原始設計即已種下了衝突的潛因，加以人類互動的結果，而增強了其間的衝突。管理者欲求組織的正常運作，必須儘量去消弭各種可能的衝突。雖然，衝突並不是全然有害的；但畢竟是一種困擾。吾人之所以探討衝突行為，乃因其遠較合作行為易於觀察；而合作與衝突正是一體之兩面，對衝突行為的瞭解當有助於合作關係的建立。本章即就此種立場出發，期能建立組織的和諧氣氛，俾求提高組織效能。

第 *16* 章

變革管理

變革管理也是企業心理學上所應加以重視的課題之一。蓋企業組織處於多變的社會環境中，必須隨時引用外來資源與技術，以調整其內部結構，防止組織本身的腐化，以求能跟得上時代的潮流。當然，組織變革過程也會遭遇到許多困難和阻礙。此乃因工業技術與設備的更新，改變了內部結構的關係；尤其是人際關係的更動，更是組織變革的眞正阻力之來源。因此，組織變革及其所帶來的抗拒行動，乃成爲企業心理學所應探討的一大問題。本章將逐次討論組織變革的意義、原因、過程，變革的抗拒，以及管理者因應之道。

第一節　組織變革的涵義

今日組織處於急遽變化的社會環境中，必須不斷地隨時加以變革，才能適存於社會。組織爲了因應此種快速的變遷，惟有採取同樣快速的調整措施，才不致趨於腐敗。然而，今日的管理者處於此種變革的壓力下，常有不知如何因應環境之苦。顯然地，今日的組織環境已和過去大不相同，以致管理者常覺得過去所學得的經驗和所受的訓練，已無法順應今日組織的要求。因此，今日管理者倘欲追求成功的管理，勢必具備適應組織變革的能力，且非作自我的調適不可。

然而，何謂組織變革？所謂組織變革，是指組織爲了適應內外環境的變化，必須採取革新的措施，以調整內部結構與生產效能，增進本身和外界的競爭能力，使其能適存於社會。基本上，組織變革實包含兩大項，一爲組織尋求增進本身順應環境變化的能力，一爲尋求員工行爲的改變，此即爲計畫性的變革。組織惟有實施有計畫的變革，才能有系統而朝所預定的方向而努力，且能達成組織生存與發展的目標。

一般而言，組織變革可包括三項基本範疇，即：(1)科技的變動；(2)外在環境的變動；以及(3)組織內在的變動，如**表 16-1** 所示。所謂科技變動，係指外來科技的發展與新機器設備的發明，而導致組織必須增添新機器設備，並不斷地更動其製程而言。此種科技的進步，自第二次世界大戰以來，尤爲迅速；其中又以電腦的發展最具震撼力。今日社會環境中無處不用電腦，其已改變了人類生活的基本型態，對組織的震撼力自不可言喻，其已成爲影響組織變革的最大動力來源之一。其結果乃造成工作流程的重新安排、實體設施的重新佈置、工作方法與技術的更新等。

其次，所謂外在環境的變動，是指組織之外除了科技性變動以外的其他因素，如社會、政治、經濟、法令、租稅等非科技性變動而言。此等因素的變動往往牽動組織內部的變遷，而導致組織須作必要的變革，諸如組織政策、人事制度、組織關係以及其他方面的變革均屬之。由於組織必然與其外在環境接觸，故而本身必須作些調整，始能與其他同性質組織競爭，並適存於社會環境之中。

表 16-1　組織變革的內容及其影響

範疇	內容要項	影響
科技變動	新機器設備及電腦等的採用及更新	工作流程重新安排、實體物質重新佈置、工作方法與技術的更新
外在環境變動	社會、經濟、政治、法律等的更動	組織政策、人事制度、組織關係等的改變
內在環境變動	組織結構、科技運用及人力資源的變動	組織系統、預算、工作規則、員工態度、組織氣氛、行爲技能等的更新

至於組織內在的變動，是指組織本身內部的變遷而言。組織本身或基於業務的擴展，或源於人力與物質資源的配置，而必須將組織系統重新安排、預算重新調整、工作規章制度重新擬訂、產品與服務的重新調配，並導致人事的變動、員工態度的改變、組織氣氛的更新，以及行爲技能的重新培養與訓練等是。此等變動與前述科技變動、外在環境變動因素是相互牽連，而受到它們的影響的。基本上，組織的內在變動包含三項項目，即組織結構、科技運用，以及人力資源等是。此三者中的任何一項變動，均連帶影響其他項目的變動。凡此都是組織變革的要項之一。

總之，所謂組織變革，乃是組織爲了適應外在環境的變化，必須採取革新的措施，以調整內部的結構，俾能適存於社會。至於，變革亦可稱之爲改革、革新、創新、變遷、變化、變動等。它所牽涉的範圍，包括一切技術、制度與人事的變化。由於近代組織規模的擴大、性質的複雜化，組織必須吸收新技術，用以增進生產數量和品質，並提高服務的績效；而引進新技術常造成人事的更動，從而人員職位須加以調整或實施訓練，使能達成「人適其職，職得其人」的理想。是故，組織變革乃爲組織適應環境的一種手段和結果，也是組織生存或發展的一種方式。此種變革是組織內部存在的事實。

第二節　組織變革的原因

組織需要變革，乃是一種既存的事實。此乃因社會環境是變動的，而各企業爲求生存與發展，都必須調整其內部結構，除了須注意其靜態分工結構之外，尚須重視其動態的人力因素，進而加以融合貫穿，並作系統化的分析，力求組織的完整性與平衡性。因此，組織變革乃是時代潮流的趨勢，所有的企業組織都有變革的需要，歸其原因不外乎：

一、管理思想的衝擊

近代企業管理深受自由主義與個人主義思想的影響，管理者所擁有的權力關係已不再是過去的威權主義，而組織成員都具有獨立的自由意識、尊嚴與個人價值。此種思想乃奠定了工業人道主義的理論基礎，改變了組織的文化價值與觀感，造成組織倫理關係的重組，形成組織傳統文化的變遷。此反映在企業管理的環境中，乃是個人的服從性日益降低，權威的命令逐漸失去了效力，代之而起的是著重人性化的參與管理。這些情況的演變，更促成了組織創新的要求，影響組織整體的變遷與發展。

工業人道主義是以恢復人類在工作中的自我爲目的，它所致力的乃是如何將個人需求的滿足提昇到最高的境界，使個人擁有高度的自主權，其哲理與方法即爲採取民主導向的（democratic oriented），而將個人目標與組織目標相結合；並調和民主自決的個人需求和高度控制的組織要求之間的矛盾，以建構參與管理所依據的理論基礎。組織爲了適應此種管理思想的演變，必須重新思考領導權及其方法的運用，以培養民主管理思想，重新調整組織政策與管理方案；並從組織的基層人員或組織外界人士中，培育或遴選新一代的管理人員，且建立起實施民主制度的權力關係。這些都是組織發展與變革的措施。因此，管理思想的演進，實是觸發組織發展與變革的首要因素。

二、科學技術的創新

自工業革命發生以來，科學的發展乃日新月異，一日千里，此刺激了各種產業技術的研究與發明，非但製造機械的技術日益精進，且使用生產機器和工具的技術亦不斷地更新。由於該等技術輸入組織內部，以致造成人際關係與生產單位的改變。因此，組織應重新分配技術人力，調整各個部門的結構，或更動工作職位，或調整工作人員，更重要的乃是專技人員地位的上昇，使得組織必須實施新的管理方式，來適應這般人的特別需求。無論吾人是否贊同「工作專技化」（professionalization）這個名詞，都無法否認組織現實情況的改變。

科學技術的創新帶動了組織的發展與變革，主要乃為：一方面由於產品與製作方法或程序大為進步，使科技人員日漸受到重視，而作業人員則相對地減少；另一方面由於數據需求量大為增加，而產生所謂「資訊爆炸」的現象，使得工業技術大為改變；這些都需要大量的系統分析師、程式設計師以及電子資料處理人員。此種組織的發展與變革情勢，正在逐漸增強，管理者不可不慎。

三、社會關係的改變

由於新技術的革新，機器設備的添購，人與事的更動，組織內部的社會關係亦隨之丕變。組織成員須隨時準備迎接新人，以適應彼此的人際關係，使能作合理的調和，庶能不妨礙工作的推行。此種社會關係的變遷，可能使組織作部分的調整，也可能作全部的改革，變動的結果難免要破壞組織內原有的均衡與個人的既得權益。此時，組織須將人員加以重新訓練，以維護其權益；

並培養其適應變革的能力，以避免舊有人員形成抗拒的心理與行動。

就人類社會進化的法則來看，求新求變乃是常道。它是人類文明進步的原動力，無論是自然現象或社會現象，都無時無刻地不在變遷之中，組織內部的一切情況亦是如此。蓋組織既是開放性的社會技術體系，必然會受到外在環境的衝擊。爲了適應此種環境的衝擊與競爭，使達到生存與發展的目的，組織必須加以變遷。惟任何變遷都必須保持適當的平衡性，方不致腐化或敗亡。組織爲了適存於社會，必須隨時維持其社會關係的平衡；爲了保持與其他組織的競爭力，必須不斷地吸收新人、新技術；爲了維持本身的安穩與平衡，必須不斷地調和新人與舊人之間的衝突。

四、人性管理的需求

企業組織之所以變革，其最重要的原因之一乃是人性化管理的要求。畢竟，「人」是組織的重心，成事在「人」，敗事也在於「人」；而惟有滿足人性的需求，組織變革才容易成功。蓋自然環境中的一切事物，都是以「人」爲主體的，也惟有「人」才能將一切的制度、規章改革成功。因此，組織變革是需要「人」去推動的，而管理階層必須重視人性的需求。是故，人性管理的需求乃爲組織變革的原始動力之一。

至於，人性需求乃肇始於科學管理的過於機械化、程序化，缺乏人性化與對個人價值和尊嚴的尊重。直到「浩桑研究」發現群體關係與個人需求的重要性以來，產業界始興起了採用人性化管理的措施。在組織變革過程中，企業主或資本家惟我獨尊的心態，乃爲以員工爲本的思想所取代。惟有雇主和員工同舟共濟，共存共榮，企業才有生存和發展的空間。蓋整個組織的變革須有雙方的支持與合作，始有成功的可能。因此，順應人性管理的需求，乃爲觸動組織變革與發展的動力。

總之，組織乃係人與機器系統的整合體，由於學術思想的演進，科學技術的創新，社會關係的改變和人性管理的需求，乃能促成組織的發展與變革。而在變革過程中，又以科技的創新最具影響力，因它連帶地帶動了整個組織結構的變化，產生組織的動態性研究。當然，上述各項因素也是交互作用，相互影響的；甚且組織變革與上項各個因素也互爲因果，這是研究企業管理和組織學者所應深入探討的課題，而企業家本身亦應能體認此種趨勢的轉變。

第三節　組織變革的過程

組織變革必須循序漸進，按部就班地進行；它不是突然轉變的過程，否則將遭遇到很大的阻力。在組織變革過程中，管理者必須訂定一些變革步驟。首先，管理者必須確定組織是否有變革的需要，接著診斷變革問題的領域，再在有限的情境中找尋變革的技術，然後再選用可行的策略與技術，最後則在執行與監控變革的過程，並檢驗執行的結果，檢討其成效，以作爲再變革或其他變革的參考。管理者須將結果回饋到策略運用的層面，以及形成變革力量的層面。變革的過程至少包括下列六項步驟（如**圖16-1**所示）：

一、體認變革的需要

組織之所以要發展與變革，乃是由於有了壓力之故。此時，

體認變革的需要	診斷問題的領域	認清有限的情境	選用策略與技術	執行變革的事項	評估變革的結果
審視變革壓力的來源： ・外在變革壓力，包括市場上、技術上、環境上的壓力 ・內在變革壓力，如製程上、人員重組的壓力。	診斷所涉問題領域的大小，包括所生問題的徵兆，應如何變革，變革所期待的結果等	找尋可能對實施變革的干擾因素： ・在組織結構上，有結構重組、職權變動、人員變動等 ・在員工層面有：可能引起的不滿、怠工、離職等 ・在技術層面上，包括新技術的適應、工作設計、流程、機械裝置及財務負擔等是	甄審不同變革策略和變革本身相對成功之間的關係，並注意變革技巧的運用	注意 ・爲及時性，即時機之選擇 ・爲所涉及的範疇，是指變革適當規模的選擇	建立評估變革的三項標準： ・內在的，如員工交換資訊的頻率 ・外在的，如變革前後工作數量是否增加 ・參與者的反應

圖16-1　組織變革的步驟

管理者必須審視內、外在變革的壓力。外在變革壓力包括市場上、技術上和環境上的變革，這些並非管理者所可直接控制的；而內在變革壓力則發生於組織內部，如製程與人員的變革，通常可由管理階層作直接控制的。例如，企業競爭就必然要關心市場上變遷的反應，而採取引進新產品、增加廣告、降低價格以及改善對顧客服務等的變革措施，以免利潤和市場受到侵蝕。此時是管理階層決定是否變革的關鍵。管理者必須蒐集資訊，以領略變革壓力的大小，從而決定是否變革。

二、診斷問題的領域

當管理階層發現有變革的需要後，就必須開始診斷問題所牽涉到的領域之大小，以決定變革將牽涉到多大的層面。管理者所要診斷的問題內容，包括：⑴問題的徵兆；⑵應如何變革，以解決問題；⑶變革所期望的結果等。這些可透過組織內部的資訊，如財務報表、部門報告、態度調查、任務小組或委員會而取得；若涉及人群關係問題的變革，則更需要作廣泛的分析，以免遭受到員工的抗拒。

三、認清有限的情境

特殊變革技巧的選用，乃決定於管理階層所診斷出的問題之本質。管理階層必須決定何種替代方案，乃是最可能產生所期望的結果。此時，管理階層必須對組織本身的結構、人員和技術加以分析，以找出在變革過程中可能對變革實施的限制。就結構層面而言，管理者須瞭解結構的變化，可能造成對任務的職權關係、人員的社會關係、組織的重新設計等的影響。就人員層面而言，實施變革可能造成人員的不滿、抱怨、製造困擾、離職、怠工等等問題。就技術層面而言，變革可能引起新技術的適應、工作設計、工作流程、機械裝置以及財務負擔等問題。此三層面乃涉及正式組織、領導氣氛以及組織文化等問題，管理者須認清這些情境的可能影響。

四、選用策略與技術

當管理者已審愼分析各種情境的限制後，下一個步驟就是選用變革的策略與技術了。管理者之所以要選用變革策略和技術，乃在甄審不同變革策略和變革本身的相對成功之間的關係。通常變革策略的執行，包括由管理階層作專斷式的決定，到由全體員工分享權力的決策。一般而言，組織變革的成功，大多與由全體員工共享變革決策有關。蓋此乃爲由於全體員工共享變革決策，全員參與之故。凡是參與變革計畫者，少有對變革本身產牛抗拒的。此即爲抗拒變革最小化，而合作與支持最大化。是故，管理階層對變革所持態度，往往是變革成功與否的關鍵。

五、執行變革的事項

變革的執行涉及兩個層面：一爲及時性，一爲所涉及的範疇。所謂及時性，是指對變革適當時機的選擇。所謂範疇，是指變革適當規模的選擇。變革的及時性取決於諸多因素，特別是組織營運的循環，以及變革前的基礎。如變革牽涉到太多的改變，則可在淡季時實施；但如變革的問題對組織生存具有決定性作用，則必須立即實施。此外，變革的範疇可能涉及整個組織，也可由某些部門或層級來逐步實施；但分段實施可能限制了變革的立即結果，只是其可提供回饋作爲其他變革的參考。

六、評估變革的結果

在評估組織變革方面，有三項標準：⑴內在的；⑵外在的；⑶參與者的反應。內在標準是直接和變革方案的基礎有關的，如社會技術變革是否引發員工交換資訊頻率的增加。外在標準涉及變革執行前後員工的有效性，如變革前後工作數量是否增加，工作精神是否提昇的比較。參與者反應標準則在測定參與者是否受變革影響的感覺。凡此評估結果，都可用來作回饋，以供下次變革的參考。

總之，組織發展與變革必須遵循一定的步驟，其過程要周詳完備，庶能作成功的變革，而達成組織發展的目標。

第四節　對變革的抗拒

一般員工都深知，組織的變革乃是極其自然的事；但仍常採取抗拒變革的態度與行動。組織員工對變革的抗拒，有公然行之者，也有暗地實施者。員工為抗議變革而憤然離職，乃是最公開的抗拒；而消極的抗拒，則可能只是一種口頭抗拒，而在行為上則默默地接受，但卻採取怠工、怠職的行動。縱觀其原因不外乎：

一、對傳統習慣的矜持

組織的某些變革若貿然實施，常會破壞傳統的風俗習慣，因而招致抗拒。任何組織自形成之日起，即有其自身的傳統價值與工作習慣，此種價值觀是各個組織的特徵，因此變革計畫必須尊重傳統的文化型態。惟組織既作變革，常破壞了此種傳統，使人有措手不及之感，造成心理上的挫折。是故，組織變革之所以會遇到阻力，乃係基於對過去習慣的執著。

一般而言，每個人都喜歡被他人感覺到有價值，所有可能降低其價值的任何事物，都會爲員工所抗拒。例如，製造部門員工可能抗拒使用新的現代化設備，乃因變革讓他們畏懼其原有技術的價值已不爲企業機構所需要，此即爲傳統習慣不易改變的緣故。因此，組織對專業技能與傳統價值的尊重，乃是避免員工產生抗拒的不二法門。

二、對既有資源的失恃

在企業組織中，不管是個人或群體若原本所擁有的資源遭受到侵蝕，常會抵制變革，而視變革爲一種威脅。蓋凡是掌握物質資源或人力資源者，乃是既得利益者，他們擁有充分掌控資源的權力，可自由行使其職權；而一旦組織有了變革，此種資源使用權的慣例便被打破，於是他們內心便產生了威脅感。

組織內部資源乃是組織維持其運作的命脈，凡是擁有組織資源者必能掌握大權，因此對於握有既定資源的個人或群體，一旦失去了某些資源，甚或完全喪失了資源的分配權，則必產生抗拒的心理與行動。因此，組織中握有大量資源的群體或個人，通常會視變革爲一種威脅。他們會顧慮到組織變革是否將縮減原有的預算或裁撤工作人員，以致傾向於維持現狀。惟有如此，他們才會有安定感和滿足感。

三、對專業人員的挑戰

組織變革可能影響到專業團體中的專家權力，致引發他們的抗拒。例如，今日由於個人電腦的運用，使得組織內的每個人都可由主機中直接取得所要的資訊，此種情勢的變革已威脅到資訊系統或電腦中心人員的權威性，使得這些專業人員感受到其專業技術的受威脅。因此，分權式使用電腦設備的變革，將受到集權式資訊系統人員的抵制。

一般而言，專業人員在組織中，由於擁有專業技術，他們是地位崇高的一群，不但薪資待遇較高，更受到組織上下各個階層人士的禮遇；而一旦組織有了變革，或其他人員已學得相同的技術專長，則他們的待遇、地位、權力將被拉平，過去所有的權益必然要與大家共享，此時專家權力自然消失殆盡。因此，組織的部分變革，必然爲某些專業人員所抵制。

四、對既有權位的疑慮

員工之所以採取抗拒變革行動的另一項原因，乃爲某項變革可能會影響到他的職位或薪資所得。此種影響可能只是員工的想像，或可能爲事實；然而兩者均可能引發員工的抗拒。例如，生產部門所訂的新標準，可能讓員工擔心很難達成，或讓他們感到難以適應，進而影響其地位權力，這都可能招致員工的抗拒。

許多員工，特別是管理人員，都認爲變革會縮減其權力。例如管理階層原有支配部屬的人數較多，而經過縮減部屬人數的變革，必感受到其權力的受損，終而採取抗拒的行動。凡此種種情況，則大部分人員都會抱著「多一事不如少一事」的心理與態度，不願組織多所變革，以免影響自己的地位和權力，致對變革事項多採抗拒的態度。

五、對彈性結構的抵制

組織既存結構乃是成員習慣性的工作程序與流程，而一旦此種機制有了變化，有些成員不免不習慣，甚至帶來一些困擾，因而引發成員的抗拒。例如，組織過去的正式化制度提供工作規範與處理程序，而成員向來都遵從這些正式程序；惟一旦組織修訂了這些程序，則可能造成不穩定性或不確定性，因而增加處理程序上的困難，以致為成員所拒絕接受。因此，員工抗拒對彈性結構的變革，實係新結構造成不便之故。

此外，改變既定結構，也將帶來人事上的不安定，而引發人事上的傾軋，尤其是團體社會關係的改變。即使個體有意配合變革而改變自身的行為，也常會受到團體規範的制約而不敢單獨行動，以免受到團體成員的排斥。是故，當組織面臨變革時，必須注意到慣性結構，避免過度變革所造成的裂痕。畢竟，慣性結構具有維持穩定性的作用，管理者宜尋求穩定與變革的平衡。

六、對工作學習的困窘

員工有時會採取對變革的抗拒行為，乃是因為他們已習慣於舊有的工作方式；而組織一旦有了變革，會讓他們感到不習慣。即使有些變革可透過訓練來達成，但對員工來說，總是要重新學習。就某些員工而言，他們不能適應新事物的學習，認為那是一種困擾，會形成生活上的不方便，而難以調適。

此外，員工之所以覺得新工作學習的困難，乃是因為它破壞了原有的工作氣氛。在工作團體內，若多數員工持有消極的工作態度，而不願多所變革，縱使少數人願意合作，但在團體壓力的情境下也很難推行新工作。蓋團體常有一致性的態度，而對變革態度的消極反應常因團體的互動而增強，卒使變革計畫受阻。

七、對管理階層不信任

員工之所以抗拒變革的原因之一，乃為對管理階層的不信任。此種不信任乃起自於管理者平日的表現，如管理者過於自信，剛愎自用，不肯接納他人的意見，而認為他人的建議是對他個人的侮蔑或權威的挑戰，甚而感情用事，採取高壓手段，則徒增抗拒的壓力，終使原本用意甚佳的變革計畫無疾而終，難以取得他人的信任與合作。

管理人的其他特性，諸如個人的偏見、嫉妒以及私心的作祟，都可能產生非理性的抗拒，引起組織變革的困擾。就個人的偏見而言，管理者一旦有了偏見，常會執拗自己的想法，而無法顧及全盤性的問題，則變革計畫必有所偏頗，將使其執行陷入窒礙難行的困境。且管理人員心存嫉妒，害怕下屬的能力，則必在執行上礙手礙腳，長久下來，將為員工所抵制。至於變革計畫若涉及管理人的私心，將妨礙員工權益，終必遭受到抵制。

八、對未知情況的恐懼

員工之所以對未來懷有恐懼，乃是因為組織變革的過程和結果，多為無法確知或造成混淆，以致員工感受到安全感的威脅之故。例如：新電腦的設置之引起員工憂慮，乃是員工類皆無法知悉其對工作職位的可能影響。又如一位新管理人的任命，常引發員工的抗拒，乃是他們無法知悉該管理人的作為之故。凡此都可能引起員工的不確定感；此種不確定感每使員工無法適應，如此則易招致員工的抗拒。

尤有進者，若變革計畫由少數人所擬訂，更容易引起員工的抗拒。蓋變革計畫僅由少數人擬訂，可能只符合少數人的利益，且在擬訂過程中保持高度秘密，常使計畫內容或目標不爲人們所知，容易引起猜疑，產生莫測高深的感覺，最足以引起員工的不滿與反抗。故變革計畫最好能事先廣爲諮商，或徵詢全體員工的意見，則變革計畫較能求得大家的支持，且能推展得更順利。

九、對人際關係改變的不滿

員工對變革抗拒的最大原因，常是因爲它會造成人際關係的改變。組織中員工原有的社會關係與人際關係，已是根深柢固的；而一旦組織有了變革，則使此種關係被打破，如此則易招致員工的抗拒。此種例子很多，如某人調職，常使員工的群體關係有了改變，則彼此相識已久的同事必然感受到群體的解體，而產生心理上的威脅，終而招致抗拒。

此外，新設備及新技術的引進，常需任用新人，以致形成新人與舊人間的相互對峙。通常舊有人員爲維護自身利益，而對新人或新技術產生排擠或抗拒的態度。管理人員應認清此種抗拒行動，乃係其影響舊有人員的既得權益而起，並非在於抗拒新人或新技術，故除了適宜地維護舊權益之外，最好能施予訓練，使其瞭解或接納新技術的應用，以減低抗拒的阻力。

總之，員工之所以抗拒變革，主要乃爲此種變革會引起員工的焦慮與不安。是故，組織變革必須使員工有足夠的能力適應，才能降低其抗拒於最小的程度。至於降低員工抗拒變革的方法，將於下節繼續討論之。

第五節　管理因應之道

組織變革之所以引發抗拒，最主要原因乃爲變革將導致工作結構的重新調整，以及人事權力的重新分配；而此等變化又造成權力和利益的不平衡。因此，組織變革不僅應注意靜態的分工結構，而且須明察動態的人力因素，進而加以融合貫穿，作系統化的分析，以求組織的完整性與平衡性，並完成所有的功能與工作任務。是故，組織變革不僅是機械式的配置而已，更重要的乃爲人員的安排與人事的配合。在組織管理上，可採行如下途徑：

一、審慎規劃變革

組織在推行變革之前，宜審慎規劃變革事宜。在有了變革的構想之時，即應邀請有關人士進行廣泛的意見交流，擬訂變革時間表，選派適宜的變革推動者，並以合於理性的方式逐步進行。蓋員工對變革的抗拒，部分原因乃爲對未知情況懷有恐懼；而變革計畫若能作明確的規範，當可減少這方面的阻力。惟變革計畫欲有明確的規範，則非賴審慎規劃不爲功。

在規劃變革計畫時，管理人員必須展示開放和誠摯的心態。舉凡對於將如何推動變革，以及需作變革的理由，均應詳明闡述。管理人員闡釋變革計畫愈詳盡，則員工接受的可能性就愈高。在廣泛徵詢員工有關變革計畫之質疑時，應儘量給予員工發言詢問的機會，如此才能使闡釋更詳盡，規劃也更周延。

二、展現開明作風

管理人員不論在規劃或推行變革計畫時，最重要的作法之一乃爲展現開明的作風。一般而言，組織員工對管理階層愈具有信心，則接受變革的可能性就愈大；反之，則愈有抗拒的可能。因此，管理人員宜於平日就多表現開明的作風。蓋開明作風乃是決定員工信心強弱的關鍵，此須作較長時間的培養。若員工平時多已體認到管理階層的公平、正直、誠懇，則較易對管理階層懷有信心。反之，若員工多認爲管理階層虧待他們，則信心較爲薄弱。

在推行變革計畫時，管理人員須體認「抗拒變革」本身並不是一種原因，而是一種結果，不可企圖加以征服，而運用高壓手段，否則將演化爲更強烈的抗拒行動。需知抗拒行動的產生，大多係因「人謀不臧」所引起，管理人員切不可剛愎自用，一意孤行，態度傲慢，立意不公。管理人員應能作自我充實，以增廣見聞；並重視下屬的意見，以培養良好的人群關係；且在決策上應有與部屬分享決策結果的胸襟，以養成榮辱與共、休戚相關的觀念。

三、採行參與管理

參與管理的實施有助於組織變革的推行。通常組織的任何政策由全體員工決定，在執行上較不會遭遇阻力，此乃因大家都有接受應變的心理準備之故。因此，參與管理是組織變革的基石，也是工業人道主義的中心論點。管理人員若能善用參與管理，則有集思廣益、增進彼此瞭解和調適內部團結的作用，且員工當能體諒變革所面臨的困境，彼此協調與合作。

一般而言，參與管理的實施除了可使組織成員充分發表有關興革意見之外，亦可使其瞭解變革計畫的內容，分享改革的成敗榮辱，且把變革事項列爲自己努力的工作重點，充分體認組織之所以要變革，乃在追求組織之發展，培養與外界競爭的能力。同時，變革計畫在事前經過充分討論和深入思考之後，必可免除許多缺點，減少不必要的困擾與困難。蓋變革計畫既經充分參與討論，必得員工全力之支持與推行，如此才能有成功的可能性。

四、強化教育訓練

組織變革的成功與否，有時需賴組織施予教育訓練。教育訓練乃在加強員工的技術能力，以維持其既有權益，並體認變革乃是必然的結果，無時不在地作適應變革的心理準備。組織應在平時多訓練員工順應變革的能力，而在事先廣泛徵詢員工的意見，避免將變革的成功集中於少數人身上。同時，組織平常就宜教育員工培養良好的職業道德，激發其工作動機，而一旦組織採行變革的新措施時，將不致招致不滿與抗拒。

當然，組織變革透過教育訓練來完成，並不是一件容易的事。它是一種長期性的工作。組織應尋求一種系統化的訓練程序，且訓練的重點尤在於管理人員，讓他們去接受敏感性訓練（sensitivity training），以瞭解自己的管理行爲與人群關係的原則；蓋重要的變革計畫，有管理人員的主動支持與參與，總是比較容易成功。總之，組織欲降低員工對變革的抗拒，加強其組織的訓練應是一種有效的途徑。

五、加強意見溝通

組織在實施變革時，若能與員工作充分的溝通，便可減低他們的抗拒。通常，組織變革會受到員工的抵制，大部分原因乃是來自資訊錯誤或溝通不良；如果員工瞭解全盤事實，並澄清了對變革的誤解，抗拒便會大大地降低。組織在推行意見溝通過程中，可進行面對面的團體討論，以促進員工對變革事項的瞭解，尤其是透過團體的力量，有了團體壓力的存在，個人將更能接受變革的事實，而不致有頑強的抗拒。

此外，如果抗拒的眞正原因是溝通不良所致，則加強管理階層與員工之間的互信，乃是眞正有效的方法。根據前節所述，部分變革的抗拒乃是員工對管理階層的不信任，則加強管理階層和員工之間的意見交流自是最有效的方法。當然，這個前提必須是管理階層於平日就有接納員工建議的雅量，能開放胸襟，去除私心與偏見，才能取得員工的信任與支持，如此一旦組織實施變革，方不致引發抗拒的行動。

六、採用諮商支援

組織變革防止員工抗拒的方法之一，乃是多與員工進行諮商，採取支援的行動。員工抗拒變革的部分，或出自於工作學習的困難，或來自於對工作職位、權力降低的疑慮？或源自於對未知情況的恐懼感。凡此都可透過對員工的協助，或與之進行諮商的方式尋求解決。例如，對工作學習困難的員工，可施予教育與訓練，並協助他提高學習的意願，提供某些經濟上的支援，如此自可化阻力為助力，而有助於變革的執行。

此外，在組織變革進行中，若員工感到高度恐懼與焦慮時，可實施員工諮詢，並作治療，訓練其新技術，或給予短期的給薪休假，都有助於員工生理或心理上的調適。必要時，管理階層亦可以某些有價值的條件，作為交換，以取得員工的支持與合作。

總之，提供員工更多諮商，旨在促進相互的瞭解，並尋求其支持；而提供更多的支援，則在協助員工解決困難問題。凡此都有助於化解對變革的抗拒。

七、建立申訴制度

在組織推展變革計畫時，難免會引起員工的不滿，此時若能適時建立申訴系統，當有助於解決此種不滿的情緒和態度。一般而言，組織變革很難完全合乎所有成員的願望，一旦員工表現不滿情緒而提出建議，即使組織無法接受，但至少也有一定的傾訴機會和疏通管道，組織可藉此檢討變革的實施，以求趨利避害。因此，申訴制度的建立，應有助於組織變革的實施。

申訴制度的實施，可依正式程序和非正式程序而共同推動，如此方可達到申訴的眞正目的。換言之，申訴系統在變革的組織中，應能充分發揮民主的司法權力。爲使員工都能瞭解他們都有申訴權，組織管理當局應發布政策性指示，甚或可依非正式程序表達其接受申訴的願望，以取信於員工；舉凡處理有關申訴案件都應儘早解決，則一旦組織有重大變革事項，才能取得員工普遍的支持。由此觀之，組織發展是否正常，端賴組織成員之是否有申訴的機會而定。

八、培養革新氣氛

變革乃是人類社會步入文明的原動力，所謂「窮則變，變則通」，組織變革乃是常道，爲人類進化的一定法則，更是組織生存之道。因此，組織的所有成員都應體認變革的必然性，早作適應的心理準備。組織管理上應培養組織隨時適應變革的革新氣氛，融合組織的親和力，培養良好的人群關係，吸收可靠的內外資訊，以免陷於耳目不靈，四肢痲木的地步，如此當可減少執行技術上的偏差。

此外，培養革新氣氛不僅在使員工預作應變的心理準備，尤宜在平時就培養融合氣氛，激發高度工作精神與士氣，則一旦面臨重大變革時，可維護全體員工的利益或權益的均衡，並避免因技術上的改變而損及組織人力資源的運用。蓋日常的革新氣氛可鼓舞員工研究發展的精神，此可作管理上的不斷創新，而顧及員工的個別需求與組織目標的一致性。

總之，任何變革計畫都不可能毫無阻力，即使計畫再周延，做法再開明，仍不免牽涉到一些人的既得利益，以致產生了抗拒。但身爲管理人員只有儘量去化解它，甚或減少抗拒所可能產生的不良後果。其他減低抗拒的途徑甚多，諸如，促進意見溝通、實施工作擴展等，都可能是其中的方法。不過，吾人所欲強調的，乃是員工抗拒事件多始自於管理上的問題，組織管理者若能作適宜的管理措施，多作權宜之計，則許多不幸事件自可避免其發生；尤其是在進用新人、新技術之際，應多預作妥善的規劃，自可避免產生不必要的困擾。

第17章 創新管理

創新管理乃是當今企業管理的主要課題之一。蓋企業的成長與發展，很多都是來自於不斷創新的結果；不論是生產事項或企業本身的成長，若沒有了創新，將會陷於停滯的狀態。因此，創新乃是企業不斷成長的活水泉源。本章首先將討論何謂創新？且企業組織當中，必須有很多具創新性格的人士，才能帶動組織內的創新活動，而此具創新能力的個人通常會具備哪些特質？這也是研究組織管理者所應當瞭解的。再者，一項創新活動總是有一些過程的孕育與發展，這也是吾人所應當研討的。最後是組織內部到底存在著哪些幫助或妨礙創造行爲的因素？管理階層究應如何安排激發創造行爲的途徑與方法？凡此皆爲本章所要討論的重點。

第一節　創新的涵義

今日企業組織需要有創造性的行爲，乃是無庸置疑的。一般組織都必須運用其內部有限的資源，在市場上和其他組織競爭。然而，不論是在資源的運用上或在市場的競爭上，無不需要有創新的活動。此種創新活動不只是組織生存所必需，且有效運用創造力常爲組織帶來新的生機。易言之，創新常爲組織帶來成長的機會，尤其是今日市場上的產品、製程以及服務方式都必須不斷地更新；且產品的生命週期也愈來愈縮短，若無創新精神，必爲社會所淘汰，由是創新愈顯得重要。

然而，何謂創新？所謂創新（innovation），就是指產生新奇，開創出有用的構想之意。創新，也可稱之爲創造或革新。創新可以產生一種新的事物，但至少它是一項構想，而此種構想必須在某段時間對個人或某些人具有某種價值。一項構想若不具價值，就稱不上是一種創新。當然，創新所產生的構想，可以是完全新穎的；也可以是原本就已存在，但卻經過改良或將兩個舊構想加以聯結的。因此，有些學者將創新定義爲：產生新組合或新聯結的構想或活動。不過，此種構想或活動是以前別人所沒想到的，它是一種新觀念的聯結。是故，有人認爲創新就是一種偶聯行動。所謂偶聯行動（bisociative act），就是將原本不相關的認知母體（cognitive matrices）結合在一起的行動。

此外，創新行爲是與創造能力有關的。所謂創造能力，就是產生新穎而有用構想的能耐。此種能耐基本上並不是單向度的能力，而是複雜能力的組合。換言之，創造能力是由多種能力所構成的，它多少和個人的智力有關，但卻不完全相同。吾人可說某些創造能力是屬於智力的一部分，但某些智力也是屬於創造能力的一部分；也許創造能力和智力有部分重疊，但不是很明確，且也不會太大，其如**圖 17-1** 所示。由此可知，創造能力是可經由特殊環境而加以訓練出來的。不過，就創造行爲而言，個人必須達到某些智力的閾限（threshold），才可能發揮其創造力；個人若不具任何智力，是很難發揮創造能力的。易言之，創造力是要具備最低限度智力的。

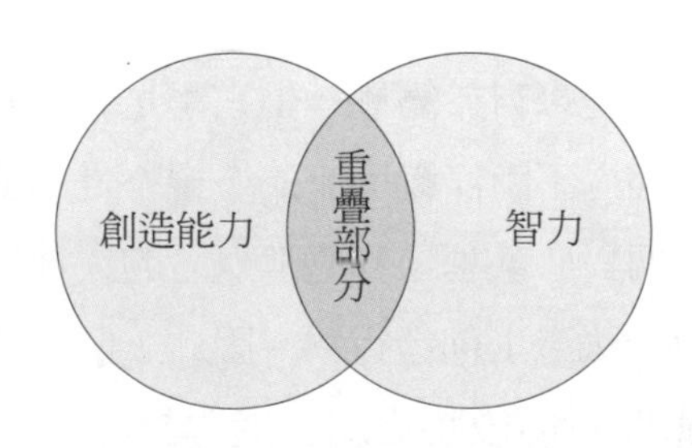

圖 17-1　創造能力與智力的關係與重疊性

最後，創新行爲就如同其他行爲一樣，可歸因於個人能力與其他因素交互作用的結果。換言之，創新行爲是能力與動機交互作用的函數，同時也受到物理環境和社會環境的影響。站在這個角度來看，創新行爲也是可以經過管理訓練或培養的；亦即可以透過激勵的過程，而將員工潛在的創造能力激發出來的。這就是創新管理的眞正意義。

第二節　創新的過程

任何事物均有一定的發展過程，而創造行爲亦然。事實上，許多創造性的神秘感，都來自於創造過程。此種過程主要係心理過程，包括圖形、文字、符號的運作、組合，以及聯結活動等均屬之。由於心理過程很難直接觀察，故多以面談或評鑑技巧來研究創造人員的活動。此種活動正是個人在心理上操作各項已知元素，而將之轉換成一種新穎而有用的組合之過程。該過程可分爲四個時期，即預備期、孕育期、頓悟期、驗證期，如**圖 17-2** 所示。

一、預備期

創造行爲固然是來自於靈感，但它不是突然發生的。此種靈感是需要辛苦地經過不斷淬勵而來的，絕不是天生的，也不是天上掉下來的。一個對於某項事物毫無概念的人，是無法激發出任何靈感的，從而無法產生創造行爲。因此，個人若能對某些新資訊加以收受和處理，然後將之組合或聯貫起來，乃是頓悟的基礎。一般而言，有些資訊是語文的，如文字是；有些則是非語文

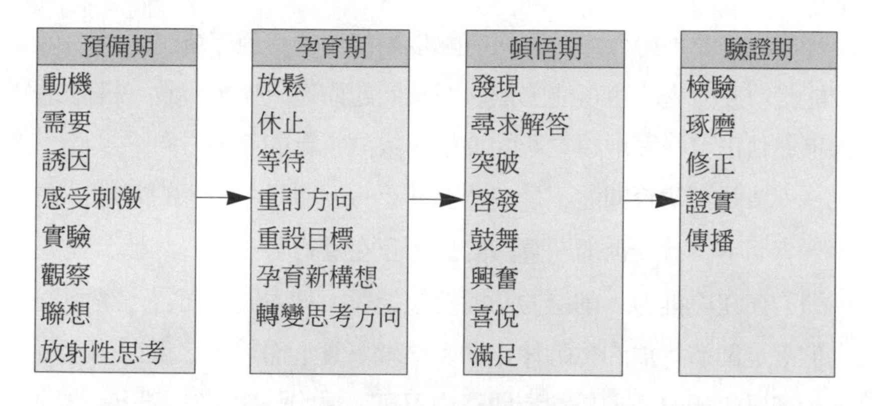

圖 17-2　創造的過程

的，如圖畫、符號或行為是。資訊的收受可能是被動的，如從觀察或閱讀中獲得；也可能是主動的，即從實驗中去發掘的。一項創新必須讓見識、感官刺激達於飽和，才有產生的可能。因此，努力去搜集資訊，正是創新過程的第一步驟。

創新的預備期（preparation）除了需要努力之外，尚須有動機。強烈的動機不僅是創新的動力來源，而且是維繫創造行為持續不斷的因素。創造行為必是創造者為了某種原因，而想去創造某種東西所促成的，此即為創造的誘因。一項科學需求或目標所產生的動機，即是科技進步的起點。因此，對需求的體認，總是創新的主要誘因。

二、孕育期

如果說預備期是將各項元素找出來準備作組合的時期，那麼孕育期（incubation）就是屬於組合前一個暫時休止的階段。所謂孕育期，是指在緊密的預備之後，意識上休閒輕鬆的時期。此時，在不斷地閱讀、觀察、研究、試驗、聯想與體驗之後，創造者會把問題暫擱一旁，停止各種可見的努力。此時期到底發生了什麼事，並不得而知，而只有加以等待了。這種等待的原因，可能是精疲力盡，也可能因無法解決問題而遭致挫折所致。經過這種鬆弛正可好好地建立新的準備，或訂定新的努力方向。

準此，孕育期並不是創造的終止，反而是新構想的醞釀。在孕育期中，有一種潛在意識的思考正在進行著。由於此種潛在意識的存在與推力，創造力乃能持續進行。就表面上而言，孕育期似乎是創造行爲的暫時休止期；惟就事實上而言，它正在孕育著新構思與新方法，是創造過程中不可或缺的一環。它與思考方向的轉換有極爲密切的關聯性，此對創造過程所顯現的管理意義頗爲重大。

三、頓悟期

頓悟期（insight）在創造過程中，乃表示發現到某一種或一些組合，甚至於是全部的一種組合。所謂頓悟，是指第一次瞭解或意識到新穎而有價値的意念或構想之意。預備期和孕育期的目的，就是爲了產生頓悟；亦即在尋求解決問題時，經過了頓悟的突破，使得思考進入了前所未有的境界。通常，頓悟是創造過程中最充滿興奮的一刻。頓悟常伴隨著自我實現後的滿足、擇善固執的驕傲、緊張後的鬆弛、有一種源於成就的飄飄然之感、以及想和別人分享及溝通的喜悅與焦慮感等，這是以前所未曾有過的感覺。

至於產生頓悟的方式，有很多種：它可能是靈光一閃的；也可能經過艱苦不斷地工作或試驗，然後才漸漸覺醒的；也可能完全是意外發現的結果所完成的。頓悟的形式則可能是一個字、許多字、許多符號、圖形、原理、公式、一件事物或一種感受等；且可能在任何時候、任何地方、或任何情境特性等狀況下發生。

四、驗證期

預備期與驗證期（verification）是創造過程中最艱苦的階段。頓悟期所產生的構想，必須依據驗證來修正、琢磨，並檢驗頓悟的精確性與用途，且將之轉換爲另一種形式，以便和別人分享。檢驗通常需要和已知的定律作比較，也可能和所訂的標準作比較；可能是實質的驗證，也可能必須經過別人的批判；可能需要經過建造的，也可能是要記一下就可以了。

對許多有才氣的人來說，頓悟之後可能必須馬上驗證，否則創造性的突破會立刻消失。對另外一些人來說，頓悟之後是可以等待的。然而，如果頓悟之後，沒有經過驗證，就沒有創造性可言。驗證正可肯定構想的新穎性與價值，並用來和相關的人溝通。

總之，創新的過程可能要分作數個階段，但各個時期不見得要完全分開，或完全依此種次序發生。如驗證可能產生新的頓悟，驗證也可能須作進一步的預備，孕育可能又收受到新的訊息，而頓悟又產生額外的動機。此外，有些階段可能會同時發生，如孕育可能在驗證時，與驗證同時發生，且產生新穎而較佳的頓悟。頓悟可能發生在預備期或驗證期，使這兩個階段更爲有效。雖然如此，吾人仍可對此四個時期分別作討論，以便作更精確的瞭解。

第三節　具創新能力者的特質

創新行爲既是可以激發和培養的，則管理者如何去發掘具有創造潛力的個人呢？通常具創造能力的個人多少都具有某些特質，這可由許多統計資料中獲得。固然，有些統計資料所顯示的結果常有爭議，但根據許多測驗所得的結果而言，具創造能力者都具有與一般人不同的一些特質。當然，有些研究結果也顯示：創造能力乃是遍佈於一般人身上的，只是有些人創造才能較高，有些人較低而已。依此，吾人將就人口統計特性、行爲特性和人格特性三方面，來分析具有創造能力者的一些特質，如**表 17-1**所示。

一、人口統計特性

在人口統計特性方面，最常用來分析行爲特質的因素，不外乎是個人出生的家庭背景、年齡、智力、性別、文化背景等方面，限於篇幅，本節只討論家庭背景和年齡兩項如次：

(一) 家庭背景

家庭背景對個人行爲的影響因素甚多，如家庭大小、家庭和諧氣氛、社會經濟地位、父母職業、出生排行、父母教養方式、家庭聲望以及其他動態背景特性等是。這些因素都可能影響個人日後創造性思考。不過，根據很多研究結論所得的結果甚爲紛歧。有些研究報告指出，具創造能力的個人多來自破碎的家庭；有些則認爲完美的家庭生活，有助於培養創造能力的個人。有些研究認爲，具創造能力的個人是長子或獨子；有些則發現是老

表 17-1　具創造力者的特質

基本特質	次要特性因素
人口統計特性	·家庭背景佳 ·年齡 ·智商高 ·性別 ·文化背景
行爲特性	·知覺開放 ·具變通性 ·依賴直覺與預感 ·細心 ·成熟 ·高流動性 ·不服從性
人格特性	·具美感價值 ·獨立自主性 ·具解決問題能力 ·重視理論價值 ·有好奇心 ·具自信心 ·自我肯定 ·屬內控性格

么。有的研究顯示，具創造能力的個人年幼時多病；有些則頗爲健康。有些具創造能力者在幼年時，父母管教嚴格；有些則甚爲自由。

不過，有些研究結果頗爲一致。如具創造能力的個人，通常都得到較多的信任，因而較具信心，也會表現較合理的行爲，並能對自己負責。此外，有一共同的證據顯示，具創造能力的個人，家庭在社經地位上較高，父親職業聲譽和家族聲望也比一般人爲高。

（二）年齡

在人口統計特性上，年齡對創造能力方面的影響甚爲紛雜。此外，在各個領域如科學、醫學、音樂、雕刻、文學或企業的開創與發展等，最具創造性的年齡也有很大的差異。一般而言，最具創造性的年齡多在三十歲到四十五歲之間，該階段不僅是人類生理的巔峰期，也是心智最爲成熟的階段，再加上人生的歷練與學習都在這個階段之前或前期完成，以致最能表現創造性。不過，也有些研究顯示醫學的平均創作鼎盛時期爲七十多歲到八十多歲之間。此外，也有些獨特創作發生在十幾歲到二十歲之間者。

二、行爲特性

根據研究顯示，一些具創造性個人的具體行爲特性，包括知覺上較開放、具變通性、依賴直覺與預感、具明察秋毫的能力，以及擁有成熟性的判斷。這些特性和創造過程有密切的關聯性，且都屬於一般性的創造行爲特質。在創造過程中，具創造性個人比較特殊的行爲特性，是具有高度流動性和不服從性。茲分述如下：

（一）高度流動性

具創造能力的個人對創造性的問題，頗爲執著；但對組織上的問題，則其耐性有限，一旦個人理想和組織目標不一致時，很容易離職。根據許多研究顯示，個人在創造測量值上，創造能力愈高者，其變換工作次數也愈高；亦即具創造性能力的個人較常變換工作。具創造性能力個人離職的原因，多爲不滿意或想尋找較佳或較合乎自己理想的工作，以致具有較多的流動性。

（二）不服從性

許多研究發現，具創造性的個人較易有不服從性；而組織比較喜歡服從性高的人，不喜歡不服從性的個人。且許多學者認爲服從性與創造性之間的關係是負向的，傳統上也相信這兩種行爲是不相容的，甚而將不服從性視爲創造性的同義詞。不過，此種看法並不一致。在某些情況下，具創造能力的個人可能因某些理由而不服從；但在與創造才能無關的事物上，高創造性的人比沒有創造性的人，較易被說服。亦即服從的壓力和工作本身有關，具創造性的人會較關心工作品質，而較不在乎他人的意見，以致被認爲他們具有不服從性。

三、人格特性

根據一般研究顯示，具創造性個人的人格特性，是具美感價值、有獨立自主性、具深入解決問題的能力、重視理論價值、對事物有無限的好奇心、具有自信心、能自我肯定、屬於內控（internal control）性格等是。許多研究結論發現，具創造能力個人的人格比平常人複雜，且他們偏好此種複雜性。茲舉數項說明之。

（一）美感價值

具創造能力的個人擁有欣賞美感的能力，對美學有強烈的反應，感覺個人的生命具有很深的意義，且有廣泛的興趣。由於他們具有高度的美感，故創造性頗強，很能重視美感和實際價值的功能。

（二）獨立自主性

具創造性的個人較爲自信而獨立，對他人的批評較爲敏感，由於害怕受到傷害，更能強化自我的認同，認爲自己是解決問題的能手，由是更激發其創造能力。且由於對自我期許較高，更能注重獨立與自動自發的精神。

總之，具創造能力的個人都具有一些獨特的特質。此乃因個人之間由於天生資質的不同，以致有優劣智愚之分；再加上後天教養與訓練的差異，以致有些人具有較高的創造力，另一些人則不具創造性。本節所提的一些特質，正足以提供參酌。然而，這只是一般性的結論，其仍有尚待研究之處。

第四節　創新行為的助力

具創造能力個人的動機，乃是創造行為的原始動力；然而創造行為仍有賴於別人的讚賞與認同，才更能發揮其創造性。因此，個人所處的環境有時可能增進或妨礙個人創造能力的發揮，本節首先將討論創新行為的助力，而創新行為的阻力將留待下節研討之。到目前為止，吾人發現有助於創造行為產生的因素，有增強作用、目標與期限、增進努力的支持、賦予更多自由與自主權，以及建立組織的彈性與複雜性等。

一、增強作用

增強作用，尤其是正性增強（positive reinforcement），最能有助於創造行為的啓動與延續。蓋創造行為正如其他行為一樣，也會受到行為後果的影響。如果創造活動受到鼓勵和重視，則創造行為將不斷地出現；相反地，如果創造活動受到懲罰或忽視，甚至於創造性的努力受到壓制、威脅、嘲弄或剽竊，則此種創造性將逐漸消失。除非此種創造性不涉及他人或環境，則其所產生的成就感與滿足感，將是一種對自我強而有力的內在報償。

站在組織的立場言，企業組織是需要擁有更多創造力的員工，才能使組織更為發展與成長。因此，組織必須提供更多的機會，有效地運用員工的創造潛能，主動地給予鼓勵、賞識、獎勵和運用。假如組織忽視、踐踏，甚或處罰創造性的表現，則創造能力將會潛藏起來。當然，組織在運用獎賞上，不一定要限於財物上的，有時賞識與讚美、提昇地位福利、提供必要設備或精神上的支援等，對各個階層的創造行為，都會有正性的增強效果。

二、目標與期限

一般而言，創新性行為可能要經過冗長的預備、孕育、頓悟和驗證等歷程；然而有時組織賦予確切的目標與訂定相當的期限，也有助於創新性行為的早日實現。誠如本章第二節所言，創新過程的各個階段有時是會同時發生的；當企業組織訂定了某項明確的目標，有時能幫助創造者心靈的啓迪，有助其早日達成創新的目標。此乃因組織有了指導方針，可說明創造的內容和期限，而激發了創新的努力之故。易言之，具有明確而具體目標的組織，能夠提供目標與行動方針給組織成員，以協助其創造與創新。俗諺說：「需要為發明之母」，如果組織成員不曉得什麼是需要的，則不管如何努力，也無法得到創新的突破。

三、對努力的支持

創造性行為正如其他行為一樣，是需要鼓勵和支持的。蓋任何行為有他人的支持與協助，則可增強其信心，並強化其行動。任何組織若能支持成員發展其創新活動，並忍受風險，甚至於失敗，則能開創有利於創造性與創新性發展的氣氛。一般而言，創造行為都是在處理一些不確定性的事物，而它本身即充滿著許多不確定性，此時特別需要有他人的支持，並透過人際間的溝通，而尋求他人的瞭解與支援。組織管理階層如能在組織內部建立相互支持的氣氛，將有助於訊息的公開、交換，以及新觀念的提出，這些都有助於創造活動的發展。

四、自由與自治

無可否認的，一個充滿自由和自治的環境，對創新活動是具有正面效果的。對大多數人來說，給予個人創作上的自由，且個人也有強烈的自治慾望，都比較有機會和時間來做創造的預備、孕育，以及其他創造過程的工作。至於一個容易被壓制或被嘲笑的環境，往往抑制了創造的氣氛與活動。當然，自由與自治並不意味著完全沒有指導方針與限制；但那是限於某些條件或時間上的壓力所作的權宜措施，與給予充分自主權來掌握創造活動是不相同的。

不過，有些學者認爲，自由與自治固然能給予個人充分掌握創造的機會，但完全的自由並不見得是最好的。尤其是對科學家和工程師來說，有了目標、預算與方針，不但不會妨害創造行爲，有時還能有助於創造行爲。他們所得的結論是，自由是需要的，但自由必須限於個人的工作範圍，並能不脫離組織目標。

五、彈性與複雜性

根據一些研究證據顯示，彈性與複雜性都有助於組織內的創造性行爲。彈性使組織能夠接納新穎的不同做法，而組織的複雜性則會提高專業化、多元化與員工的自主性。組織的彈性增進員工行事的活力，此有助於創造性的思考。至於複雜性則意味著組織是由不同背景的人所組成的，此種不同的背景有助於提高創造性的生產力。因此，組織的彈性與複雜性，都能促成成員在觀念上作新的組合與聯想。當然，這仍然要看組織成員是否受到鼓勵，或是否能打破專業界限，並產生交互作用而定。

總之，創造行為固始自於員工個人的動機與能力，但組織若能提供更多的助力，則可培養整個組織的創造與創新氣氛。組織管理者宜多安排有利於創造的環境，以協助員工完成創造的過程，以求組織的發展與成長。然而，有時組織環境也常產生對創造行為的不利影響，此將在下節研討之。

第五節　創新行為的阻力

創造行為是創造能力的表現，而創造行為沒有表現出來的一個原因，乃是個人感受到才能的表現受到壓抑的緣故。在組織之中，高度的焦慮感、害怕受評價、自我防衛性，以及文化的抑制等，都是發揮創造潛能的障礙。茲分述如下：

一、焦慮與恐懼

根據研究顯示，高度焦慮感會阻礙創造性行為與創造過程。蓋當個人在利用其他訊息或資料來激發新的訊息或資料，而正處於焦慮狀態之中，則不免阻礙思考的進行。至於造成此種焦慮或恐懼的，大多來自於組織政策或管理實務。例如：嚴苛而具有懲罰性的監督，將會妨害到創造行為。由於創造與創新都是一種風險，以致組織若只強調失敗的效果而不重視成功的獎勵時，將會抑制新構想的提出。

再者，組織的不穩定性也會妨礙到創造行為。因為不穩定的組織是不可預測的，而不可預測的環境正代表著不安全感與焦慮感。如果個人必須時時刻刻注意工作指派、工作關係、政策、督導，和過程上的轉變，將沒有更多的時間與精力來做創造或新構想的準備與孕育的工作。不過，組織的穩定常須依賴許多正式的規則、政策、關係與程序，但正式的規則也會妨害創造過程中某些階段的產生。如高度的正式化會干擾溝通、新訊息的顯示，以及預備期的構想特性；甚且不容易做驗證的工作，阻礙到新方案和新方法的尋求，終而限制了創造性。

此外，高度集權化的組織結構，也可能妨礙到創造和創新的早期活動。集權式的組織溝通網，很難促使基層人員和其他部門人員作溝通；且自由交換訊息所受到的限制，將使溝通不靈活。在作決策時，集權式的結構只由高層人員作決定；但很多創新性的構想，卻是由基層人員所提出的。在此種情況下，基層人員的創新性活動將受到抑制。

二、害怕受評價

具創新性和創造性的個人一旦害怕受到評價，則新構想將不容易孕育出來。此乃因對評價的恐懼，常會妨礙到創造性的反應；而此種反應正來自於缺乏自信與不安全感所致。此時，如果組織不能提供更民主化的環境，將導致更多的焦慮與恐懼，使個人產生受批評的壓力，更壓抑創造性行為的表現。因此，組織實宜多提供成員思考與試驗的機會，推行民主化或分權化的措施，避免對員工的批評，則可減輕員工害怕受評價的壓力。此外，個人之所以害怕受評價的原因，部分係長期受到壓制的結果。當然，壓制固可能使個人害怕受評價，而害怕受評價也可能造成對自我的壓制。這些都是管理階層所應注意的。

三、自我防衛性

自我防衛性之所以會妨礙到創造行爲，乃是因爲個人具有保護自我的慾望，其與前述害怕受到評價的觀念是相同的。所謂自我防衛性，是指個人一旦遭遇到挫折，而爲了維護自我的尊嚴與價值所表現的一種習慣性適應方式。當個人一旦在組織環境中受到挫折，即難以表現創造性行爲；而一旦又產生了自我防衛性，則將更爲抑制創造性。個人之所以產生自我防衛性，部分原因乃是受到組織壓制的結果；而自我防衛即表示個人常採取消極的適應方式，又將造成對個人自我的壓制；如此循環不已，其最終結果乃限制了創造能力與創造行爲的發展。

四、文化的抑制

有些學者認爲，文化因素可能會抑制創造性的產生。所謂文化因素，即指組織文化的某些因素，如組織的傳統風俗習慣、價值觀、行事風格、活動與行爲規範等，都是組織內相當一致的知覺與共同特徵。所有的組織都有它獨特的組織文化，這是經過組織內部的社會化過程所形成的。社會化過程主要乃在創造成員間更多的一致性行爲，此即爲文化的規範。不幸地，某些文化規範會提高人們對風險的恐懼感，甚而一致性的要求可能抑制了個人的表現。這就是文化因素可能抑制創造性的原因。

總之，創造行爲之無法表現的原因，主要係受到壓制的緣故。過度的壓制可能產生高度的焦慮感、害怕受評價、產生自我防衛性等現象，而這些現象又與壓制形成惡性循環，並互爲因果，由是妨礙了創造行爲的發展。另外，組織本身所存在的某些文化因素，對組織成員也有一致性的要求，終而限制了成員的獨特構想，以致戕害了創造力的發揮。

第六節　創造力的培養

創造力固屬於個人能力的一部分，它是動機和能力交互作用的結果。然而，創造力是可以培養、教導和訓練的。有些研究顯示，創造能力經過相當的訓練之後，有了顯著的增進。至於，增進創造力的方法及教育訓練的方式甚多，本節僅介紹下列幾種：

一、腦力激盪術

腦力激盪術（brain-storming technique）基本上是屬於集體性創造力培養的技術，對個人來說甚具有一些啓迪的作用。腦力激盪術是美國麥迪遜街的廣告代理商奧斯朋（Alex Osborn）在一九三九年所發明的。腦力激盪術的目的，乃在透過團體討論，以提高創造力。爲了增進自由思考，及消除可能妨害創造力的團體過程，乃設定一些程序上的規則，這些規則如下：

1.鼓勵採取較輕鬆的態度，面對問題討論；且任何人的想法都是可以接受的。
2.若利用他人的想法加以發揮，都應予以支持。所有的想法和創意都是屬於團體的，而不是專屬於個人的。
3.任何成員都可將構想加以利用或衍生，但不得作任何批評或評價。

由於腦力激盪術的運用，使得團體活動都深具創造潛力。不過，有些研究顯示，團體中成員單獨構想的總和，都比團體成員的共同構想，更具有創意，且品質較佳。此乃因團體有專注於單一領域或思維的傾向，亦即團體中的領袖常獨霸解決問題的權力與歷程，甚而抑制其他成員的創造力。雖然如此，當團體不能擁有解決問題的所有資訊或資源時，某些團體創造性的活動是不可或缺的。因此，腦力激盪術至今仍為許多組織所沿用。

二、德爾菲技術

德爾菲技術（Delphi technique）是由蘭德公司（Rand Corporation）所發展出來的，是一種團體創造與團體決策展望頗大的特殊技術。其目的一方面在探求更多可供團體使用的資訊、經驗，以及批評性的評價；另一方面則在降低面對面交互作用的潛在不良後果。德爾菲技術是對一群專家的意見加以融合的方法，其過程如下：

1. 約請一群和問題有關的專家，請他們以某項問題為主題，就將來可能發生何種結果，分別用不記名的傳送方式進行預測，並記下對問題的批評、建議和解答，送交給主持人。
2. 由該問題主持人將所有專家的看法抄寫和複製，然後分送給每位專家，使其瞭解別人的批評、解答和看法。
3. 然後，再由每位專家再就別人的看法和建議加以評論，並提出因別人看法而衍生出的新建議，將該建議回送給主持人。
4. 主持人反覆對各位專家作若干回合的徵詢，直到達成一致性見解為止。

德爾菲技術雖不是一種面對面直接接觸的團體，然而透過一再反覆的思考活動，往往可針對某項問題匯集許多人的看法、經驗和評價，將相關的價值組合起來，如此可激發解決問題的新構想。同時，由於該項技術係採用郵寄或傳送的方式，可節省許多成本，如交通費、時間和其他雜項成本等，而仍能達成解決問題和開發創造力的目標。

當然，德爾菲技術也有它的缺點。首先，由於不斷重複地徵詢，行事較為緩慢，且時間可能拉長。其次，由於抄寫、複印、以及傳送給每位專家，此將增加工作的繁複性。再者，由於沒有面對面溝通的壓力，將失去對努力思考的意識，使得某些人拖延提出評價和解答的時間。

三、名義團體技術

名義團體技術（nominal group technique），是融合了腦力激盪術與德爾菲技術的團體創造法。基本上，它和腦力激盪術一樣，將一群人集合在一起，共同討論有關問題，以激起彼此的靈感，以求共同處理問題。在做法上，它也和德爾菲技術法相同，只是名義團體法的成員直接作面對面的接觸，而德爾菲技術法則不作面對面的討論而已。

名義團體技術法的實施步驟如下：

1.在團體成員相互討論之前，個人先將自己對問題的看法記下來。
2.每個人依次向團體提出一個想法，但先不討論，直到所有想法都提出為止。
3.整個團體的所有成員都對每個想法，加以討論、解釋，並加以評價。

4.每位成員都獨自將所有想法，加以一一排名。

5.總評價最高的想法，即爲團體的一致看法。

根據研究結果顯示，名義團體技術和德爾菲技術，在激發創造量上的效果，以及成員的滿足感，很顯然優於傳統的方法。但對於團體成員的滿足感方面，名義團體技術法顯著地高於德爾菲技術與傳統的方法。

總之，德爾菲技術和名義團體技術是最近才發展出來的團體創意法，它們同樣可用於團體決策，其與傳統的團體法不同。過去的團體法，諸如敏感性團體訓練（sensitivity group traning），主要在運用團體關係，訓練團體成員的敏銳性，培養團體成員的創造能力，並可用來改進自我對他人的觀感，且可改善人際關係。無論在實施的方法和目的上，傳統方法和團體決策都是不相同的。因此，到目前爲止，腦力激盪術、德爾菲技術和名義團體技術，仍爲訓練團體成員創造力與團體決策的最佳方法。

第18章
工程心理

1
工程心理的意義與內涵
2
機具設備與人的配合
3
工作本質與人性
4
工作情境與人性
5
意外與安全
6
疲勞與效率

企業心理學除了必須重視企業活動本身的人類行爲因素之外，尙須注意有關工程的設計。所謂工程設計，乃指與企業活動有關的所有機器、設備、工具和工作情境等的設計而言。這些設計很明顯地會影響到人類行爲，進而左右工作效率，此即爲工程心理學的研究主題。在過去幾十年以來，人們已逐漸注意到各種工具與機械裝備以及工作情境的設計，以求符合人類的能力與限制，間接滿足人類身心的各項需求。此外，工作本身的特性，包括工作內容、方法、程序、步驟與流程等，也會影響工作動力；甚而工作特性常衍生一些問題，諸如操作的困難、失誤、意外事件，和對人體的傷害等。凡此都是工程心理上所必須探討的問題。本章將逐次討論工程心理的意義與內涵，機具設備與人的配合，工作情境與人性的關係，意外事件的防止與安全維護，最後探討疲勞與效率的關係。

第一節　工程心理的意義與內涵

所謂工程心理（engineering psychology），或稱爲人體工學（ergonomics），是指研究機器、工具、設備的合理設計，以求能符合人體的能力與限制的科學。其後，此種觀念不斷地擴展，亦即有關機具設備的設計，不僅應符合人體的體能限制，甚且應符合人性心理的適應，於是乃改稱爲人因工程（human factors engineering）。後來，人因工程的觀念更加擴大，亦即要求各種工程設計須能合乎人性各方面的需求，追求身心兼顧的安適，使人們在工作時不僅能達成工作目標，且能滿足人們工作時的身心需求。

近代工業心理學家不同於早期的工程學家，就是能致力於工程設計符合人性化的要求，而不是只顧及工程設計的便利性；易言之，早期工程設計乃是要求人們去適應機具，而今日的工程設計則在改變機具以適應人體身心的限制。此乃是工程學受人道主義思想的影響之結果。此外，就工程本身的發展範圍而言，早期的工程只及於與工作有關的機具、設備儀器等的設計，其後乃逐漸擴展到工作情境及與工作本質有關的要素之設計。因此，就工程心理本身的範疇而言，它可分爲狹義和廣義的定義。

狹義的工程心理學，是專指對與工作有關的機器、工具、設備等作特定設計，以求符合人類體能要求的科學。廣義的工程心理學，則爲對舉凡與工作有關的所有要素，包括完成工作所需的機器、工具、設備，與工作本質有關的要素，以及工作情境等作特定的設計，以求符合人類身心的能力與條件，並滿足人類在工作時各項需求的科學。

準此，工程心理至少包括三大範疇：

1. 爲設計符合人類身心要求的機器、工具、設備，用以直接順利地達成工作目標。
2. 爲工程設計必須顧及工作的要素，如工作內容、工作方法、工作步驟及流程等，對人類工作時身心的影響。
3. 爲工作情境，如空氣、溫度、光線、音響、工作時間和其他工作條件等，對人類工作時身心的影響。

其如**表 18-1** 所示。此外，與前三項範疇有關的安全維護與意外事件的防止，也是工程心理所必須重視的課題。工程心理的這些主題，一方面乃在要求順利地完成工作目標，另一方面則在顧及人類身心各方面的要求。

表18-1　工程心理的範疇

主題	設計內容	影響
機具設備的設計	機器、工具、設備	要求符合人類身心需求，並達成工作目標
工作要素的設計	工作內容、方法、步驟及流程	影響工作時的身心需求及工作效率
工作情境的設計	空氣、溫度、音響、工作時間及其他條件	影響人類身心需求及工作效率

總之，工程心理的研究重心，是在探討機具設計、操作原理、工作本身要素、工作情境等的設計，以求如何去適應人體機能與身心要求，俾能在工作時發揮人類潛能。它的研究目的，乃在尋求機器設備、工作要素、工作情境與人力的相互配合，以謀求物質環境便於人類能力的運用。在積極方面，它可提高工作效率，滿足人類工作需求；在消極方面，可使人類節省體力，減少失誤與意外的發生，用以提昇工作安全。依此，工程心理實包括機具設計、工作要素設計、工作情境的安排、工業安全與意外防止、疲勞與效率等問題。

第二節　機具設備與人的配合

機具設備的設計與安排，是工程心理學首要重視的一大課題。所謂機具設備，是指人類在工作時使用的機器、工具和有關的實體設施而言，這些機具設備若能符合人體機能，則不僅能提高工作效率，且能降低人體的疲勞，增進人類在工作時身心的安適感和滿足感。因此，近代工業工程師與工業心理學家無不力求設計合宜的機具、設備，以滿足人類工作時的需求，此即為機具設備與人力配合的問題。

就工程心理的觀點而言，機具設備欲與人力配合，必須重視刺激與反應的過程，此則涉及三大歷程，即輸入（input）、中介（mediation），與行動（action）等。輸入歷程是指機具設備給予工作者的刺激，亦即為工作者運用其感官接收來自於機具設備所賦予的訊息；此種訊息將影響工作者對使用機具設備的判斷。其次，中介歷程是指工作者在接受訊息後，將之儲存、解釋、領會，以作為行動選擇的依據之歷程。最後，行動歷程乃為工作者將訊息透過中介歷程的轉化，而將之化為行動反應的歷程；此時工作者會將機具設備加以辨認，然後採取較適宜的操作動作，此亦可稱之為人體動作的輸出（output）歷程。

依據前述人類操作三大歷程來看，則機具設備與人體配合的重心，乃為動作研究（motion study）。所謂動作研究，乃是研究工作者在工作時應有哪些必要的動作，同時去除不必要的動作，用以節省時間，避免產生疲勞，並可提高工作效率。易言之，動作研究乃在縝密地分析工作中各項細微的身體動作，刪除無效的動作，促進有效的動作，此即為動作經濟原理（principles of motion economy）的運用。有關動作經濟原理的內容，主要涉及三大範圍：

一、人體本身的動作經濟原理

工程心理學家欲求機具設備與人力的配合，必須瞭解人體的基本能力與限制，此種能力和限制乃來自於人類天生的本能；機具設備的設計若違反了此種本能，將無法達到預期的效果。因此，有關人體操作動作必須符合自然的本能，此即為人體動作的經濟原理。其內容至少包括下列諸端：

1.雙手必須同時開始，並同時完成其動作。
2.除在規定休息時間之外，雙手不應同時空閒。
3.雙臂應作同時、對稱或相反方向的運動。
4.手的動作在儘可能的範圍內，應以最低層次部位爲之。手部動作一般可分爲五個層次，最低層次爲手指本身的動作，依序逐漸升高爲：手腕、前臂、後臂、肩膀。一般言之，較低層次部位的運作所需時間或體力消耗，較少於較高層次部位的運作。
5.操作時，應儘可能利用物體本身的運動量；但在需用人體肌力制止時，則應儘量降低到最小程度。
6.手部平滑而連續的曲線動作，優於方向突然而猛烈變換的直線動作。
7.彈道式的運動，比受限制或受控制的運動，來得輕快確實。
8.只要情況許可，人體各項動作應以輕鬆自然的節奏來安排。
9.雙眼的凝視點應儘量接近，但凝視次數應儘量減少。

二、機具設備的動作經濟原理

工程心理學家欲謀求機具設備與人力的密切配合，以增進效率，並減低人體的疲勞；除應注意人體動作的經濟原理之外，尚須重視機具設備的設計，以求合乎人體工學的原理，此即爲機具設備的經濟原理。其內容如下：

1.在設計機具設備時，應儘量減少手部的工作，而以足部或身體其他部位取代之。
2.有需要操作兩件以上的機具，應儘可能加以合併。
3.機具及原料應儘可能預爲放置。
4.凡用手指操作的機械，各個手指的負荷應依照其本能加以合理分配。
5.工具手柄的形狀，應儘可能地依手部接觸面積的增減而設計。
6.機器上的槓桿、十字桿及手輪的位置，應便利於操作。

三、工作場所的動作經濟原理

吾人欲使機具設備與人力相互配合，除了須分別重視人體能力和機具設備的動作經濟原理之外，尙須注意工作場所的動作經濟原理。其內容如下：

1.工具及原料應放置在固定場所。
2.工具、原料及裝置應佈置於工作者的最前面接近處。
3.製成的「成品」或「成件」，應利用其本身的重量自動落入盛器內。
4.工具及原料應依最佳的工作順序排列。
5.工作場所應有適當的照明，使視覺能舒適滿意。
6.工作檯及座椅的高度，應使工作者能坐立適宜。
7.工作座椅、形式和高度，應使工作者能保持良好的姿勢。

總之，機具設備與人力的配合，最重要的即在作動作研究；而動作研究須發展出合宜的動作經濟原理，此時必須設法探討工作的各項動作，找出何者為有效的動作，並予以加強或改善；且能找出何者為無效的動作，則應予以刪除或減少。其目的不外乎在減低工作的疲勞，用以選擇最佳的工作方法，提高工作效率。

第三節　工作本質與人性

工作本質的適當設計，是工程心理學所應重視的一大課題。所謂工作本質，是指工作的內容、方法、步驟與流程而言。就工作內容來說，過去科學管理時代強調工作標準化與工作簡化，乃在簡化工作內容，以統一的科學標準來提高工作效率，往往忽略了人性的需求。直到人群關係運動以來，行為科學乃轉而呼籲重視人性的價值與尊嚴，於是有了工作擴展（job enlargement）與工作豐富化（job enrichment）的出現。此已於本書第十章中有過討論，今不再贅述。然而，工作豐富化也遭到不少批評。如部分員工不一定能適應豐富化的工作，他們寧願有更多交談的機會，而不願從事於豐富化的工作；部分員工寧可從事簡單的工作，而不必花費太多心力於工作上；工作豐富化無法徹底成功地執行等是。

依此，Hackman和Oldham乃提出工作再設計的概念。他們認為工作都會牽涉到工作核心層面、基本心理狀態、在職人工作結果，由此而形成所謂的「工作特性模式」（job characteristics model）。該模式認為工作都具有五項主要特徵，即技能多樣性、任務完整性、任務意義性、員工自主性，以及回饋性等，如圖18-1所示，今再分別說明如下：

技能多樣性（variety of skill）：是指擔任某項工作所需具備

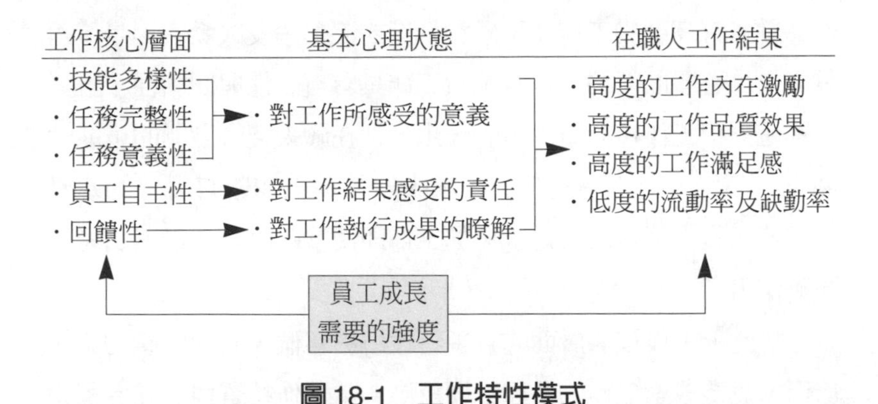

圖18-1　工作特性模式

的各項才能與技術的程度，亦即爲個人在完成工作的過程中所需不同活動的程度。

任務完整性（identity of the task）：是指工作者所能認知其爲一項整體性工作的程度，亦即爲某項任務在整體工作領域中所佔分量的程度。

任務意義性（significance of the task）：是指某項工作對他人的生活或工作產生影響的程度。

員工自主性（autonomy）：是指員工對其工作所能控制的程度；亦即爲員工對其工作內容與進度可自由運用，甚至於自由掌握的程度。

回饋性（feedback）：是指員工能獲知有關其工作績效優劣的訊息之程度。

當組織的工作設計適當時，將能產生在職人的工作結果；而工作之所以會產生結果，實是各項基本心理狀態所造成的。因此，在工作特性模式中最重要的核心部分，乃爲工作核心層面。假如工作設計者能將這五項核心層面，全部設計在工作之內，則在職人必能達成工作結果，如受到高度的內在激勵，產生高度工作品質，有高度的工作滿足感和低度的流動率及缺勤率等是。再就工作核心層面而論，倘若某項工作具有自主性與回饋性，且具有其他三項工作核心層面中的一項，則在職人獲得激勵的可能性必大。不過，這必須奠基於在職人對該項工作確有需求的基礎上。若在職人不具成長需求，則工作即使重新設計，仍無法產生激勵作用。

準此，工作核心層面的五項特性將影響個人心理狀態的工作層面，並造成對工作的各種不同反應。當工作特質與心理過程相互結合，將發展出一套測驗工作範圍的工具。這些特質被稱爲潛在動機分數（MPS），其公式如下：

$$MPS = \left(\frac{SV + TI + TS}{3}\right) \times A \times F$$

其中 MPS＝潛在動機分數

SV＝技能多樣性

TI＝任務完整性

TS＝任務意義性

A＝自主性

F＝回饋性

此外，工作特質與人性的關係，尚可從工作流程來探討，這就牽涉到工作佈置的問題。一般而言，工作場所的設計應使員工能充分發揮工作效能，並使員工能在最舒適、最安全的環境下工作。此種設計問題有兩個主要涵義：一爲與整個工作空間有關，包括整個工作的佈置，以及各工作間連貫關係的安排；一則指個別工作的佈置，包括各種工具或設備的排列。其目的在於促進人力的有效運用，減少搬運、走動，保持人力與機器的充分配合，並提供工作人員方便、安全與舒適的工作環境。

就操作工作空間而言，個人在從事工作活動時，環繞於其四周的一切可用空間，皆可視爲工作空間範圍。就坐著的工人來說，雙手所能及的空間就是工作空間範圍。當然每個人身體部位及長短有別，這是工作空間安排所應注意的問題。

至於工具的排列方面，必須考慮人體的生理特徵，身體各部分運動的相對難易與可及範圍。工具排列的設計包括：椅子、桌子、工作檯、水平及垂直工作面、工具座架、控制器、儀表，甚至於材料的設計等均是。

此外，工作佈置必須考慮到製造程序、生產量大小、產品性質、操作類型以及員工類型等因素，繪製工作佈置圖，安排工作內部細節；然後決定佈置方式。一般而言，工作佈置的形式，可分爲下列三類：一爲固定位置式佈置（layout by fixed position），適用於需單獨完成產品的工作；二爲加工程序式佈置（layout by process or function），適用於需加以分類加工的工作；三爲生產線式佈置（layout by line production），適用於製造大量標準產品的工作。

當然，上述各種佈置方式的採用，常依工廠性質、工作種類、產品特性……等因素，而有所不同。然而，工作佈置最重要的必須考慮人性心理，人在工作中的感受，如此才能眞正地提高工作效率。

第四節　工作情境與人性

工作情境的人性化，是工程心理學家所致力達成的目標之一。所謂工作情境（work conditions），至少包括三項涵義：第一項為物理環境，包括照明、音響、空氣及其他物質條件等；第二項為工作時間，如工時的長短、週工作日數、休息的次數與間隔等；第三項為社會環境，包括組織動態、公司政策、領導與溝通等人為因素，其如**表18-2**所示。有關社會環境的討論，已散見於前述各章。今僅就物理環境和工作時間加以探討之。

一、物理環境方面

在物理環境方面，影響人類在工作上表現的首要因素為照明。然而決定照明的工作關鍵因素（task related factors），可分為兩種：一為工作本身的特徵，如工作事物的形狀、與背景亮度的對比、工作事物形狀的大小、視物時間的久暫等是；另一為工作環境的照明特徵，如光度、對比、直射與反光等，都會影響工作的進行。在工業工程設計上，凡應用到視力辨別的機件或標誌，都應儘量加大或使對比明顯，以使工作者能節省視物時間，以求一目瞭然。就同一事物而言，凡工作事物形狀愈大、亮度愈

表18-2　工作情境的內涵

環境要素	內容
物理環境	照明、音響、空氣、其他工作條件
工作時間	工作時間的長短、週工作日數、休息次數及間隔
社會環境	組織動態、公司政策、領導、溝通、其他人為因素

足夠、對比愈明顯，視覺績效就愈顯著；但應避免光線的直射或反光，以免造成暈眩或不舒適感。

其次，音響也是影響人類工作時身心狀態和工作效率的因素。根據研究顯示，樂音有助於振奮工作精神，提高工作效率；但噪音則會產生不愉悅的感覺，而產生不良的工作效率。只是樂音或噪音的分辨，常因人而異。工業心理學家布洛斯（H. A. Burrows）即曾說過：「凡是與實際工作訊息無關的刺激，而爲人們所厭惡的聲音，皆爲噪音。」根據工業心理學家的解釋，噪音對人體和工作效率有兩種不同的影響。就短期而言，噪音可能促使人們急於完成工作，以便脫離噪音現場。此外，噪音也可能增進個人的注意力，以摒除外物的干擾。就這些觀點而言，噪音有短暫的正面功能。然而，就長期觀點而言，噪音將造成不安與煩躁的情緒，產生身心疾病；且妨害工作效率的達成。根據研究顯示，凡是高於九十分貝的噪音就足以構成對人體聽力的傷害。另外，噪音對工作的影響，常因工作性質的不同而異。一般而言，體力性的工作所受噪音的影響較小，而心智性的工作所受噪音的影響較大。**表 18-3** 即爲樂音與噪音對人體身心和工作效率的影響之比較。

在物理環境方面，影響人類在工作表現上的因素，還有空氣。廣義的空氣泛指一切大氣層的變化；而工程心理所探討的空

表 18-3　樂音與噪音的影響

類別	有利情況	不利情況
樂音	提振工作精神，提高工作效率	使人失去戒心，反而易入睡
噪音	短期而言， ‧可引起注意 ‧促成快速完成動作	‧對人體聽力的傷害 ‧引發不安與煩躁 ‧妨害工作效率的達成

氣環境，則包括溫度、濕度、空氣流通、氣壓、空氣成分，甚至於有毒氣體與物體溫度都包含在內。人體在日常環境溫度改變的情形下，多藉著自然生理的新陳代謝來調節體溫。在工作場所中的情況亦同。例如個人處在寒冷的環境中，會發生很多生理變化，包括血管收縮、供給皮膚表面的血液減少，而降低皮膚的溫度；甚且降低血壓，呈雞皮疙瘩狀態，打寒顫發抖。這是身體為減少熱量發散的自然防衛反應。若是在高熱的環境中，血液循環會加速，汗流浹背，藉熱的交換歷程來達到身體的平衡狀態。

根據心理學家溫士樓（C. E. A. Winslow）和赫靈頓（L. P. Herrington）的研究，人體在不同的環境下，熱能的散發會有所不同。一般而言，人體散發熱能受到下列環境因素的影響，如工作環境溫度的改變、濕度的高低、空氣的流通、以及其他物體的溫度等。這些因素對工作者的主觀感覺、工作績效等的影響，頗為複雜，很難詳細解說。

不過，高溫對工作績效的影響，常隨工作性質的不同而異。一般而言，重體力的工作比重心智的工作，所受影響要大得多。此乃因重體力的工作所消耗體能更多，排出的熱量愈多，加速了新陳代謝。至於寒冷的空氣情況對工作效率的影響，乃為愈寒冷其工作效率呈遞減的趨勢，此與手部皮膚溫度的承受力有關。由此可知，工作場所溫度過高或過低，都會造成工作效率的不良影響。

二、工作時間方面

工作時間可從多方面來探討，包括每週工作總時數、每週工作日數、彈性工時、輪班和休閒時間的安排等。凡是愈開發的國家，其國民的工作時間就愈為縮短。此乃受到兩種因素的影響：

一是由於科技的進步，各種自動化機器的發明，使得一切操作均賴機器控制，致人力操作時間逐漸減少；另一是由於勞工福利政策的提倡，使長時間工作時數受到立法限制。

目前世界各國產業界所接受的每週工作總時數，爲四十小時到四十八小時之間，也有每週僅工作三十六小時者。至於彈性工時（flextime），則包括濃縮工作週（condensed workweek）、彈性工時制、工作分擔制（job sharing）等。濃縮工作週，乃將每週工作五天或六天總時數濃縮到四天或五天；亦即每天工作時間拉長，但每週工作天數減少。彈性工時制，則在每天集中一段時間工作，其餘時間可自行斟酌提早或延遲上下班。至於，工作分擔制則由兩位或兩位以上的兼職人員，來執行一位專職人員所做的工作。以上制度乃是彈性工時的設計，較便利於人力運用與員工的自由裁量，可說是相當人性化的措施；但有時也增加了公司的成本。

在工作時間的長短方面，卡索里（M. D. Kossoris）與庫勒的研究顯示：改變工作時數的效果，受到工作沈重與否、機械或人力操作、支付薪資方式等因素的影響。大致說來，若其他條件相若，以生產效率和缺席率而言，每天以工作八小時或每週工作四十小時爲最佳；工作時數太長，相對地工作效率乃呈遞減的趨勢。此外，意外傷害頻率與嚴重率，亦隨工作時間的增長而增加。

在輪班時間方面，一般可分爲日班制、夜班制和輪班制。根據許多研究顯示，日班制、夜班制和輪班制在工作效率上，並沒有很明顯的差異。此常因工作性質、個人適應能力、個人喜好程度，以及個人的價值觀，而有所不同。至於輪班制對工作的影響，是會造成錯誤率的些微增高，產量些微降低，尤以夜間班爲然。

但這種結論不很一致，且可能與個人特質有關。易言之，夜班或輪班是否對工作績效有不良的影響，尚待作更進一步的研究。

至於休息段落和次數方面，也未有具體證據證明，其對工作績效的影響。不過，休息時間的給予，並不是基於人道的理由，給予工作者優惠待遇；而是假設休息足以恢復身心的疲勞，增加實際的工作效率，提高工作士氣。尤其是檢查性的工作，需要高度集中注意力，多數工作者在工作半小時後，其工作效率即行降低，至少需休息二十分鐘到三十分鐘，始能重新恢復工作。此外，在重體力的勞動性工作，每間隔一段時間就要休息一次，以避免過度的疲勞。

當然，休息時間段落和次數的多寡，常因工作性質和體力負荷的不同而異。有些連續性作業的工作中間不能間斷，很難統一規定休息時間；但許多重體力勞動或過熱環境下的工作，工人休息次數要多，且隨時給予休息片刻的機會，才容易消除生理疲勞。根據生理原理，重體力勞動者若長期工作，其所導致的過度疲勞，往往非短期內所可恢復，故寧可實施多次分段的休息。

至於休息時間的長短，胥依工作性質而定。目前多數工廠或辦公室，休息時間約為十分鐘，久的可達十五分鐘。休息次數一次到數次不等。在工廠內最普通的情形，是上、下午各休息一次，每次為十五分鐘。

第五節　意外與安全

工業工程上機具設計的目的，一方面乃在增加產量，提昇品質，增進工作效率；另一方面則在降低疲勞，提供安全舒適的工作環境。惟人在從事於機械操作時，難免發生失誤，輕微者影響產品數量和品質，嚴重者足以造成意外事件。近代工業發達，機械動力規模龐大，萬一安全措施不當，常發生意外事件，而爲勞資雙方帶來極大的損害。各先進國家無不在研究如何防止意外，並加強各項工業安全措施。

根據工業安全事故研究資料顯示，意外事件是由一連串因素所構成的，其發生絕非完全出自於偶然。因此，吾人必須深入探討意外發生前的行動與環境。根據分析統計結果顯示，意外事件的發生爲：⑴由於工作人員的不安全行動，約占發生率的88％；⑵由於不安全的環境，約占10％；⑶由於天災而發生的，約占2％，其如**表18-4**所示。由此可知，意外發生的原因大致可分爲不安全行動與不安全環境兩項。

一、不安全行動

就不安全行動而言，人爲因素所造成的意外，包括安全裝置欠妥當，使用不安全的裝置，不安全的負載、放置，不安全的姿勢或位置，心神不定，被嘲弄或辱罵，未使用安全衣或個人防護裝備，以及不安全的速度等。而不安全行動的主要原因，乃是疏忽。根據對不安全行動的統計分析，不知、不願、不能、不理、粗心、遲鈍、失檢等七項，更是構成不安全行動的主體。根據研究發現，個人人格特質具有侵略性、強迫性、不能容忍性等，較

表18-4　意外發生的原因

原因	百分比
不安全動作	88%
不安全環境	10%
天災	2%

容易發生意外，沙取曼（E. E. Suchman）和丘舍（A. L. Scherzer）稱這些特質的人爲具「意外傾向」特質的人。

一般而言，「意外傾向」的特質包括情緒不穩定、動機不滿足、衝動性、侵略性、強迫性、反控制性、投機性、低忍耐度、強烈犯罪感、不良社會適應、不當工作習慣等。雖然至今仍未有充分證據支持這些「意外傾向」的看法，但此種傾向導致不安全行動確實比較可能。

此外，個人體能也影響意外事件的發生與否。開法特（N. C. Kephart）和蒂芬（J. Tiffin）即發現：視力正常者發生意外頻率較低。就年齡與經驗而言，多數調查報告指出，年長和經驗多的工人意外肇事率較低，而年輕、缺乏經驗者的肇事率較高。

再者，狄雷克（C. A. Drake）研究工作意外頻率與知覺速率和運動速率的關係，發現意外事件較多的員工，運動速率高於其知覺速率；反之，較少發生意外的員工，知覺速度高於其運動速率。易言之，反應速度快於知覺能力的人，比知覺能力快於其反應速度者，更易發生意外。其他，如職業興趣亦爲影響意外事故的個人因素之一。個人的興趣所反映出的生活方式與意外事件有關。至於個人的情緒狀態，即情緒的起伏而導致錯誤的態度、衝動、神經質、恐懼或憂鬱與消沈等，都是引起意外的重要因素。

綜合上述的討論，許多個人變數與意外事件有密切的關係。此外，員工在團體中的人際關係與意外事件也有相關性；即人緣好的員工，其意外肇事率較低；而人緣差的員工，意外肇事率較高。當然，意外傾向只是一般性概念，蓋每個人的意外頻率都是短時間的意外資料，缺乏長期性的記錄，再加上「機率」因素的介入，使得眞正引發意外事件的因素隱而不現。

二、不安全環境

所謂不安全環境，是指機械裝置與工作環境的不良因素而言。這些因素包括不適當的防護、不良的裝備、溜滑、不牢固，或不平的地面、危險性的安排、不良的通風或照明設備等是。其所形成的原因來自工作本身、所屬單位及其他有關機具設計、環境佈置、安全措施、工作方法、工作環境與工作時間等因素。

就工作本身而言，工作愈吃重，發生意外的可能性愈高。就工作時間而論，工作時間愈長，意外發生頻率愈高；且在每天工作即將結束前的時間內，發生意外事件較多。不過，就值夜班的人而言，意外發生率卻隨著工作時數的增加而減少，此顯示了心理因素影響了意外事件的發生，而非生理因素。又工作天數增加時，意外事件發生率高於每天工作時數的增加所造成的意外頻率。

史利尼等（P. Slivnick, W. Kerr & W. Kosinar）曾研究四十七家汽車及機械工廠的員工，分別以「傷害頻率」及「傷害嚴重率」，找尋意外事件與社會情境因素的相關性。結果發現，傷害頻率較大的工廠具有下列特性：

1.季節性流動率很高。
2.員工對生產力高的同僚懷有敵意。
3.鄰近有同類型的工廠。
4.工人常須提舉重物。
5.生活環境不佳。
6.常常扣薪等。

傷害嚴重率在下列情況下特別嚴重：

1.員工與高級人員餐廳分開。

2.怠工不受懲罰。

3.缺乏分紅制度。

4.工作場地溫度過高或過低。

5.工作流汗多或髒亂等。

以上各項情況，都是侵害或威脅到員工的身分、自尊、個性，而使員工精神上受約束，容易招致不安全的行爲。

其他與意外頻率有關的情境因素，如裝備設計、照明、標誌等工作條件或工作方法，都會影響意外事件的發生與否。標誌的清晰與明確性，即提高員工的警覺性，免於發生意外。總之，一般環境因素比較容易查明，只要根據統計資料分析比較，即可發現其原因。機械工程師的主要工作，即在改良導致意外的情境，以減少意外事件的發生。

第六節　疲勞與效率

工作效率是最受一般人所矚目的問題之一，也是工程心理所應積極研究的課題。一般影響工作效率的因素甚多，疲勞爲其中最主要的因素之一。根據行爲科學家的看法，人類行爲是決定工作效率的主要因素，而人類行爲又極端複雜、變化莫測；這其中人體生理的限制、心理的問題，與工作環境的安排等，往往產生疲勞的問題，決定了工作效率的良窳。因此，如何安排工作環境，解除心理困擾，發揮生理特長，以消除個體的疲勞，也是工程心理學家的一大課題。

所謂疲勞（fatigue），是指個體在工作時呈現能量耗損的狀態，但經過休息就可回復原有狀態之謂。就廣義而言，疲勞乃指人體內一切沒有力量或沒有精神的狀態而言，其發生原因不限於工作，且及於娛樂過多過久。至於疲勞產生的直接原因可分爲三方面：一爲生理性的原因，一爲心理性的原因，一爲工作環境的原因，如**表 18-5** 所示。

生理性原因，一般係指直接基於生理的限制，使人有困乏的感覺：一方面是人體養分的消耗殆盡，包括體力、精力的消耗；另一方面則爲人體產生了廢物，如乳酸、二氧化碳等，而阻礙生理的正常功能。心理性的原因，係指工作者內心主觀的厭倦，或心理壓力與心理負荷等所造成的。工作環境的原因，則爲工作環境的佈置、設計與安排等的不當，而形成人體生理上或心理上的疲勞而言。當然，上述三大因素是相互作用、交互影響的。如生理影響心理，心理影響生理，工作環境導致身心的疲乏等都是交相錯雜的。

站在工程心理的立場而言，要消除人體生理上的疲勞，必須

表 18-5　疲勞發生原因及工程設計

類別	原因	工程改善之道
生理性	生理限制・養分耗盡 ・廢物累積	・動作研究 ・改善機具設計
心理性	主觀的厭倦・心理壓力 ・心理負荷	・心理輔導 ・人事的適當安排 ・避免心理壓力
工作環境	工作佈置、安排、設計的不當	・合宜的工作情境 ・合宜的工作佈置 ・合宜的工時安排 ・安全防護

從兩方面去探討：就人的方面，宜從事動作研究，以減少不必要的體力消耗，使每項動作都能發揮它的工作能量；就事的方面，則宜考慮機械的設計，應能配合人體各個部分器官的運動；易言之，工程學家設計機具應使之順應人體生理需求，而非要求人去適應機具。

至於工程心理上要消除個體的心理疲勞較爲棘手，此乃因個人的動機、知覺、情緒、興趣、態度等，往往不易察覺，故多只能從事心理的輔導與調查工作，以作爲適當鼓舞的依據。同時，在人事安排上，應能充分瞭解個別的情緒與專長興趣，充分授權；且在考核上，應能刑賞分明，有功則賞，有過則罰。最重要的是管理上應避免造成員工心理上的過度緊張、壓力或負擔，如此則可避免產生厭倦或疲勞。

最後，在工作環境的安排上，應避免擁擠的空間，安排適宜的工作情境，諸如調節適度的照明、溫度，裝置消除噪音的隔音設備或消音器、防震設施等。同時，佈置工作或辦公場地的合宜氣氛，力求寬敞自在，以培養適當的工作情緒，配合工作的進行。再者，工作時間的久暫與休息次數和間隔，也是工程上應加考慮的環境因素。又工作地點的安全設備對員工心理的影響甚大，故宜加強安全措施，防止意外事件的發生。此外，諸如發展良好的人群關係，實施公司民主，建立溝通管道……等，亦殊爲重要。

總之，根據研究顯示，疲勞對工作效率有不良的影響。無論生理疲勞或心理疲勞，都足以降低工作效率；而疲勞與工作環境的佈置或設計是否得宜，有牢不可破的關係。然而，疲勞問題有時得賴員工個人自本身做起，切忌以個人的情緒問題，去困擾組織或他人，此亦屬於個人職業道德上應有的素養。

第19章

消費行為

1

消費行爲的涵義

2

消費行爲的心理基礎

3

消費行爲的人際層面

4

消費行爲的社會文化層面

5

消費者的決策過程

6

銷售技巧的運用

消費行爲是企業心理學所必須探討的課題之一。蓋生產的最後目的，乃在於消費。惟消費常牽涉到甚多人爲因素，如人類的需求與欲望等是。人類若沒有需求或願望，則無所謂消費的存在。是故，今日企業心理學上的行銷觀念，乃特別強調「以消費者的需要爲前提，以消費者的滿足爲依歸」。今日企業管理必須審視消費市場的動態，掌握消費者的心理脈動，徹底瞭解消費行爲的趨勢與變化，才能完成行銷的任務。本章首先將討論消費行爲的意義，其次探討消費行爲的心理基礎、人際互動與社會文化的影響，然後據以研討消費者的決策過程，最後說明如何運用行銷技巧。

第一節　消費行爲的涵義

企業活動的最終目的，就是在於消費；而要瞭解消費活動，就必須探討消費行爲。所謂消費行爲，或稱爲消費者行爲（consumer behavior），就是在研究消費者於搜尋、評估、購買、使用和處置一項產品、服務或理念時所表現的各種行爲。消費行爲是人類行爲的一環，它和工作行爲、政治行爲，或其他行爲一樣，都是人類生活中不可或缺的活動。

就行爲科學的立場而言，消費行爲也是行爲科學研究的範疇，它可運用行爲科學的概念來瞭解、解釋、說明和預測消費者的行爲；而行爲科學則包括心理學、社會學、社會心理學和人類學。心理學主要在研究個體行爲，社會學在研究群體行爲，社會心理學在探討群體中的個人行爲，而人類學則在研究人類的社會與文化，這些都可用來協助瞭解和解決人類的消費行爲。當然，消費行為也肇始於經濟學和市場學。蓋消費活動本係屬於經濟活動的範疇；經濟學乃在研究將有限資源加以充分利用，以求達到最大的消費效果。至於，市場學係在研究財貨與勞務的交易活動，其目的乃在促進消費。準此，消費行為研究是一門科技整合的產物。

然而，就消費行為本身的內涵而言，消費行為乃來自於消費動機；此仍脫不出行為模式S→O→R的範疇。所謂S係指刺激（stimulus），O為有機體（organism），R則指反應（response）。當個體（有機體）接收到消費刺激時，就自然產生消費反應（行為）。因此，在消費情境上，消費者收受到產品的刺激（S），則消費者（O）就可能產生購買慾，而有了消費的反應（R）。不同的個體收受到不同的產品或服務刺激，將產生不同的購買（消費）行為反應。依此，影響消費行為的因素主要不外乎：產品特性、個人特性、和情境特性。

就產品特性而言，產品（或服務）本身即代表一種相當複雜的符號，它不僅是滿足消費者所企求的屬性而已，甚且具有可分辨性的符號特徵。亦即一項產品對消費者而言，不僅代表物理上的意義，且含有其他的意涵。例如，消費者購買名牌汽車，不僅顯示汽車的實用價值而已，甚且可用來凸顯自己的身分或炫耀於他人。這就是產品特性吸引消費者願意消費的原因。

其次，就消費者個人特性而言，不同的消費者特性會有不同的消費動機和行為。一般而言，消費者彼此之間的差異頗大，而造成消費者個別特性的因素甚多，諸如心理特性，包括動機、知覺、情緒、人格、態度、興趣、意願、過去經驗等；以及個人的社經地位、身分背景、年齡、性別、教育程度，或與環境互動的結果等均屬之。顯然地，消費者個人的不同特性將形成不同的購買或消費習慣。

最後，就消費情境而言，消費者處於不同的社會與物質情境中，自然有了不同的消費動機與行爲。例如，在不同的國家或社會裡，即使個人消費要表現強烈的自我，往往會受到社會文化規範的影響，而有不同的消費行爲。在一個工業化的社會中，個人常可得到各項工業產品；而對於貧窮落後的國家中，個人很難購得奢侈品而加以消費。是故，不同的社會環境或文化，有時也是構成消費行爲的要素。這些情境因素包括購買時的情境，以及消費者所處的情境，如社會階層、家庭背景、文化因素、經濟狀況、產品價格……等是。

總之，站在行爲科學研究的立場而言，影響消費決策的要素，乃包括消費者個人因素，如動機、知覺、學習、情緒、人格、態度等；社會層面因素，如家庭、人際影響、群體關係等；文化社會層面因素，如社會階層、文化等是。以下各節將進行這些層面的討論。

第二節　消費行爲的心理基礎

消費行爲是附屬於消費者個人，故消費者的心理是構成消費行爲的基礎；而個人的心理基礎係由動機、情緒、知覺、學習、態度和人格所組成。是故，消費行爲係奠基於上述要素之上。本節將依序探討各大要素對消費行爲的影響。

一、動機

消費行爲和其他行爲一樣，是始自於動機，故動機是決定消費行爲的因素之一。所謂動機（motive），是指人類行爲的原動力；缺乏此種原動力，則人類將無從產生行爲。就消費的觀點而言，一般消費行爲的購買動機，主要可分爲兩大類別：一爲產品動機，一爲惠顧動機。

所謂產品動機（product motives），是指消費者購買某些產品的動機而言，亦即指消費者何以需購買某項產品的原因。它又可分爲情感動機（emotional motives）和理性動機（rational motives）兩種。情感動機包括飢渴、友誼、舒適、創新、娛樂、驕傲、野心、爭勝、一致、安全、地位、威望、好奇、神秘、滿足感官、特別嗜好、生命延續、種族生存等是。理性動機，是指消費者購買產品的動機，係經過理性思考與選擇而言，如價格低廉、服務良好、增進效率、容易使用、耐久性、可靠性、便利性、經濟性等是。

產品動機雖可分爲情感動機與理性動機，但兩者並不相衝突；同時，消費者購買產品時，可能兼俱此兩種動機。例如，某人因友人家中有某種品牌的汽車，而出於情感動機中渴望一致的動機，且在決定購買時找一家服務良好的廠商購買，此即兼俱情感動機與理性動機。

至於，所謂惠顧動機（patronage motives），是指消費者對某特定商店具有偏好而言，亦即消費者何以要選擇某家商店購買之意。消費者的惠顧動機，包括時間地點便利、服務迅速週到、貨品種類繁多、品質優良、商譽信用良好、提供信用與勞務、場地寬敞舒適，而且要求放置極有秩序、價格低廉、佈置美觀、能炫耀特別身分、售貨員禮貌態度良好等。

惠顧動機的研究，對製造商和零售商特別重要。一家商店要使消費者願意去商店購買，甚而願意重複購買，就必須設法給予消費者有獨特的印象。當然，消費者的購買動機是相當複雜的，商店必須妥爲規劃、設計與安排，才能吸引消費者的惠顧動機。

二、情緒

一般而言，消費者在消費過程中，從廣告到產品的使用，都會受到情緒的影響。例如個人喜不喜歡某種產品的廣告，可能決定他是否購買該項產品；或在他使用過某種產品時，也會表現喜歡不喜歡，而決定下次是否繼續購買。此外，情緒與購買行爲最直接關係的，不外乎衝動性購買。一般衝動性購買有下列四項型態：

（一）純衝動性購買

純衝動性購買（pure impulse buying），這是因一時衝動而購買了某項產品；此種購買型態打破了正常購買程序，而與正常購買型態不同。

（二）回憶性衝動購買

回憶性衝動購買（reminder impulse buying），是指購買者看到產品項目，或看到廣告曾出現過這種產品，或個人早就想購買此種產品，而記起了家中存貨已不多，或已用完，於是產生了購買行動。

（三）建議性衝動購買

建議性衝動購買（suggestion impulse buying），是指購買者以前沒有使用過某產品，或未具有該產品的知識，而在第一次看到時，就覺得需要它，於是就有了購買行動。此種購買方式和回憶性衝動購買的主要差別，在於前者缺乏產品的知識，也沒有購買經驗；而後者則有。

（四）計畫性衝動購買

計畫性衝動購買（planned impulse buying），是指購買者進入商店購買是有目的的，而非抱著閒逛的心情。如果價錢降低，或有贈品券時，就會引起額外的購買，此爲計畫性的衝動購買。

總之，衝動性購買是存在的。有些消費者原爲無目的地走進商店或市場，由於看到琳瑯滿目的貨品陳列，開始聯想到自己需要採購物品；或由於包裝的吸引而隨手購買。此乃爲現代忙碌生活中必然的現象。此外，國民可支配所得的增加，以及商店推行顧客可自行取貨的經營方式，都影響到消費者衝動性購買的形成。因此，廠商如果想引發消費者衝動性購買行爲，就必須運用陳列的或其他方法吸引顧客至自己商店，並配以良好的包裝、動人的現場廣告、有利的陳列位置，來捕捉消費者的眼光，以促進銷貨。

三、知覺

知覺與消費行爲的關係，主要表現在廣告設計、商品設計與包裝、商品命名，和心理性價格上。就廣告而言，一項吸引人的廣告很快就受到注意，引起知覺，這是無可疑義的。顯然地，廣告是否引起人們的注意，主要取決於廣告本身的特性，如廣告的大小、強度、凸顯性、數量、出現次數、移動性、變化性、顏色及其變化、對比、位置、隔離等；以及消費者個人的特性，如過去經驗、目前動機、性別差異、興趣類別、價值觀念、年齡階層及注意力等是。

在商品的設計與包裝方面，商品之所以引起消費者的知覺，從而使其決定是否購買，乃取決於消費者的心理、喜好、需求等。在設計與包裝方面，宜考慮消費者性別的不同、年齡的差異、所得水準的差別；因爲這些都會影響不同的喜好和心理。此外，包裝設計的原則，在外形上必須別緻美觀，大小符合各種需求，包裝材料須配合產品的價值，色彩必須鮮明悅目，並注意全盤性的美感，如此才能引發消費者的知覺感官，產生消費興趣。當然，包裝設計宜隨著時代的演變，各地區開發的程度，以及各國風土民情的差異而有所不同。

在商品命名方面，一個貼切的商品名稱，最好能通俗、易記、容易瞭解，並能引發聯想。因此，商品命名的原則，必須簡短明瞭、通俗易懂、顯現本身特性、趣味生動、適應創作性，如此才能引起消費者的知覺與興趣，刺激其消費意願。

至於，所謂心理性價格，是指以消費者的心理導向爲基礎所訂定的價格。廠商在訂定商品價值時，固可參考產品的各項成本；惟爲達成促銷目的，可依據消費者的心理知覺，訂定差價不多，但感覺上有差異的價格。例如，產品價格是六十元，可以五十九元代替，在消費者心目中五十九元比六十元便宜；此乃因五十九元在五的範圍內，在知覺上比在六的範圍內便宜。然而，有些消費者認爲，價格是品質優劣的指標，或地位的象徵。假如消費者堅持高價格與高品質的關係，或價格有象徵性和視覺性的質感時，則廣告、包裝與行銷通路等，就必須能反映此種印象。

四、學習

有些消費行爲是學習得來的，此種學習可能基於個人過去的經驗，或來自於親友或其他團體的影響。不管消費者的消費習性是如何形成的，廠商最重要的就是要建立消費者的品牌忠實性。所謂品牌忠實性（brand loyalty），是指消費者對某項產品品牌一旦形成消費習慣，產生印象時，即不易改變其對該品牌的消費習慣與態度而言。當消費者開始選購某項產品時，通常是依據學習而來，不是出自於個人的經驗，就是由別人提供訊息而來的。易言之，個人常透過過去經驗與過去購買行動的增強而形成習慣，如此自可提高消費者的購物效率。假如消費者持續不斷地購買該項物品，自然產生了品牌忠實性。

此外，消費者的變異性極大，且常隨著產品類別的不同，而表現品牌忠實性的程度也有所不同。一般而言，若依個人選擇品牌的順序，可把品牌忠實性分爲四類：

1. 連續忠實性（undivided loyalty），是指消費者連續不斷地購買某項品牌的產品，而不受時間的影響。
2. 不連續忠實性（divided loyalty），是指消費者交互購買兩種或兩種以上品牌的產品。
3. 不穩定忠實性（unstable loyalty），是指消費者購買某種品牌的產品，有轉移購買另一種產品的意味。
4. 非忠實性（no loyalty），是指消費者隨機購買各種品牌的產品。

根據研究顯示，大部分消費者都具有品牌忠實性。例如，有50％以上的婦女會表現高度的品牌忠實性。不過，顯現忠實性消費者的百分比，常隨著產品類別而有所不同。如54％的人，對購買麥片具有品牌忠實性；而購買咖啡的人，則有95％具有品牌忠實性。此外，在連續忠實性方面，73％的消費者對有些產品會表現連續忠實性；有些則只有12％，會表現這種忠實性。

總之，品牌忠實性對消費者具有許多不同的意義。每項意義都與不同時間下購買的品牌有關。因此，廠商必須探討各種可能情況下的品牌忠實性才有意義，且能得到正確的結果。

五、態度

消費者的態度往往決定其消費動機和行爲，而消費態度的形成和消費訊息有相當的關聯性。從訊息處理的角度而言，消費者的購買行動就是一連串行爲的連鎖反應。因此，商店訊息若欲引發消費者的注意，並進而吸收，就必須注意消費者的態度。蓋消費者的態度常對訊息加以處理或過濾，而保留其所需要的訊息。

一般而言，產品訊息常受到傳達者、訊息本身、傳播通路與媒介，和收受者等的影響。易言之，消費者態度的形成與訊息傳達過程和傳播媒體的選擇，有密切的關係。當訊息出現時，會引起消費者的選擇與注意，然後經過個人的思考過程，在同意時加以記憶，然後產生購買動機和行爲。因此，廠商必須設計各項訊息傳遞過程，並審慎選擇傳播通路與媒體，來影響消費者行爲；其終極目的，則在使消費者對產品產生好感，而採取購買行動。

六、人格

人格是消費行爲的心理基礎之一。雖然，有些學者利用人格變數來預測消費行爲，結果並不太令人滿意。然而，吾人很難否認人格特性與消費行爲之間的關係。事實上，人格因素常左右消費行爲。一般認爲人格和消費行爲關係薄弱的原因，乃爲缺乏適當的理論架構之故。因此，發展有關人格特性與消費行爲關係的測驗，乃爲當務之急。迄至目前爲止，人格測驗有自陳法、投射法、情境法、評定法。不過，運用於消費行爲研究上者甚少，此有待作更進一步探討。

惟人格測驗標準可運用來區隔市場，以探求不同的慾望、購買態度、地位、不同偏好……等族群的基本人格特性。例如，在美國過去福特汽車的購買者，被認為具有「獨立、衝動、男性化、應變力強與自信」等個性；而雪佛蘭車主則偏向於「保守、節儉、重名望、較柔弱、不極端」等個性。後來經過研究，雖然兩類車主的個性差異不多；但有許多產品如女性化妝品、香煙、保險和酒等，卻可成功地以人格特質作為市場區隔的基礎。

第三節　消費行為的人際層面

消費者的行為除了受到本身心理基礎的影響之外，尚受到人際層面及社會文化層面的影響。蓋個人是生存在大社會之中的。消費者在社會中隨時會與他人互動，而此種互動可能是人際間的或是在團體內的。消費者的個人行為隨時會受到推銷員、親友、同事、專家、鄰居、大眾媒體等的影響，而蒐集商品訊息，從而採取購買行動。因此，人際層面對消費行為的影響，至少可分為兩方面：一為人際影響，一為團體動態。

一、人際影響

所謂人際影響，是指個人因他人所期欲的反應而發生行為的變化而言。亦即指一個人因受到他人的勸誘，而順從勸誘者的價值觀、規範或標準，以從事勸誘者所期欲的目標之追求。雖然消費行為係屬於個人行為，但為尋求與他人價值觀和態度的一致，個人難免依據他人的標準而採取購買行動。不過，由於每個消費者的個別差異很大，故而受他人影響的程度也有所不同。

就消費者的特性而言，有些人比較具有品牌忠實性或個人定見，很少受到人際的影響；有些人則無特定的固有習慣，而常常參考別人的意見，以致常常受到他人的影響。易言之，每個人的人際交互作用程度不一樣，所受到他人的影響也不一樣。一個喜好交際的人，幾乎是無所不談，對商品談話的內容包括產品屬性、品質、性能與品牌等，故一旦購買時較易受他人的影響。但有些人則否。當然，這也常因情況而定，例如固執己見的人即使喜歡與他人交談，也不見得能受他人的影響。

顯然地，一個容易人云亦云，且易於接受他人暗示或指引的具有「他人導航」性格的人，較易受到他人的影響。而一個具有主見「自我導航」的人，因爲自己有一套根深柢固的價值觀，比較不爲他人看法所左右。因此，廠商對這些差異性格的人，必須採用不同的行銷策略。

此外，當個人面對新的生活經驗時，比較容易受到人際影響力、廣告，及其他訊息來源的影響。此乃因個人處在新的狀態下，舊有的習慣會慢慢消失，其心胸會變得更爲開闊，容易接受各項訊息。

又當個人想成爲某團體的一份子時，他會模仿該團體成員的行爲，此稱爲預期社會化（anticipatory socialization）。易言之，個人預想爲某團體的成員，便會認同該團體原有成員的行爲屬性與態度特性，以便能爲團體所接納。即使個人不是該團體的成員，但在他的心目中卻自認爲是團體的一份子時，他會表現出與該團體成員一致的行爲特性。再者，個人接受他人影響的另一因素乃爲說服性。根據研究指出，有些人耳根較軟，在各方面都容易被說服；有些人只有在某方面被說服，在其他方面則堅持己見。

消費者的智力與人際影響也有很大的關係。一個智力較高的人，比其他人接受到較多的訊息，且其自尊心較強，故較不容易受到人際影響。根據大部分的心理學研究指出，個人智力的高低與從衆行爲呈現負性相關，智力愈高者，其從衆性愈低，愈不容易受他人的影響；而智力愈低者，其從衆行爲愈高，愈容易人云亦云。

其他個人特質與人際影響也頗有關係。根據研究發現，當個人的親和需求很高時，較容易接受人際影響。又個人較無法忍受模糊的事物，或焦慮感較高時，比較容易受別人的影響。又個人需求的滿足是來自於別人時，比較容易受他人的影響；反之則否。

一般而言，當個人處於與他人溝通的情境下，個人若懷有蒐集訊息的目的，就會主動參與討論；若只是適逢其會則就表現虛應故事的態度。亦即個人若能從人際影響中得到酬賞，個人比較容易接受他人的想法；其目的即想從別人身上獲得訊息，以便瞭解環境，作出最佳決策。

二、團體動態

團體影響力是人際影響力的延伸。人際影響力會左右消費者的購買意願與行動，而團體動態關係也可能影響消費者。此乃因團體中的個人受到社會助長作用、社會標準化傾向、社會顧慮傾向、社會從衆傾向等的影響，而產生與團體其他份子間一致的行爲之故，此尤以家庭成員爲典型的主要代表。此外，參考團體往往是個人行爲自願參照的依據，其最可能影響購買決策。

團體對個人的影響力，主要來自兩方面：一爲團體的社會助長作用，一爲個人的從衆行爲傾向。所謂社會助長作用（social facilitation），乃指團體會給予個人力量與支持，以協助個人完成其目標之謂。易言之，社會助長作用即指個人在團體情境下，比其在單獨的情境下，可增加其動機；尤其是在個人面臨模糊的刺激時，更是如此。例如，個人在面對許多廠牌的競爭時，消費者會向團體的其他份子打探消息，以作購買決策，以求符合團體的一致行動。不過，此種社會助長作用有時也會阻礙個人的思考性。例如，消費者想獨立購買某種產品，卻因其他團體成員的否定，而取消其購買行動即是。

至於，社會從衆傾向（social conformity），是指個人在團體情境下，往往會受到團體壓力（group pressure）的影響，而在知覺、判斷、信仰或行為上，與團體中的多數人趨於一致之謂。例如，個人購買服飾有時常尋求與其他成員的一致即是。通常，社會助長作用與社會從衆傾向，是相互為用的。

不過，個人行為有時並非完全合乎自己團體的期望，有時也會表現非從衆傾向。心理學家佛蘭西即曾發現，許多績效高的推銷員往往不滿意自己所屬的團體，反而認同別的參考團體。所謂參考團體（referent group），是指個人用來評估自己價值觀、態度與行為的團體。它可能是個人所屬的團體；也可能是心嚮往之，但未正式加入的團體。易言之，個人行為、信念與判斷等，都受參考團體的影響。然而，每個人的參考團體不限於一種，而且不同的參考團體都具有不同的功用，可從不同的方向來影響個人。

對個人而言，參考團體具有兩種作用：其一為社會比較（social comparison），即個人透過和別人的比較，來評估自己；另一為社會確認（social validation），即個人以團體為準據，來評估自己的價值、態度與信念。基於這兩種功能，參考團體對消費者行為的影響力頗大。易言之，消費者個人對產品的偏好、刻板印象，與消費者的從衆行為，如購買或拒買某些產品，都是由參考團體中呈現出來的。

就消費行為而言，參考團體可以：⑴影響產品的種類；⑵決定產品的規格與式樣等產品品質。因此，參考團體可能影響到消費者對品牌的選擇，以及對產品的購買。**圖 19-1** 即為各種產品的購買與品牌的選擇受到參考團體影響的情形。

圖 19-1 左上角說明了參考團體影響消費者對品牌的選擇，但不影響對產品的購買；右上角則說明參考團體對品牌的選擇與產品的購買與否，都有影響。右下角說明參考團體對產品的購買有影響，而對品牌的選擇無影響；左下角則代表參考團體對消費者產品的購買與品牌的選擇，都無影響。

不過，有些產品受團體的影響較大，有些則較小，此乃牽涉到產品的特出性（product conspicuousness）的問題。一般而言，產品的特出性決定了團體影響力的大小。產品的特出性包括：⑴

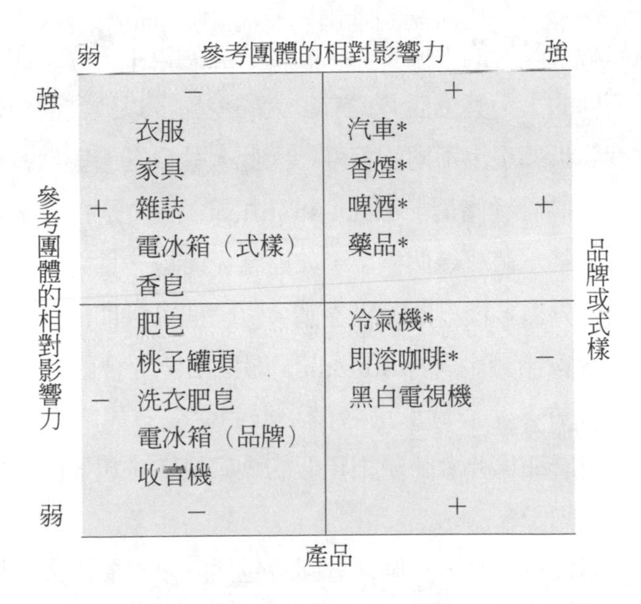

圖 19-1　參考團體對各種消費產品的購買及品牌的選擇之影響

產品必須容易被看到，或容易為人指認；(2)產品必須奇特，而為人們所注意。產品如果易於被看到或被指認，而且比較奇特，則容易受到團體的影響。不過，如果每個人都擁有這種產品時，則此種產品便不足為奇，而不會引人注目了。

第四節　消費行為的社會文化層面

消費行為除受到個人心理基礎與人際層面的影響之外，尚受到社會文化層面的影響。當然，個人心理基礎、人際層面與社會文化層面之間，也是相互作用、交互影響的。本節將分為社會階層及文化兩方面加以探討之。

一、社會階層

由於社會階層的不同，個人的消費型態也不一樣。此乃因社會階層不同的人，其生活方式有很大的差異，以致其消費習慣、消費態度等都顯現出不同的程度。因此，社會階層顯然會影響消費行為。所謂社會階層（social stratification），是指一個社會中的人，按照某一個或幾個標準，如財富、所得、權力、職業或聲望等，而區分為各種不同等級之謂。每一個等級即為一個社會階層。社會學家索羅金（P. Sorokin）即指出，社會階層是指某一群體分化成許多小群體，而各個小群體之間有層次之分。易言之，社會階層即為社會聲望相類似的人聚集在一起，所形成的群體或次文化團體。

就整個社會而言，一個社會同時包括許多群體的人，具有不同的經濟、政治或文化地位，且各自感覺到彼此有尊卑的差別。

此種差異乃係依據所得水準、生活水準、職業聲望、社會活動、個人表現、教育程度、權力關係、家世背景、種族淵源、價值觀、階級意識及其他因素等所構成的。決定此種社會階層的因素甚多，且各項因素是錯綜複雜的，很難據以衡量個人社會階層的高低，而必須衡量整個社會現象。因此，社會階層本是一個複雜的結構體系。然而，有時要衡量一個社會階層，往往可以從社會的文化、價值觀、教育背景以及智力、成就等著手。

由於個人所處的社會階層不同，其生活方式也不相同。因此，廠商在採行各項行銷策略或作市場區隔時，必須注意到社會階層的影響。易言之，不同階層的消費者，常反映其個人的不同生活方式，以致有了不同的消費行爲或購買行爲。是故，社會階層往往決定了個人的消費型態，此乃因個人有一種與團體認同的心理現象，從而與偏好相同的人在一起，因而受到他人的影響，以致購買了新產品。

此外，隨著社會階層的不同，每個人對促銷活動的反應也不一致。易言之，不同的廣告媒體與訊息，對不同社會階層的份子，影響力也都不相同。對較高階層份子而言，印刷媒體尤其是雜誌，比電視和調幅收音機的效果，要好得多。一般而言，欣賞電視的以中下階層人士居多；剛入夜時的觀衆多爲勞工階層；而較晚的電視節目欣賞者，多爲中階層人士。至於高階層的人士多不喜歡電視。

總之，不同社會階層的人士，其購買動機、習慣與行爲各不相同。是故，社會階層影響購買決策，是無可置疑的。廠商必須針對不同的社會階層作市場區隔，以求便利於商品的促銷。不過，在作市場區隔前，必須權衡各項因素的輕重得失，以期能收到更大的效果。

二、文化因素

個人生存在社會中，無時無刻不受文化的影響，文化影響個人的知覺、經驗、動機、人格與態度，同時也影響個人所屬的家庭、團體、社會與國家。相對地，個人、團體、家庭、社會也累積了文化。因此，個人、家庭、團體、社會與文化都是互相激盪的。吾人在研討消費行爲時，也必須注意文化的因素。不過，在一個複雜、多元而異質的文化裡，常存在著次文化群體，其對個人行爲的影響，有時比總體文化爲大。

所謂次文化群體，是以宗教、種族、語言、年齡、地區、社會階層等爲基礎，所形成的群體。個人對次文化群體的認同，隱含著個人接受該群體的生活模式。由是，次文化群體乃形成對個人的影響力。因此，行銷研究必須探討各種次文化群體的特性，才能得知其與消費行爲的關係。蓋 不同的種族、年齡、地理環境、教育程度、宗教信仰、社會階層……等次文化群體，都會產生不同的消費習慣與購買行爲，這些都可作爲市場區隔的依據。

此外，每個國家的文化型態不同，其消費型態與行爲也大異其趣。此乃因每個文化在分佈上、組織上與規範上的內容，都有很大的差距。是故，貨品消費的型態、家庭決策的方式、購買產品的態度、促銷的可能性，以及其他各種行銷因素等，也不太一樣。凡此都顯現出文化對消費行爲的意義與影響。

第五節　消費者的決策過程

由於消費者的動機、知覺以及學習作用等，都可能形成消費行爲。惟消費者是非常敏感的，也是非常聰明的。他們有時固然會很衝動地去購買貨品與勞務，但這種衝動行爲是不多見的。通常他們都依據個人習慣，去選購貨品。不過，如果在支出費用太大，過去沒有購買經驗，或過去經驗不太愉快等狀況下，個人會很明智地考慮消費決策，以便採取最佳的購買行爲。

爲了瞭解個人心理狀況以及各項因素對購買決策的影響，安吉爾（James F. Engel）提出消費決策模型，來說明消費的決策過程。雖然這個模型包括了許多變數與過程，看起來相當複雜；然而並沒有想像的繁複，且足以說明個人整個的消費決策。其如**圖19-2**所示。

圖19-2中的中央控制單位是個人的心理總部，包括記憶及基本思考與行爲歷程。個人的心理要素，包括人格特性、儲存訊息、過去經驗、價值觀與態度；這些要素間相互作用的結果，產生了所謂反應傾向，此即爲個人產生反應與行爲的基礎。不同種類的刺激從環境，包括物理環境與社會環境中輸入，進入感覺的受納器官中，於是個人會產生激發作用。通常這種激發作用有時是受到外界環境刺激的結果，有時是由於內在不舒適感所引發的。

個人一旦被激發後，他會對外界的刺激加以選擇，以求滿足個人需求，或降低不舒適感。此種知覺上的選擇階段包括「將各種輸入刺激和個人儲存的訊息加以比較，以選擇最適合個人願望者」的過程，個人在比較後，能清楚地認識問題，才能產生一連

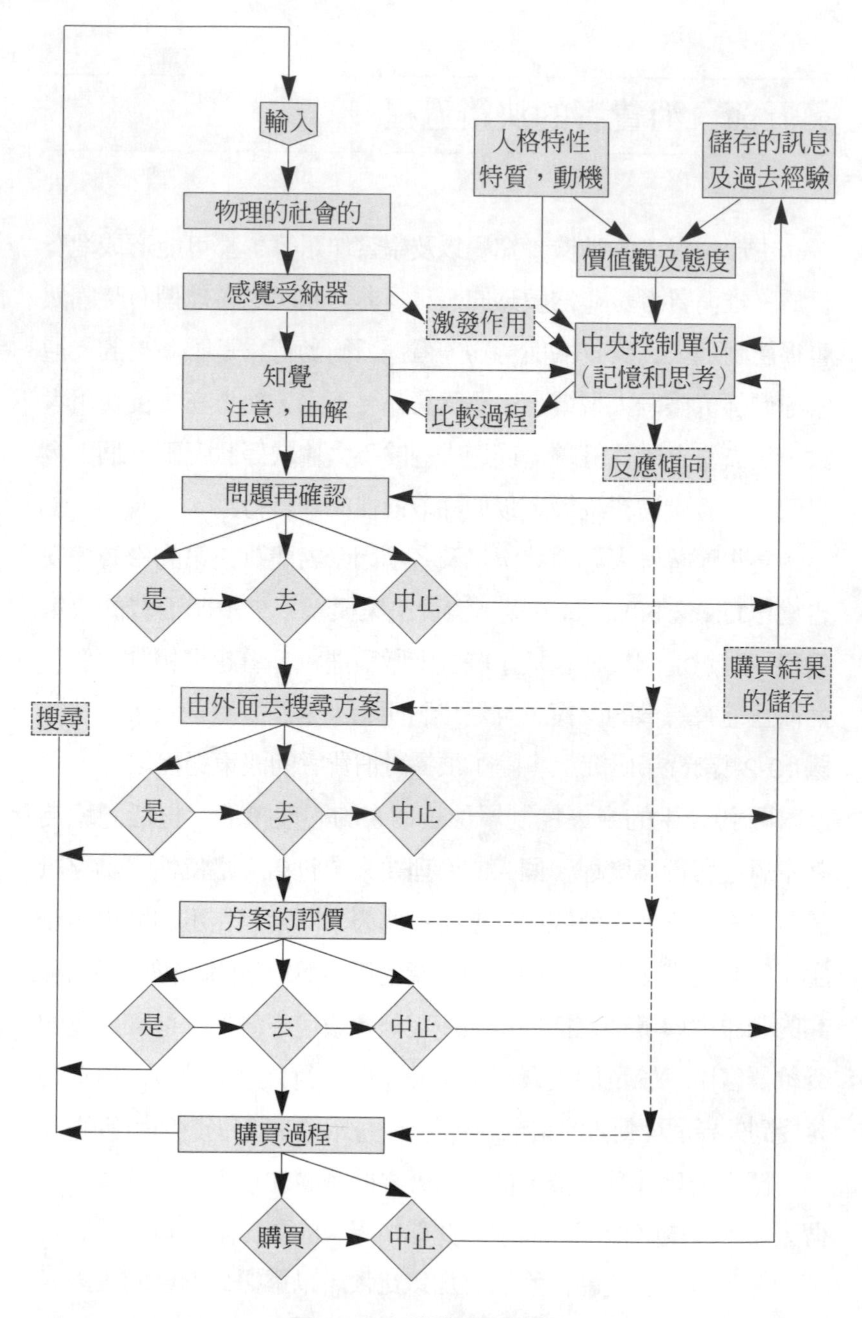

輸入
人格特性
特質，動機
儲存的訊息
及過去經驗
物理的社會的
價值觀及態度
感覺受納器
激發作用
中央控制單位
（記憶和思考）
知覺
注意，曲解
比較過程
反應傾向
問題再確認
是
去
中止
購買結果
的儲存
搜尋
由外面去搜尋方案
是
去
中止
方案的評價
是
去
中止
購買過程
購買
中止

圖19-2　消費決策模型

串的決策過程，包括外在方案的找尋、方案的評價、方案的選擇及採取實際購買行動。在每個階段裡，個人均會加以考慮，以便繼續作下一步驟的行動，或中止該項行動。當然，個人的決策會受到反應傾向的影響，個人把決策結果儲存起來，即成爲個人經驗的一部分，以作爲以後的參考。當然，在上述模型中，還可加入購買後評價的階段，表示個人在購買後，會對個人的消費決策加以評價。

上述模型看起來似乎十分繁雜，包含的因素也多，各項因素的關係也很複雜。但是該模型很合乎各項購買行爲的決策歷程之解說。

第六節　銷售技巧的運用

在消費行爲研究上，除了須探討消費者的決策過程之外，尚須懂得運用銷售技巧，此則有賴於銷售理論的發展。一般學者慣用的銷售理論是AIDAS理論，此爲多數人所共認的。依據該理論的論點，成功的銷售是存在消費者的潛在心理反應之中，此種心理反應有五個連續過程；即(1)注意（attention）；(2)興趣（interest）；(3)慾望（desire）；(4)行動（action）；和(5)滿足（satisfaction）。吾人欲使銷售有所結果，必須使消費者的潛在心理反應能表現出來。

一、注意

銷售的首要步驟是引起消費者的注意，蓋第一印象是銷售成敗的關鍵。因此，銷售時最初幾分鐘的訪問時間，最爲重要。銷售員在訪問開始時，必須有良好的表現。如果事先沒有約定，應找些理由或藉口來引發訪問；即使事先有約定，也要很技巧地開始這項訪問。因為消費者知道銷售員要推銷某種商品，內心不免存有戒心。是故，銷售員一開始就必須建立一種友誼氣氛，採取主動的談話。

通常人們都比較喜歡聆聽與自己有關的事物，所以談話開始應儘可能地談論對方切身相關的事。此外，銷售員整潔的服裝、友善的表情、眞摯的微笑、溫和的談吐、疾徐適宜的發言，都是相當重要的。良好的晤談，是使被訪問對象自動地放下自我防衛的利器。

二、興趣

銷售員的第二個步驟，是激發消費者潛在的興趣。為使被訪問對象發生興趣，銷售員可採行的技術很多。譬如銷售員對所推銷貨品的優點，應加以熱情地描述；或設法使消費者對所推銷的產品樣本，親身體驗。如果是屬於機械類或有關工程方面的貨品，應附具印就的說明書。如果消費者在言辭上或態度上顯露接受的意願，銷售員應立即把握良機，作更進一步努力。

此外，有些銷售員常採取問答的方式，以引發消費者的內在興趣；也有些銷售員詢問消費者對貨品的意見，以瞭解他們的好惡情感。在引發興趣的當中，銷售員最主要的要注意購買訴求，才能使消費者有需要的感覺。

三、慾望

銷售員第三個步驟，是燃起消費者對貨品的慾望，使其達到準備購買的程度。在該階段中，銷售員必須掌握銷售情況，使談話主題繼續向銷售途徑進行。談話當中，也許有若干因素，會使談話偏離主題，諸如銷售阻礙的發生、消費者的潛在反對意見、外界事物的干擾等；但銷售員仍需以耐心應對，以求引起消費者的慾望。

事實上，在推銷過程中，銷售員不免遭遇若干阻礙，他必須設法突破這些障礙。消費者的潛在反對意見，必須予以滿意的解答。談話時間應節約使用。假如這些反對意見事先能加以預料，並在消費者提出以前加以解釋說明，則推銷成功的機率必大大地增加。銷售員在談話中斷，再恢復談話時，應將以前所談的作簡明總結；對枝節的意見，則予技巧地避開，再回復到原來的主題，方能使談話維持不斷，並達成推銷的目的。

四、行動

銷售員在引起消費者的潛在慾望後，下一步驟就是引導他們的訂貨或購買行動。不過，有經驗的銷售員除非發現消費者已完全信賴他的建議，否則不宜採取貿然的行動。銷售員必須隨時掌握機會，勸誘消費者採取購買行爲，使潛在願望成爲眞正的需要，才有促發購買行動的可能。

五、滿足

銷售的目的不僅僅是在引發一次銷售行爲而已，應是在獲得長久的惠顧動機。此時，銷售員宜設法建立消費者的滿足情緒。當消費者採取購買行動，銷售員留給消費者的印象，應是使他覺得他的決定是對的；且使消費者懷有一種感謝的心理，因而承諾以後的來往，則消費者的滿足情緒才能達到，如此才有希望成爲永久的消費者。

總之，銷售技巧的運用，必須瞭解消費者心理，使消費者的心理反應發揮出來，才能達到銷售的目的。銷售員應充分使用銷售技巧，才能做好銷售工作。當然，銷售技巧需與其他條件充分配合，諸如消費者的本身條件、產品本身、廣告效力以及熱誠的服務等，都是不可或缺的。

第20章

廣告心理

1

廣告的涵義與功能

2

廣告的心理基礎

3

廣告的策劃

4

廣告的製作

5

廣告的媒介

6

廣告的有效性

廣告是消費活動中促銷的重要部分，缺乏廣告則產品或勞務將無行銷的管道。因此，企業活動不能不重視廣告的研究，尤其是廣告心理的運用。一般而言，廣告是一種營銷工具，在商品推出前和推出中，就必須作商品廣告，以作爲協助廣告主和消費者之間溝通的橋樑。廣告既是在幫助廣告主和消費者溝通有關商品所具有的訊息，故必須確切眞實，避免誇大虛浮。本章首先將說明廣告的涵義與功能，其次探討廣告的心理基礎，然後據以作爲廣告策劃、製作的依據；同時研究廣告應如何選擇適宜的媒體。最後，則在探討廣告的有效性。

第一節　廣告的涵義與功能

一、廣告的涵義

所謂廣告，就字面的意義而言，廣是廣大、廣博，告是告知、告白，合起來即爲廣博告知或普遍告知之意。廣告的英文advertising或advertisement，是從拉丁文adverture演變而來，即爲making known，也是使人週知共曉的意思。

美國市場營運協會解釋：所謂廣告，是由一個廣告主在付費的條件下，對一項商品、一個觀念或一項服務，所進行的傳播活動。廣告的廣告主通常不是一個人，而是一個機構；所進行的活動是針對一群特定的，但不是很明確的大衆，此即爲消費者。縱觀上述，其含有幾項特點：

（一）廣告是一種傳播工具

廣告是將有關產品的訊息，由生產者或行銷者將之傳遞給一群消費者的過程。這種將訊息傳遞給群衆的傳播方式，稱爲大衆傳播（mass communication）。然而。廣告只是大衆傳播工具中的一種，其與其他大衆傳播不同，而和推銷員面對面地向一位或數位顧客傳遞訊息的個別傳播更有所差異。通常，廣告和個別傳播在訊息傳播單位、媒體、訊息本身、回饋特性上，都不相同，其如**表 20-1** 所示。

（二）廣告主要是付費而進行訊息傳播的活動

廣告與其他大衆傳播最大的不同，乃是廣告需以付費方式進行訊息傳播，而其他大衆傳播則不需付費。例如，新聞媒體所作的報導，通常是一種免費的宣傳；然而商品的廣告有時固因具有新聞價值而得到免費宣傳，但這是可遇不可求的，它往往需要有目標、有計畫而作控制性的支配，此時只有付費以求能達到宣傳的效果。

（三）廣告的傳播活動是具有說服性的

說服性的傳播活動，是有別於訊息性的傳播活動的。訊息性傳播活動，只要把訊息傳遞給對方，就算已達到傳播的目的。但說服性的傳播活動則不然，它必須將訊息傳達給對方，且被接受；更具體地說，說服性訊息傳播，就是期望接收訊息的人，能

表 20-1　廣告與個別傳播的差異

項目＼類型	廣告	個別傳播
訊息傳播單位	廠商、政府等機構	個別推銷員
媒體	大衆傳播媒體，如報紙、電視等	面對面接觸
訊息接收單位	特定目標市場，如群衆	一位或數位顧客
訊息特性	規格化、大衆化、爲人人所瞭解，僵硬而較少應變力	個別化的、可因人而異，親切而有應變力
回饋特性	間接的、緩慢的、臆測的	直接的、立即的、清晰的

從事於這些訊息所要求的活動。就廣告而言，它所傳播的訊息，就是希望消費者相信商品廣告的訊息，並願意去購買該商品。

（四）廣告的傳播活動是有目標、有計畫而且連續性的

由於廣告是一種具說服性的訊息傳播，而要說服他人必須經過長時期反覆地推敲，故而從事廣告活動必須作長期有計畫、有目標的一連串活動。因此，廣告是按部就班、逐步進行的連續性活動。

二、廣告的功能

綜上可知，廣告不僅是「廣而告之」而已，它是一種說服性的傳播工具，且是需要付費而進行有目標、有計畫的連續性活動。其最終目的，就是期望消費者能接受廣告的訊息，並採取購買的行動。合而言之，廣告的功能有如下諸端：

1.可以幫助推銷商品，增進產品的銷售量。
2.可以創造新慾望，產生新的經驗，以滿足大衆需求。
3.可以增加新客戶，開闢前所未有的新市場。
4.可以發展新物品的使用方法，刺激消費。
5.可以使新產品在市場上迅速發展，提高成功推銷的機會。
6.可以透過廣告的努力，協助提高高水準的經濟活動，使經濟更穩定。
7.可以協助商品標準化的推行，便利顧客的選購。
8.可以改變購買習慣，減少季節性變動。
9.可以發掘大衆的潛在寶藏，以形成通俗的標準。
10.可以改變思潮，形成時尚。
11.可以普及新知識，引發顧客的興趣與好感。

12.可以督促商品品質的提昇，減少虛僞欺騙。

13.可以和社會大衆保持良好的公共關係。

14.可以創造吸引力，並調查市場的反應。

15.可以減低貨品的銷售成本，提高企業利潤。

16.可以增進企業的安全性，緩和經濟的不景氣。

當然，上述各項功能有些是相輔相成的。廣告之是否能發揮其功能，端賴是否以誠信爲依歸。有些研究顯示，商品銷售曲線的上升與廣告費用的增加具有密切的關係；且廣告的方式改變，常使銷售的方式隨之改變。但市場上的變化因素甚多，很難用精確的方法來衡量廣告的眞實價値，任何製造商都無法預知增加多少廣告費用，將會產生何種效果，只能等待廣告計畫施行後才能知道。

第二節　廣告的心理基礎

廣告的目的在促進產品的大量消費，引起消費者的注意。尤其是後者涉及個人的知覺問題。所謂知覺包括所有人類從環境中收受訊息的過程。根據知覺過程的研究顯示，知覺受到多種變數的影響，這些變數有被知覺的對象或事件、知覺發生的環境，以及產生知覺的個人。

一、知覺的對象

很顯然地，知覺受到被察覺對象的影響。亦即個人對廣告的吸收，受到廣告本身的特性所影響。人類知覺的基本特性就是選擇性與組織性。

（一）知覺的選擇性

所謂知覺選擇性，是指對個人的某些行爲來說，只有一些適當的知覺才是重要的。以認知論的術語而言，只有某些訊息被個人認知而察覺到，其他訊息則被忽略或排拒在外。易言之，只有某些事物或事件的特性，才會影響到個人；其他事物則被忽略，或無效果可言。依此，若廣告太多，只有部分爲人所注意，而其他部分則爲人所忽略；此乃爲個人對收受的訊息加以選擇的緣故。當然，此種情況也常因人而異。

一般而言，當被知覺對象或事件具有與衆不同的特性時，較容易被人所察覺。例如：強度較大、發生頻率較多，或數量較多的事物，較容易被知覺到；相反地，較稀鬆、較少發生、數量不多的事物，較不可能被知覺到。亮度較高的廣告燈比昏沈晦暗的，容易被人看到；聲音宏亮的廣告比音量小的，容易受人注意；經常不斷地出現的廣告，容易使人記憶。但是過分刺眼或刺耳的廣告，容易招致反感；過多的廣告出現，反而使人感覺麻木。

此外，動態的、變化多端的或對比分明的事物，比靜態的、不變的或混淆不清的事物，易被察覺到。例如，畫面活動的廣告牌要比靜態畫面引人注意，閃動的霓虹燈是有效的廣告。凡此都是被知覺的對象，引發個人作知覺性選擇的結果。

（二）知覺的組織性

當個人收受到許多訊息時，會依個人所熟知或可辨認的型態產生關係，從而組織其知覺。此種知覺對象或事件的特性，影響到知覺組織性的，包括相似性與非相似性、空間上的接近、時間上的接近等。通常人們會將物理性質相似的事物，聯結在一起；

而將性質不相似的，加以分開。因此，為使人們對產品產生深刻印象，可將廣告性質與產品特性相聯結。

再者，知覺對象和事件可能因為空間或時間上的接近，而被看成是相關的。因此，廣告的出現必須配合產品的營銷，方為有效。

二、知覺的環境

知覺對象或事件的環境，對事物知覺的方式具有相當效果，甚至於和知覺對象是否被察覺到有關係。在知覺上，物理環境和社會環境均扮演了重要的角色。

就物理環境而言，一件事物是否被察覺到，要看它在環境中是否顯著。因此，廣告牌之受到注意，乃為它在環境中凸顯的緣故；相反地，廣告之不受重視，乃為它在環境中不顯著。此外，物理環境會造成一種特殊景象，而影響到個人察覺事物的方式。

就社會環境來說，由於組織活動的社會環境不斷地改變，個人對相同事物或行為的知覺，可能會有所不同，甚或差異很大。例如廣告內容具有說服力，或產品的品質能配合廣告詞的宣傳性，則對消費者的知覺具有正性效果；相反地，同樣的廣告詞而其產品品質配合不上，對消費者以後的認知反而有不良效果。同樣地，社會環境會造成一種先入為主的觀念，直接影響到知覺。例如有些產品的廣告號召力強，常形成某些消費者的固定消費習慣即是。

三、知覺的個人

在相同的物理環境與社會環境下，不同的個人在不同時間也會有不同知覺。人類的知覺傾向，以及個別差異，是造成主觀知覺性與知覺不可靠的主要原因。通常個人有一種普遍的傾向，即知覺到自己預期或希望知覺到的事物。在知覺上，人們並不是被動的，他們會依照過去的知覺增強歷史，及目前的動機狀態，主動地選擇並解釋刺激，此種傾向即為知覺傾向。

過去的知覺歷史會影響到目前的知覺過程。過去的經驗可能教導自己，使自己注意到事物的某些特性，而忽略其他特性，或只注意到具有某些特性的事物，而忽略其他特性的事物。例如：個人所受的訓練和所從事的職業，會影響個人看問題的方式。當探討新工廠地點時，行銷部門人員會注意銷售數字、市場潛力以及分配上的問題；而生產部門的人員則對原料、人力來源、工廠位置，以及當地污染法律等問題較為敏感。

此外，個人對大量訊息的收受也受到動機的影響，每個人的動機不同，對事物的知覺也不相同。當個人承受多種廣告的刺激時，會依據他的動機選擇某些刺激。例如個人渴求某項產品，即對某項產品的廣告特別注意。總之：個人的知覺傾向不同，以及個別差異，是造成知覺不同的主因。因此，個人對廣告的選擇也有所不同。

基於上述，廣告的應用，主要是藉著人們的心理過程，發揮廣告的心理功能，以達到擴大銷售的目的。要想發揮廣告的心理功能，先要研究消費者購買動機，進而由廣告訴求誘導消費者產生購買行為的心理過程。廣告欲引起消費者的心理過程，有四個階段：(1)引起注意；(2)促使其關心，並發生興趣；(3)創造慾望，確立信念；(4)刺激決心，採取行動，以獲得滿足。

引起注意，是廣告效果的第一步，也是廣告第一階段的工作。如果廣告不能引起閱聽人的注意，就很少有價值可言。引起注意的方法很多，根據本節的敘述，可加強刺激，重複使用，誘發感情，擴大廣告面積等。

廣告的次一步驟是促使消費者關心，發生興趣。廣告只是引起消費者注意，是不夠的；而且要把握住消費者的興趣。消費者對廣告發生興趣，才能繼續看或聽。因此，廣告製作者慣常運用一種事物陪襯廣告內容，以引發消費者的注意。其他諸如廣告文字的藝術化排列、調和色彩的運用以及對不同文化程度採用適合身分的語句和描述等，都是引起消費者興趣的常用方法。

廣告的第三個步驟是創造消費者的慾望，確立其信念。廣告必須鼓勵或誘服消費者感到或想到確實需要這項貨品或勞務。要想有效地達到這項目的，廣告設計者應當預先瞭解消費者的思想、行為和決定。他們要使消費者相信：他們公司的產品，可以滿足消費者的基本需要。有些公司在廣告裡附贈樣品券，讓消費者試用，可剪券索取，以推銷其產品；有些產品以邀請消費者親臨參觀，來加強消費者的信念。

鼓勵消費者採取購買行動，是廣告最後階段的工作。由於勸誘消費者購買的競爭廣告太多，因此，要想使某項廣告引起消費者採取購買行動，相當不易。此時，廠牌的標明、產品的區別、市場的區分以及消費者心理的分析，都是必要的。尤其是廣告必須發揮訴求的效能。此外，為使消費者採取更多的購買行動，採用廠商和零售商合作廣告辦法，多能收到減低費用，增進銷售的效果。

第三節　廣告的策劃

商品要想大量推銷有賴於廣告，而廣告的良窳則有賴周詳而妥善的策劃。所謂「凡事豫則立，不豫則廢。」因此，在作廣告之前，需先搜尋商品的各項背景資料，然後據以策劃廣告活動。一項完善的廣告計畫，其步驟如下：

一、擬訂目標市場

所謂目標市場，是指廣告的對象，亦即爲可能購買廣告中所列商品的消費者。廣告中的商品必須能滿足消費者的需求，如此廣告才能收到預期的效果；亦即對目標市場的瞭解愈多，商品與需求配合得愈好，廣告才能做得比較有效果。廣告一旦有了目標市場，則廣告對象的問題自可迎刃而解；否則廣告不可能做得好。易言之，目標市場的擬訂，可協助廣告做得更具體、更具有吸引力。

至於目標市場的擬訂，首先要對商品整個市場作瞭解，亦即對商品的使用者和購買者有全面性的瞭解。要做到這一點，必須對現有市場，如顧客類別、競爭者、市場的範圍、市場占有率、消費人口等作完整的研究與分析；同時，也必須對市場潛力，如未來趨勢、消費者需求的變化、未來銷售量等作分析與預測，如此才能將此類商品整個現有及未來潛力市場作爲目標市場。因此，擬訂目標市場，是廣告策劃的首要步驟。

二、訂定廣告活動

在擬訂目標市場之後，接著就是要訂定廣告活動目標，以作爲整個活動的指導方針。一項廣告活動的目標，可能是在提高商品品牌的知名度，也可能是在爭取消費者對商品的好感，也可能在增進消費者的再度購買。不過，無論廣告活動的目標爲何，所有廣告活動的設計和操作，都要以廣告目標爲依據，如此才能使整個廣告活動，都朝向同一個方向進行。

然而，廣告活動除了必須找出整個商品市場管銷的準確性之外，尙需考慮到整個政治、立法、道德、社會、文化的特性，以及整個目標市場的經濟狀況和競爭環境，以作最適當的因應；必要時，甚至要隨時隨地評估廣告活動的結果，調整廣告活動的策略，以作爲執行類似活動時的借鏡，或作爲下次擬訂廣告活動目標的參考。當然，廣告活動目標的擬訂，尙需考慮自然環境的變化，如持續炎熱的天氣對冬季服裝的廣告活動，一定會有負面的影響。其他天然災害與人爲意外的發生，也是必須加以考慮的因素。

三、管控經費運用

凡事非錢莫辦，任何廣告活動都必須有充裕的經費支援，始克有成。但是經費的分配及運用，必須依據廣告活動目標的需要，加以擬訂；並決定各個媒體所能使用經費的多寡。雖然任何經費的預算總是與實際經費的使用有一些差距；但在執行廣告活動和撥發經費時，就必須設置一些程序和辦法，來管控運用經費的過程和使用經費的人員，務使將經費運用在合宜的地方，庶能不致有浪費的現象，並發揮最大的效用。

四、訂定內容策略

廣告的策劃尙需注意廣告內容，並訂定廣告內容的策略。在擬訂單一廣告內容時，應有一定明確的主題，並將該主題充分表達在個別廣告裡，使其達到廣告活動的中心目標。廣告內容需與業務配合，措詞應考慮顧客的情緒反應，用字宜注意韻律節拍，如此始能得到動態的效果，易於記憶。此外，廣告內容宜研究各種色彩的調配，以求能喚起消費者的注意。其他，如新穎突出、詞物切合、開門見山、富有創意和趣味性，切忌誇張不實等，也是廣告內容所必須注意的地方。

五、訂定媒體策略

在策劃商品廣告時，尙需訂定媒體策略。媒體策略至少應包括使用何種媒體，以及選擇什麼媒體組合，才能充分表現廣告內容的主題。亦即媒體策略應思考何種媒體或媒體組合，最能廣佈廣告訊息於所選定的目標市場上。同時，選擇媒體應能使廣告訊息完整地傳遞給目標市場。目前可用的媒體種類甚多，簡單的可分爲下列幾種：

1.印刷媒體，包括報紙、雜誌、郵寄品等。
2.廣播媒體，包括電視、收音機、電影等。
3.戶外媒體，如空中懸掛物、汽球、路牌、路旁廣告牌等。
4.交通媒體，如車身、車站、站牌、車內等廣告牌或標語。
5.戶內媒體，如戲院、餐館、商場等公共設施的廣告。
6.其他如日曆、月曆、火柴盒、面紙、打火機等。

以上各種廣告媒體各有其優劣利弊與便利性，凡是在訂定廣告策略時都宜加以斟酌。此將在第五節中繼續討論之。

六、配合促銷活動

廣告策劃的最後步驟，就是要擬訂和個人推銷、促銷和公衆宣傳等活動相互配合的計畫表與程序，以使廣告活動發揮最大的效果。就個人推銷而言，推銷員的推銷雖然較爲零星，但如能與大量廣告配合，自可收到廣博宣傳的效果。至於促銷活動方面，亦宜配合大量廣告，如此自可加深消費者的印象，達成促銷的目標。此外，商品廣告若能透過公衆宣傳，其效果自無可限量，只是它爲可遇不可求之事。

總之：在今日競爭激烈的社會中，所有商品都必須作廣告，產品訊息始能廣爲流佈，爲衆所週知，尤其是特出或不斷的廣告，更能吸引消費者的注意；此則有賴於作妥善的廣告策劃。一項有效的廣告策略必須有目標市場、廣告活動、足夠的經費支援，且有適宜的廣告內容和廣告媒體；同時能夠配合其他的促銷活動。

第四節　廣告的製作

所謂廣告製作（advertising presentation），是指對廣告內容的結構、表達意義的措詞以及繪製方法等的研究。在著手製作廣告之前，需對現有市場作一次徹底的分析。根據此種分析所作的判斷是否正確，大致可決定一項推銷努力的成敗，亦即決定一項廣告計畫的成敗。不論廣告計畫如何高明，都不能彌補一項錯誤的打入市場之方法。相反地，一項笨拙的廣告計畫如果按照正確策略去做，也有成功的希望。因此，廣告計畫中，廣告技術並不十分重要，最重要的是廣告的內容與廣告的對象。此即涉及廣告製作的問題。

一般廣告製作的類型，若依廣告時間性質可分為：立即行動廣告（present-action advertising）與未來行動廣告（future-action advertising）。前者是使消費者立刻發生購買行為的廣告，如廣告文字生動、圖案動人、引人興趣；或廣告附有回條，可產生立即購買或詢問行為。後者是使消費者留有深刻印象，牢記不忘，為將來購買的準備；目的是使消費者熟記其品名，進而增加好感，樂於接受，引起注意而引發或促進購買行為。

廣告就其內容性質，可分為理性式廣告（reason-why copy）與提示式或授意式廣告（suggestive copy）。理性式廣告是用合於邏輯方法，使消費者經過審慎考慮後發生購買行為。此類廣告多為立即行動廣告。其製作原理，係假設購買者心理動機屬於理智的。依憑理智購買物品，對於商品的選擇，常須經過審慎考慮，再三比較，仔細研究後，才決定其購買行為。其步驟：

1.有無購買必要的考慮。
2.與同類商品商標的比較。
3.購買商品的方法，如付款方式。
4.最後決定購買行為。

提示式廣告，則用顯著的圖畫提示消費者，使其留下深刻印象。目的在使讀者注意商品的優點而發生興趣，造成優越聯想的環境，用重複作用直接引起行動；主要需能引起注意，發生興趣、與促使行動。能達到此三點，廣告目的即可達成。此類廣告多為未來行動廣告。製作的根據，是依心理學上「心有所思，終有行動」的原則。此乃爲人類任何行爲，多由模仿學習而起，由模仿乃產生行爲，這就是人類性行相應的一定法則。

至於廣告製作的方式，有下列幾種：

1.表示商品名稱者，除明示名稱之外，餘則力求簡單。
2.提示品質與用途者，僅以文字或圖示商品的品質與用途。
3.顯示商品使用狀況者，即將商品眞實使用情形圖示其狀況，暗示其價值。
4.直接需要法，即直接提示需要，以使消費者注意而影響其購買行爲。

廣告製作的主要原則，爲：

1.要能引起大衆注意，即利用緊張、擴展、聯想、授意，以激起消費者的注意。
2.要能激發並維持大衆興趣，即利用顧客心理作用，以及人的本能、情感、想像、理智、習俗等，引起消費者發生購買興趣。
3.要能激發大衆產生慾望，即利用優良品質、科學製造、安全衛生、清潔高雅、經濟合理、式樣美觀、使用保證等，引導消費者產生慾望。
4.要能促使大衆的信心與行動，即應忠實誠懇，配合事實，不可牽強附會，避免浮誇不實，空泛濫語，並利用大減價等方式引起行動。
5.要能滿足大衆需求，廣告製作要能瞭解商品性質，並使顧客購買的商品確與廣告所載相符合。總之，廣告製作，應注重醒目、肯定、眞實，並確有使用價值。

此外，廣告製作的內容可分為下列項目：⑴標題；⑵字體；⑶文字；⑷商標；⑸標語；⑹色彩；⑺繪畫；⑻排列；⑼影片；⑽歌曲。茲分述如下：

一、標題

標題就是一張廣告中的一個題目，用以喚起消費者的注意與興趣，誘導其閱讀全篇廣告文字。如果人們看到一個動人的標題，就會引起閱讀的好奇心和興趣，故每個廣告都需要有良好的標題，不但可引起消費者注意，甚而引起一部分人的特別注意，這一部分人便是廠商心目中的顧客。廣告標題的必要條件，是能夠流露商品的用途或優點。

通常廣告的標題，需注意下列要素：

1.簡潔：簡潔的標題比冗長的標題，容易明瞭、具意義性而有效。

2.獨特：標題應富有刺激性，使用明白而明示優點的警句，一見即可吸引人注意，如此顯示獨特而不尋常，才易有效。

3.適應：標題在原則上必須與本文和商品相適應，與商品及本文無關係的標題，對消費者形同欺騙，易起反感。

4.創作：標題不宜襲用他人的慣用語，應就商品性質與用途的吸引力，來迎合消費者的興趣，獨立創作，以引起興趣。

5.趣味：標題需富有興味，使人發生好感與深刻印象。

6.生動：標題必須具體而不模糊，並且要生動有力。

二、字體

字體的種類和大小很多，但不管採用哪一種，最重要的原則需以醒目，易引起注意與興趣爲貴。一般採用字體的原則，爲：

1.選擇不費目力與思想的字體。
2.字體須配合美觀。
3.應避免過多的不同字體，至多不超過三種。
4.應用字體應注重適應性、易讀、適當的方向，以及插圖、空白、色彩等配置和技術等問題。

字體的編排宜表現出優雅、強力、美感、莊嚴的氣氛，以增加種種印象與興趣。當然，字體的選取須視廣告的性質，而作適當的選用。

三、文字

廣告文字如同推銷員使用的宣傳語言，故要鼓勵和導使消費者樂於閱讀，且能一氣讀完，留下深刻印象。吾人說話須有次序、重心與思想，廣告文字亦然。它必須與標題、圖案及商品有關，一方面維持讀者的興趣，一方面導引其注意與需要。廣告文字要求其有效，必須簡潔、生動、連貫、調和。

四、商標

商標就是商品的記號標誌，普通多以簡明圖標或文字表示之，目的在保證商品與其他或同等商品有所區別，爲人所不能仿效的。商標的價值在使人易於識別，保護顧客利益，產生深刻印象，輔助商品銷售。因此，商標的製作原則，必須簡短易讀，顯明易記，獨特專用，以求別於其他商品，方不致混淆不清，且能與衆不同，保有自己的風格與特色。

五、標語

標語是廣告刊載的簡短、易記、刺激而易表明商品優點的語句，是有內容而標準完善的語句。由於廣告文字不易記憶，標題又不能多用，商標又太簡單，故須以廣告標語輔助之。通常標語的功用有三：⑴保留印象；⑵加強認識；⑶產生興趣。製作廣告標語的要素，在於簡潔、趣味、易讀、易記、音亮、調韻、協調、通俗、無時間性；標語切忌意義不同、含糊不清、誇大妄言。好的標語，有時也可作爲廣告標題，使人牢記。

六、色彩

色彩的主要功用，爲引起注意，表現商品，引人興趣。色彩一方面可增高廣告的注意價值，另一方面可給予廣告的訴求力，形成更大的說服力和影響力。通常每個人對色彩的愛惡不同，接受其刺激也不同。它與教育水準、風俗習慣、年齡性別以及地理環境等都有關係。如教育水準高的人較喜歡淡調的顏色，反之則相反。男人多愛藍色，女人多愛紅色。當然，其中因素甚爲複雜，很難定論。不過，色彩如運用得當，可以加強廣告、包裝、商標和窗櫥佈置的效用。一般適當色彩的條件，爲：

1.爲一般人所愛悅。

2.顏色的象徵要和商品用途吻合。

3.要能增強人們的印象，延長記憶和增強吸引力。

4.要屬於易見和易讀的顏色。

七、繪畫

現代的廣告，美術所負的任務甚大，一般人莫不確認廣告是不能缺少美術的。繪畫對於廣告有強烈的訴求力，乃爲它具有明確、具體、動人和理解的性質與功效。換言之，廣告的繪畫，重在引起注意，表現商品形式，發生美觀興趣。因此，繪畫需考慮新奇、色調、插畫、行動、滑稽、情調、反應、概念等要素；表現要中肯、有力、適意、簡括、正確，而富於情感。

八、排列

廣告內容包括標題、商標、標語、文字、圖畫、商號、地址等，應依美術觀點、廣告原理而排列，才能引人入勝，加深讀者興趣。廣告內容的排列，需視廣告篇幅的大小樣式，材料內容的輕重緩急佈置於適當位置。其排列原則有二：

1.依意義的輕重排列：即依廣告內容的重要程度而定，重要者所佔地位大，次要者較小。如以標題與文字爲重要，公司名稱次之，則按其重要程度而決定所佔面積的大小。
2.依廣告內容實際結構條件繪製：即以美術條件決定，使廣告如一幅圖畫，優美悅目，引起興趣。廣告的排列，尤重勻稱：上下左右，佈置均衡，不使倚重倚輕，左傾右倒，失其平衡；其次要行列勻稱，顏色調和。

九、影片

所謂廣告影片，即視聽覺廣告物的製作，電視或電影銀幕的廣告影片，其特點在於視覺、聽覺及廣告訴求的共同效果。視聽媒體以電視媒體效果最大。就其本體言，具有即時性、同時性及大眾傳播性。就大眾方面言，又具有現實性、共鳴性及娛樂性。蓋電視爲人所欣賞，故廣告影片表現的主題是：廣告訴求創意等於商品推銷重點加入人性。由於電視爲人所欣賞，商品爲人所購買，廣告影片必須揉合商品機能和人性特徵，才能構成強有力的廣告訴求創意。

十、歌曲

廣告影片製作的另一重點，是廣告歌曲。廣告歌曲是一種「強力的印象廣告」。廣告的意義在以事物與思想，用廣泛的方法告訴大眾。而廣告歌曲正是利用一種特定的旋律，來表示特有的身分、性質，也是廣告創意用音樂表現的方式。其目的在令人有印象、熟記，然後具有聯想作用；即由悠美的旋律、獨特的音響，使人自然憶起某商品的特點。

商品如果由文字宣傳較難，加上節奏記憶，則較爲容易。如果用語言來宣傳，使大眾記憶較難；如加上節奏或旋律，則自易爲大眾所接受。旋律配上歌詞更使人易於記憶，廣告目的即可達成。廣告歌曲是有意令聽眾留下深刻記憶。長期加深印象的結果，是爲掌握聽眾。某種旋律在第一波反應中，即想起某商品，一遇機會即回憶而採取購買行爲。此種第一波反應，正是廣告歌曲的目的。成功的廣告歌曲，即在把握消費者心目中的第一個反應。依此，廣告歌曲的意義，即具有感化性、煽動性、傳播性、反複性、廣泛性、印象性與再現性。其製作原則爲簡明清爽、強烈順口、優美新奇、適合俗情。音樂是隨時代而變遷的，廣告商應知道創造出更好的音樂。尤其是應知道利用作曲者心理，激起豐富的感情，才能爲廣告作出悅耳的音樂和歌曲。

縱觀上述，可知廣告製作內容相當繁複。不過，它有幾項共同原則，即：

1.平衡：圖文編排佈置，應使其濃淡和距離適宜，力求均衡勻稱。

2.韻律：銜接順適，次序排列自然，易於閱讀。

3.協調：字與字，段與段，圖與圖間的配合，以及標題、圖文、品名、商標等彼此間的聯繫，都要協調。

4.空白位置：廣告四邊應留空位，以佔整個篇幅五分之一爲適當。

5.視線：廣告中心爲閱讀時的視覺中心，因之廣告內容的精華宜集於廣告中心位置。

第五節　廣告的媒介

凡是登載廣告的出版物或張貼廣告的處所或廣告的本身，均稱之爲廣告媒介（advertising medium）。換言之，所謂廣告媒介，就是廣告者爲求引起可能購買者的注意，而使用容易引人注意的工具和手段。因爲廣告媒介的功用，就是在使製造商和購買者間發生關係。當然，廣告媒介本身並不具有說服力和感化力。廣告只是透過媒介而達到吸引注意，普遍傳達某些意思於社會大衆，達成營銷目的而已。但利用媒介的廣告，多少能增進普遍的訴求性，和取得消費者對廣告內容的信賴，因而足以助長廣告的訴求力。

依此，則廣告媒介可以把讀者的注意力吸引於廣告；可以普遍傳達廣告者的意思，以期達到廣告者的目的；可以引起讀者對廣告的良好聯想，增加印象，影響其購買動機；使廣告的訴求力增大，把廣告和讀者的距離縮短，實現廣告的目的。為達成這些目標，廠商應對廣告媒介加以選擇，以求以最低代價尋求獲利最高的效果。

一般而言，欲利用廣告媒介達成推銷目標，必須先決定廣告對象與聽衆或觀衆的優先順序，然後才能選擇適當的廣告媒介。選擇廣告媒介的基本技巧有三：即首先選擇適當工具，其次為有效運用該項工具，最後是適當購買該項工具。至於選擇廣告媒介的原則為：

1.調查媒介物的性質。
2.觀察消費者的習慣。
3.調查廣告價目是否公允經濟有效。
4.善予利用媒介物的步驟。
5.研究廣告者本身。

通常市場發展程度愈高，可供利用的廣告媒介愈多。此種廣告媒介，主要的有報紙、雜誌、電台、電視、電影、廣告牌，以及衆多的次要媒介，如郵遞、招貼、窗櫥、商品目標、簿冊、幻燈、空中廣告、銷售現場陳列廣告等。現選擇一些主要媒介，敘述如下：

一、報紙

報紙為廣告媒介的主幹，現代廣告多以報紙為主體。報紙的散佈很廣，普及於各階層人士。因此，報紙廣告的優點甚多，諸如讀者普遍、行銷快速、反複刊登、累積信用、聯繫新聞、改稿容易、宣傳分明、計畫便利、費用低廉、法律保證。但報紙廣告也有一些缺點：時間短促、廣告平凡、注意分散、缺乏興味等。因此，採用報紙廣告時，宜考慮上項優劣點，愼予參酌。此外，運用報紙廣告宜考慮其效力，即注意報紙的銷售份數、長期訂戶的多寡、讀者的購買力與習慣對廣告效力的影響、報紙種類對廣告的效力等是。

二、雜誌

雜誌是以滿足讀者知識和興趣爲主，報紙則以新聞爲主，兩者自有不同。雜誌的種類繁多，依其性質有農、工、商、婦女、醫藥、政治、教育等雜誌；但雜誌廣告和報紙廣告的設計、寫法在原則上仍完全相同，它是細分化媒體，讀者明確，效果安定性高，有記憶性、保存性。不過，雜誌有幾個特質是報紙所沒有的。如雜誌廣告保留時間較長，印刷的完備遠勝於報紙，雜誌可提供專業人員閱讀。惟雜誌廣告費稍高；交稿時間較久，易失時間性；廣告效力不及報紙普及，僅限於某些特殊人士。因此，刊載雜誌廣告，宜考慮刊登何種雜誌、瞭解廣告的效用、縝密設計廣告稿。

三、電台

電台又稱無線電台，是屬於聽覺訴求的廣告。一般人如欲以商品注重視覺上的訴求，而予人留下永久印象，則無線電台廣播只能作爲輔助的廣告媒介。因此，電台廣告和其他廣告是處於相輔相成的地位，而非相互競爭的。在今日廣告領域中，除報紙廣告和電視廣告外，廣播廣告仍居於重要地位。惟廣播與報紙不同，前者光講不寫，後者光寫不講，故廣播對象是人類耳朵，所講的話和所聽的聲音，必須悅耳動人，始克事功。一般廣播廣告的特點，爲快捷、深入、通俗、廣闊、悅耳、變化、親切、自由；但其缺點則爲受節目時間限制，僅能以簡單明瞭方式，作重點的廣播，難作詳盡的介紹；且廣告不能持久，分秒廣告節目，轉瞬即逝。

四、電視

電視是利用光電互變的作用，把各種景象變成無線電波，傳至遠處，供人收看的一種通信媒介。電視在廣告界中是最有效的媒介，不但能聽，也能看到。因此，在各種廣告媒介中，電視廣告發展最快。電視是一種超越時代的媒體，改變了人類生活方式及社會型態。其特點爲：

1.集影像、聲音、動作爲一體。
2.商品示範。
3.訊息直接，可信度極高。
4.訊息衝擊力大。
5.視聽衆龐大。
6.商品的辨識度極佳。

然其缺點爲：

1.由於時間分割，訊息受到限制。
2.消費者不能參考訊息。
3.廣告多，有時難以安排，因而不能購得時間。
4.廣告費用過高。
5.涵蓋上有所浪費。

6.製作費用極高。

7.色彩傳送有時不理想。

因此，對電視媒體的選擇，必須逐漸趨於科學化，注重電視收視率的調查。

五、電影

電影廣告可分爲電影銀幕廣告、電影宣傳廣告、影劇場廣告。電影廣告是指商品在銀幕上的廣告宣傳，它因有時間和地點的限制，觀衆有限，故廣告效力較少，只可作爲輔助的媒介。一般電影廣告都以文字、圖畫、色彩、標語、商標及潛意識作用的警句爲內容。其優點即在強迫觀衆接受廣告訴求，在電影院中觀衆僅能看到電影廣告，且觀衆進入戲院多有閒適心情，自易接受廣告內容。惟一個廣告只能給觀衆一分或數秒時間觀看，故內容不宜複雜，文字圖畫均貴在簡短、明顯、奇特和興趣，否則將毫無印象可言。

六、函件

廣告函件包括信件、小冊子、目錄、商號雜誌、說明書等。廣告函件首應注重語言文字，次應注意發信名單，這是最有效和最廉價的宣傳方法。廣告函件應注意：新奇而富趣味、簡明而易閱讀，重量力求輕便，寄遞力求穩靠。廣告函件的信札須美觀，每信以討論一個問題爲原則，使用簡短語句與段落，切忌陳腔濫調，語氣要自然友善，合乎人情，讓顧客產生良好印象。廣告函件若需顧客回信訊問或訂貨購買，必須附回郵，以減少大衆購貼郵票的麻煩。

七、招貼

招貼的有效，必須：

1.顯明而易見。

2.內容措詞，必須直接、簡短、通俗而有力。

3.必須色彩鮮明，圖畫動人，使各階層人士看見，均可明白而有印象。

4.必須奇異，而吸引顧客。

此外，招貼應有基本主題和特定概念，並以動態的組織和生動的畫面，透過精美的色彩和創意，把握行人的感情。通常畫面的說明需力求簡短，不要超過八個字，以五字左右爲宜。在組合的形式上，要有一個具特色的情趣。

八、窗櫥

窗櫥是店鋪廣告中利用得最多的廣告方法，也是最經濟有效的推銷方法。此乃爲將門前的窗櫥，應用各種廣告品如樣本、說明圖表、標幟、圖樣、模型、藝術品、燈光、顏色、活動照片和眞實貨品等，佈置得非常別緻，以吸引行人注意，促成他們的購買行爲。因窗櫥可使實物和顧客相見，可說是最直接的廣告手段。此種廣告的主要條件，是地點、面積和佈置。地點適宜和面積適中，在效果上很重要。窗櫥廣告的主要功能，是引起注意，創造興趣，激起慾望，確定信念，促使購買行爲。其原則是清潔美觀，愼選新貨品，適應時宜，陳列要有中心，陳列貨品和廣告要相互呼應而轉換，利用色彩、活動圖片或貨品增加吸引力等。

其他廣告媒介有油漆廣告、電氣廣告、煙霧廣告、交通工具、包裝、展覽、電話簿、日曆、信箋、標籤、書籤、廣告贈品、紙板……等，可謂種類繁複，包羅萬象，不一而足。然而，不管選用何種媒介物，最重要的是考慮其價值因素，加以評估其效果。

第六節　廣告的有效性

廣告的有效性，可分爲兩大部分：一爲廣告本身的效力，一爲廣告媒介的效力。不過，這兩部分是錯綜交織的。

一、廣告本身的效力

通常對廣告效果的實際評價，是以消費者購買產品的數量爲標準。事實上，市場上的變化甚爲複雜，在廣告與購買產品之間有許多因素滲入，故很難評價廣告與購買行爲之間的關係。著名的廣告學家亞沙爾（H. Assael）等人曾分析了一千三百七十九幅廣告，研究印刷廣告及其效果問題。他們將廣告的特性分爲兩組：⑴顏色爲黑白或兩色；⑵三種或四種色彩的廣告。結果發現廣告的有效性受到廣告色彩及頁數的影響，如**圖20-1**所示。

爲了研究廣告的有效性，可在發展一套廣告前，事先「檢驗」各種廣告設計草案的有效性。在某些情況下，可將這些廣告草案登載在即將出刊的雜誌上，分別發給顧客，並與之晤談。另外，也可將這些廣告草案，分別登在不同的專輯裡，以檢驗各廣告抄本的效果。然後，根據檢驗結果，發展出一套最佳的廣告來。

雷諾汽車公司即曾將同樣廣告，分別登載在美國生活雜誌九月號與十一月號上，然後將此兩幅廣告讓男、女顧客評定，再將

圖 20-1　不同特性之廣告的平均有效性指數（以「注意」到廣告的人數百分比為基準）

表 20-2　雷諾汽車兩則廣告的 Starch 分數比較

	Starch分數		
	顧客的注意	看到並聯想	閱讀深度
廣告甲			
男	49	49	25
女	19	15	7
廣告乙			
男	35	32	24
女	12	7	4

評定結果轉換爲 Starch 分數。所謂 Starch 分數是由史塔基（Daniel Starch）所發展出來的，利用三種效標，即顧客的注意、看到並聯想、閱讀深度等，來評價廣告的有效性。得分高的，表示廣告有效性高；反之，則廣告效力低。該二廣告的比較結果，如**表 20-2**。

由表 20-2 可知，顧客對廣告甲的評價較高，尤其是在「引起注意」及「看到並聯想」兩項分數上爲然。

二、廣告媒介的效力

廣告可以刊載或出現在各種不同的媒體上，包括報紙、雜誌、郵遞、電視、電台、廣告牌、交通工具等，已如前節所述。在選擇適當的廣告媒介時，必須對媒介的效力加以測量。雖然一般評價報紙與雜誌的廣告效力，是以其發行份數爲指標，但發行份數並不一定能正確反應讀者的多寡。不過，吾人可以使用再認法與回憶法，測量報紙和雜誌的實際讀者人數。所謂實際讀者人數，是指閱讀過前一期報紙和雜誌主要內容的人。有時，吾人可以直接詢問顧客是否閱讀過某種雜誌，或他喜好何種雜誌。但利用此種方法搜集資料，可能會發生偏差。

路卡士（D. B. Lucas）與柏里特（S. H. Britt）指出，某些讀物會帶給人們地位感，即使有人不曾讀過，亦會謊稱看過，於是調查而得的讀者人數會虛增。他們在一項最暢銷高級雜誌上的調查，發現該雜誌的讀者人數竟比發行份數高達十五倍，其中顯然不無誇張之處。爲了避免此種人數的膨脹，調查者必須說明清楚，使調查對象不覺得某雜誌是地位的象徵。甚而可伴隨顧客一同閱讀雜誌的大標題，然後詢問他是否閱讀過。

顧客對產品的認識與產品消息的獲得，乃爲從廣告媒介及其他消息來源得來的。因此，除了媒體出現的次數會影響媒體的有效性外，隨著媒體性質的不同，對顧客購買決策的影響力也不一樣。白克惠（R. D. Blackwell）等人曾以五千戶家庭爲對象，研究顧客在購買地毯前，是否聽說過某種品牌的地毯不錯，然後決定買了它？以及消息來源的種類有多少？對購買決策的「影響力」與「效果」有多大？通常效果可分爲三種：有效的顯示、部分效果顯示、無效果的顯示。所謂有效顯示，是指消息來源對購買決策影響很大；部分效果顯示，是指消息來源對購買決策有影響，但不是頂重要的；無效的顯示，是指消息來源對購買決策影響不大。其如圖 20-2。

由圖 20-2 可知，六種消息來源對購買決策的影響差異甚大。同時，私人接觸、雜誌、推銷員直接推銷的效果最佳。

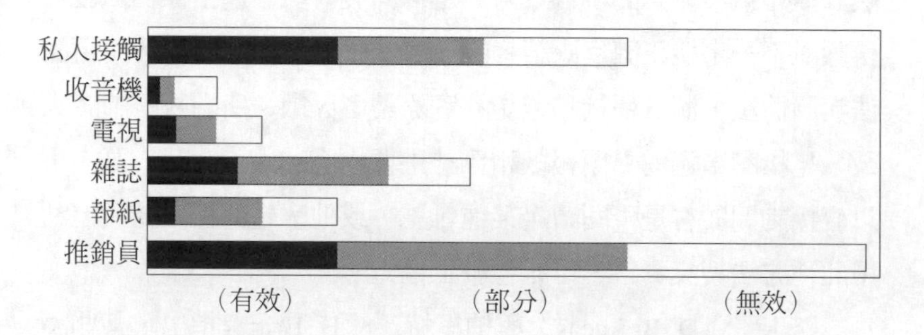

註：長條圖長度表示消息來源出現的程度，而黑白部分表示相對的有效性。

圖 20-2　地毯品牌消息來源顯示的程度及其有效性

企業心理學

商學叢書 12

著　　者／林欽榮
出 版 者／揚智文化事業股份有限公司
發 行 人／葉忠賢
執行編輯／晏華璞
登 記 證／局版北市業字第 1117 號
地　　址／台北市新生南路三段 88 號 5 樓之 6
電　　話／(02)2366-0309　2366-0313
傳　　真／(02)2366-0310
E-mail／tn605541@ms6.tisnet.net.tw
網　　址／http://www.ycrc.com.tw
郵撥帳號／14534976
戶　　名／揚智文化事業股份有限公司
印　　刷／鼎易印刷事業股份有限公司
法律顧問／北辰著作權事務所　蕭雄淋律師
初版一刷／2000 年 9 月
初版二刷／2002 年 2 月
定　　價／新台幣 500 元
ISBN／957-818-152-3

國家圖書館出版品預行編目資料

企業心理學=Enterprise psychology／林欽榮著.
－－初版. －－臺北市：揚智文化, 2000〔民89〕
面：　　公分. －－（商學叢書；12）

ISBN　957-818-152-3（平裝）

1.企業管理 2.管理心理學

494　　　　　　　　　　　　89007703